中国森林生态系统碳收支研究

Carbon Budgets of Forest Ecosystems in China

方精云　朱剑霄 等　编著

科 学 出 版 社

北 京

内 容 简 介

本书精选了作者团队关于森林生态系统碳收支研究的部分成果，经进一步凝练总结，并结合国内外的研究进展编著而成。本书第一部分较为系统地总结了森林的基本特征及国家尺度森林碳收支的研究成果，主要包括森林生物量、植物残体和土壤等生态系统各组分的碳储量及其变化，以及中国森林生态系统碳收支模式的构建。第二部分介绍样地及区域尺度森林碳收支的案例研究，以期为相关研究提供借鉴和方法论。附表给出了森林碳收支研究的基础数据。

本书反映了过去近30年不同时期研究团队在森林碳收支研究领域的研究成果，也代表着不同阶段国际学术界在该领域的研究水平，可供生态学、生物学、环境、地理、气象、林学等专业的科研教学人员和研究生借鉴使用，也可供生态、资源、环境、林业等行业的管理人员和政策决策者参考。同时，本书也为正在兴起的“碳中和”相关研究提供了数据基础和方法论。

审图号：GS（2021）6221号

图书在版编目（CIP）数据

中国森林生态系统碳收支研究 / 方精云等编著. — 北京：科学出版社，2021.11

ISBN 978-7-03-070155-8

Ⅰ. ①中… Ⅱ. ①方… Ⅲ. ①森林生态系统－碳循环－研究－中国 Ⅳ. ①S718.55

中国版本图书馆CIP数据核字（2021）第215587号

责任编辑：王 静 李 迪 郝晨扬 / 责任校对：杨 赛
责任印制：吴兆东 / 封面设计：无极书装

科学出版社 出版
北京东黄城根北街16号
邮政编码：100717
http://www.sciencep.com

北京建宏印刷有限公司 印刷
科学出版社发行 各地新华书店经销

*

2021年11月第 一 版 开本：787×1092 1/16
2021年11月第一次印刷 印张：15
字数：355 000

定价：198.00元

（如有印装质量问题，我社负责调换）

《中国森林生态系统碳收支研究》
编著者名单

方精云　朱剑霄　李　鹏　吉成均　朱江玲
姜　来　陈国平　蔡　琼　苏豪杰　冯禹昊
马素辉　陶胜利　严正兵

资 助 项 目

科技部国家重点研发计划项目（2017YFC0503900）

国家自然科学基金委员会基础科学中心项目（31988102）

科技部全球变化重大研究计划项目（2010CB950600）

国家自然科学基金委员会创新研究群体项目（31621091，31321061）

序　言

森林生态系统碳收支（或碳循环）是指森林生态系统与外界 CO_2 的交换过程，主要包括从外界吸收碳的过程（植物光合作用，即收入），以及向外界释放碳的过程（生态系统呼吸，即支出）。森林生态系统碳收支状况决定着大气 CO_2 浓度上升的强度，因此，左右着全球变暖的进程。

为了减缓大气 CO_2 浓度和全球温度的上升趋势，控制和减少化石燃料使用所排放的 CO_2、增加生态系统对 CO_2 的吸收是应对全球气候变化的有效途径，也是实现“碳中和”的两个决定因素。因此，世界各国对生态系统碳收支的研究极为重视。作为陆地生态系统的主体，森林在区域和全球碳循环中起着核心作用，甚至可以说，在实现“碳中和”目标之后，人类化石燃料的使用量（即 CO_2 排放量）主要取决于森林碳汇的大小，即森林碳汇扮演着“中和”作用。

森林生态系统碳收支和碳汇主要包括 4 个组分：森林生物量、地表凋落物、木质残体和土壤有机质（有时把地表凋落物和木质残体统称为“植物残体”）。早期的大尺度碳收支研究多是利用森林资源清查数据和土壤普查资料，对生物量和土壤有机质组分进行研究，而其他组分的研究却十分缺乏。因此，全球、国家和区域尺度森林生态系统碳收支全组分的评估是一个久而未决的问题。

过去的几十年里，围绕不同区域森林生态系统碳库和碳汇各组分是如何变化的、各组分间的关系怎样、环境变化如何影响森林碳收支等科学问题，国内外的科研人员进行了大量的探索。

本团队是最早开展森林碳收支研究的团队之一。我们关于森林碳收支的研究，大致分为 4 个阶段（尽管有些时间段有重叠）。

第一阶段开始于 20 世纪 90 年代初。在“八五”国家科技攻关项目和国家自然科学基金委员会基金项目的支持下，团队成员在吉林长白山、北京东灵山、浙江天童山和海南尖峰岭的代表性森林中设置样地，开展碳循环的定位观测（后因经费不足，长白山和天童山的工作中断），并开始了对中国国家、省（区）尺度植被和土壤碳储量的估算。通过这些工作，团队提出了估算森林碳储量的“连续生物量转换因子法”，使复杂的区域森林生物量的估算简单易行；建立了整合草场清查资料和遥感数据的草地碳储量估算方法；发展了基于作物产量 - 经济指标估算农作物碳储量的方法，以及基于土壤剖面资料估算区域土壤碳储量的方法。这些方法为国家和区域尺度碳储量及其变化的估算奠定了方法论基础。基于这些工作，团队成员系统评估了中国陆地生态系统的碳储量、释放量及其变化等，构建了中国国家尺度的陆地碳循环模式，发现中国森林植被是一个重要的碳汇。

第二阶段始于 20 世纪 90 年代末。团队利用遥感数据，并结合植被、气候、土壤等地面观测资料以及生态过程模型，研究我国大尺度植被动态及时空变化，建立了评估区域植被动态变化的方法。其中，利用遥感时间序列和森林资源清查数据，估算了我国森林生物量碳储量及其变化，进一步证实我国森林植被是一个显著的碳汇。

第三阶段始于 2010 年森林施肥实验平台的搭建。过去几十年来，化石燃料燃烧导致的自然氮沉降十分显著，对包括森林在内的生态系统产生了重要影响。为研究森林生态系统碳循环对氮沉降的响应及其机制，本团队从 2010 年起，在我国东部森林地区搭建施肥（养分添加）实验平台。实验平台囊括从大兴安岭北方森林到海南岛尖峰岭热带雨林等 10 个森林植被类型。虽然本书没有收录，但关于氮沉降对森林生长及生产力、土壤呼吸、土壤微生物和土壤酶，以及林下植被等影响的研究成果已陆续发表。

与此同时，研究团队也相继开展了我国森林生态系统全组分（生物量、木质残体、凋落物和土壤）碳收支的观测和分析，完成了中国和全球森林碳收支各组分迄今为止最为全面系统的评估，论文发表于 *Science* 和 *Nature Communications* 等国际期刊。

第四阶段是对大尺度森林碳收支宏观驱动因素的探索，时间大致是最近 10 年。区域森林碳储量和碳源 / 汇的变化是森林面积变化、森林自身生长以及环境变化综合作用的结果，但如何区分这些宏观因素的相对贡献是森林碳收支研究的难点。为此，研究团队发展了区分“环境变化导致森林生长”和“森林自身的生物学生长”对植被碳源 / 汇贡献的方法，并定量分离了“面积变化”和“森林生长”对东亚森林碳汇的相对贡献。利用这些方法，研究证明了气候变化促进森林生长的事实；人工林面积增加贡献了我国人工林碳汇的 62%。

在这一阶段，本团队的另一个重要工作是发展检测森林土壤有机碳储量短期变化的方法论。为此，研究团队建立了基于高密度土壤取样和高光谱技术评价土壤碳密度及其变化的新方法。基于该方法，结合遥感、气候和土壤等资料，以及机器学习、方差分解等统计手段，从新的视角评估了中国国家尺度森林土壤碳储量及其变化。本书没有纳入此方面的成果。

本书对上述相关成果进行归纳、提炼和总结。因此，本书并非原始研究的成果，而是以往成果的汇编，其目的不仅是对以往森林碳收支研究成果做总结，更重要的是为该领域的研究人员提供方法借鉴。

本书由三部分组成，包含 9 章和 6 个附表。第一部分在介绍森林结构和生长特征的基础上，较为系统地总结了中国国家尺度森林碳收支的研究成果，主要包括森林生物量、植物残体和土壤等生态系统各组分的碳储量及其变化；基于此，完成了中国森林生态系统碳收支模式的构建及未来森林生物量碳汇的预测，并量化了森林面积、森林自身生长以及环境变化等宏观因素对森林生物量碳储量和碳汇的影响。第二部分主要介绍样地及区域尺度森林碳收支的案例研究，以期为相关研究提供方法借鉴。主要包括北京 3 种主要森林类型的碳循环、东北地区森林生物量及其变化，以及森林生态系统碳储量变化的环境梯度分析。附表为中国森林碳收支研究的基础数据，包括不同时期不同森林类型的森林面积、蓄积量、生物量和土壤有机碳密度，以及不同地点森林生态系统各组分的碳密度实测数据等。为便于读者参考，该部分还给出了国内用于计算林分材积 - 生物量关系的主要文献以及本团队关于森林生态系统碳储量及碳循环相关研究的论文清单。

本书得到科技部国家重点研发计划项目（2017YFC0503900）、国家自然科学基金委员会基础科学中心项目（31988102）、科技部全球变化重大研究计划项目（2010CB950600）

和国家自然科学基金委员会创新研究群体项目（31621091，31321061）等项目资助。北京大学生态学系的多位毕业生参与了森林碳收支研究；多位同学参与本书的文献整理及校对等工作；科学出版社生物分社的编辑在出版过程中给予了认真编辑和校稿。在此，一并致谢。

方精云

2021年3月

目　　录

第二部分 样地及区域尺度森林碳收支的案例研究

附表　中国森林碳收支研究的基础数据

第一部分

森林的基本特征及国家尺度的森林碳收支研究

第 1 章　森林的结构和生长特征

1.1　引　　言

森林（forest）对人类和生命系统来说是极其重要的，具有不可替代性。这种表述（评价）并不夸张，以下几组数据足以说明：森林是陆地生态系统的主体，全球陆地面积的 1/3 是森林（总面积约 3.9 亿 hm^2）（FAO，2010）；森林具有极高的生产力，贡献了全球陆地净初级生产力（net primary productivity，NPP）的 48%（Field et al.，1998），并提供着大量的林产品，如木材、薪炭、纤维、食品、药材；森林发挥着不可或缺的生态系统服务功能，如供给氧气、稳定大气成分、净化空气、保持水土、涵养水源；森林蕴藏着一半以上的地球生物多样性和遗传资源，为其他野生生物提供着栖息地，天然林是物种最为丰富的生态系统类型（UNEP，2002）；森林在全球气候变化中发挥着重要作用，储存着一半以上的陆地生态系统有机碳，陆地碳汇主要来自森林，其变化对未来的温暖化进程有着显著的影响（Pan et al.，2011）；森林也为人类带来了就业机会，是观光旅游、休闲娱乐的重要场所，是人类自然和文化遗产的重要组成部分。

1.2　森林的基本特征

森林是指以乔木和其他木本植物占优势的生物群落或生态系统。按照联合国的定义，森林是树冠覆盖度超过 10%、面积超过 0.5 hm^2 的地段（FAO，2001）。我国在 1994 年以前，按树冠覆盖度超过 30% 作为标准进行森林面积的统计；之后采用 20% 作为标准（方精云等，2007）。森林一般具有如下结构特征：巨大的生物量，发达的空间结构，丰富的物种多样性，特有的微环境（温度、水分、土壤、微地形等），以及特有的物质和能量交换过程。

森林主要由林木组成。换言之，林木是构成森林群落的基本单元（个体）。林木是生长在森林群落中的乔木，具有明显的树干、枝条和叶群。因此，研究森林需要从认识林木个体入手。

与森林生长有关的基本属性包括林木的直径（胸高直径）和树高、树干尖削度、林分密度（林木株数，或称个体密度）、林龄、胸高断面积、蓄积量、生物量、地上与地下关系、胸径频度分布等。为便于更好地理解森林生长、碳收支以及环境因素的影响，下文简述这些基本属性、相互关系及其影响因素。

1.2.1　胸高直径

木本植物的茎干直径是森林群落调查中最重要、最易测定的指标，常常被用来表示群落的大小。群落分析中常常使用的胸高断面积（basal area）和生物量主要是由胸高直径（简称胸径，diameter at breast height，DBH）来推算的。一般来说，对于树高超过胸高部位（我国及大多数国家取 1.3 m 处，美国有时取 1.4 m 或 4.5 ft[①]，日本取 1.2 m）的个体，测其 DBH。对于树高没有达到胸高位置的，可测树干的基部直径（简称基径，base diameter）。

胸径生长受树种生物学特性、生长环境和林分密度等多种因素的影响。在树种的生物学特性方面，因树木生长快慢不同而有速生树种和慢生树种之分。在生长环境方面，在良好的立地条件下（如水、肥充足，土层深厚），树木生长快；反之则不然。林分密度对直径生长有显著影响：随着密度增加，直径生长受到抑制；两者常常呈倒数函数关系。

对于生长不规则的树木，测定 DBH 时应注意以下事项（胸径测量位置见图 1-1）（方精云等，2009）：①总是从上坡方向测定（图 1-1b）；②对于倾斜或倒伏的个体，从下方而不是上方进行测定（图 1-1c）；③如树干表面附有藤蔓、绞杀植物和苔藓等，需去除后再测定；④如不能直接测量 DBH（如分叉、粗大节、不规则肿大或萎缩），应在合适位置测量（图 1-1d），测量点要标记，以便复查；⑤胸高以下分枝的两个或两个以上茎干，可看作不同个体，分别进行测量（图 1-1e）；⑥对具板根的树木在板根上方正常处测定（图 1-1f），并记录测量高度；倒伏树干上如有萌发条，只测量距根部 1.3 m 以内的枝条；⑦极为不规则的树干，可主观确定最合适的测量点，但需要标记，并记录测量高度。

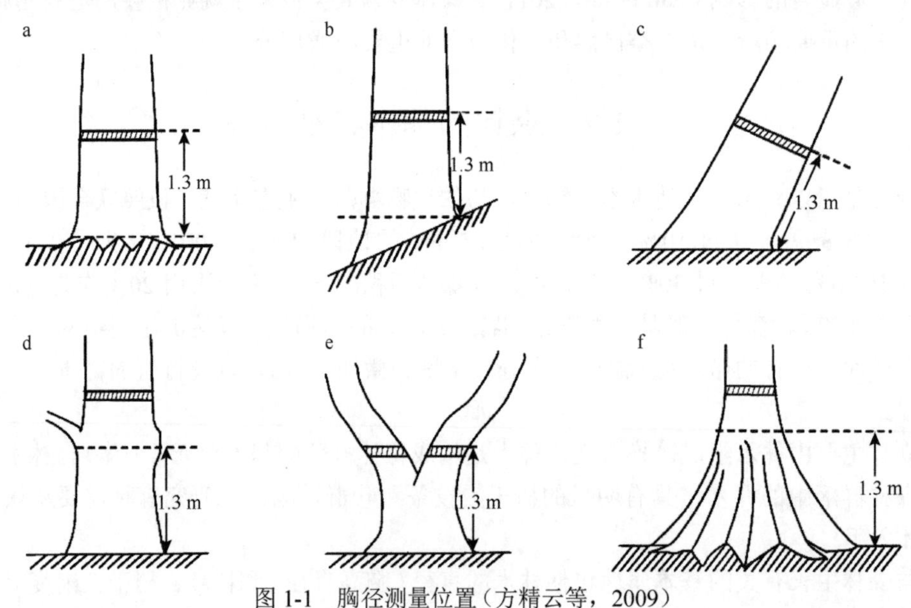

图 1-1 胸径测量位置（方精云等，2009）

1.2.2 树高

树高（tree height）是一种极其重要的生长因子，既体现树木的生物学特性和生长能力，也是判别群落立地质量的指标，并指示群落生物量的高低。影响树高生长的因素主要有两类：树种的生物学特性和立地条件。在水热条件优越、环境压力小、光照条件适度的

① 1 ft=3.048×10^{-1} m

立地环境下，树木可以生长得很高。目前报道的地球上最高的树种是生长在美国加利福尼亚的北美红杉（*Sequoia sempervirens*），高达 112.7 m（Koch et al.，2004）；按照植物生理学预测，该树种可以生长到 122 130 m 高！由于水分重力作用和长距离运输阻力所导致的叶片水分胁迫可能是该树种继续长高的主要限制因子（Woodward，2004）。最近的一项研究表明，森林高度在南北纬 40° 附近及赤道地区达到最高；水分是森林高度的主要决定因素，但随着水分的增加，森林高度在达到最大值后逐渐下降，也就是说，过多的降水也不利于树高的生长（Tao et al.，2016）。需要指出的是，林分密度对树高生长的影响较小，这也是为何林业上常用地位级或立地指数来反映立地质量的好坏。地位级（site class）或立地指数（site index）是指某一龄级的林分所能生长的平均树高；龄级相同时，林分的平均树高越高，其地位级或立地指数越高，即立地条件越好。

树高的这一特征不仅被用来指示林分的立地质量，也常被用来比较一个区域甚至更大尺度森林生长条件的优劣。Fang 等（2006）利用世界各地样地调查的林龄与平均树高的关系比较了洲际尺度森林生长条件的优劣，发现美国＞欧洲＞亚洲＞加拿大（图 1-2a）。进一步的研究发现，在洲际尺度上，郁闭森林的地上生物量与树高之比为一常数，即 10.6 $t/(hm^2 \cdot m)$。也就是说，单位森林空间的地上生物量密度恒定，即 1.0 kg/m^3（图 1-2b）。我们可以把这一现象称为"恒定的单位森林空间生物量密度"（constant aboveground biomass per forest space，BPS）。这一现象在区域之间更明显：如图 1-2c 所示，在不同区域（洲际）之间，其均值变异很小，为 9.4 ～ 10.5 $Mg/(hm^2 \cdot m)$，世界均值为 9.9 $Mg/(hm^2 \cdot m)$。

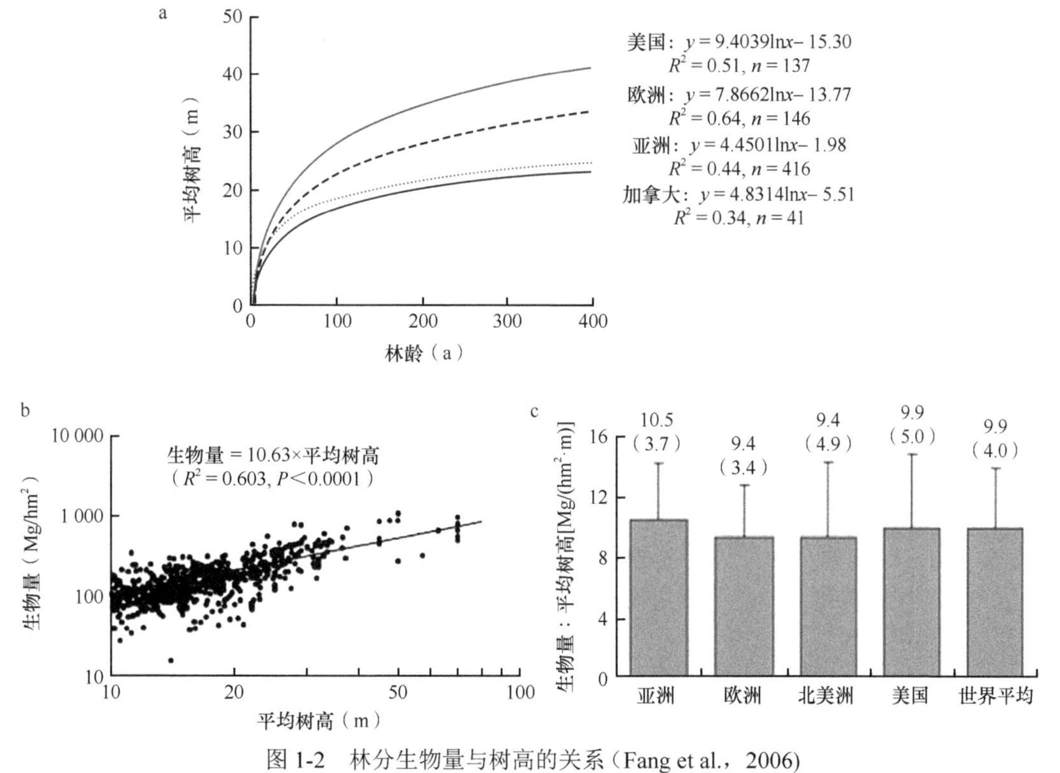

图 1-2　林分生物量与树高的关系（Fang et al.，2006）

a. 不同大陆森林平均树高与林龄的关系；b. 生物量与平均树高的关系；c. 不同大陆林分生物量与树高的比值。b 图中括号内数据为标准偏差

以上说明树高在森林生长研究中的重要性，但树高的测定较为困难，尤其在高大郁闭的森林中。因此，实践上常常只测定部分个体的树高，然后通过建立树高与 DBH 之间的相关生长关系，由 DBH 估算树高。

1.2.3 林龄

林龄（stand age），又称林分年龄，林学上常以龄级计数，是划分特定类型森林结构的重要指标，与林分蓄积量和生物量密切相关。林业调查根据林分中林木的年龄，将林木年龄相同或相近的林分定义为同龄林，而将林木间年龄差距大于或等于一个龄级的林分定义为异龄林。林龄的测定常有两种方法：一种是测算调查样地内全部林木的年龄并求其平均值；另一种是测算林分中优势林木的平均年龄（优势木平均年龄）。人工林多为同龄林，常根据造林记录和年鉴计算，一般不考虑造林时幼苗的年龄。天然林林龄的估算则相对复杂，由于天然林几乎均为异龄林，林分中林木年龄差异巨大。野外实际调查时，通常测算天然林优势木平均年龄来代表林分年龄。一般的做法是：在林木胸高处，使用生长锥钻取树芯查数年轮，确定林木年龄。该方法最大限度地减少林龄调查对林分的破坏，同时也较为准确，故被广泛使用。

1.2.4 个体密度

个体密度（individual density）指单位面积的林木个体数量。每种植物有各自的个体数量，称为种群密度（population density）。所有物种的种群密度之和即群落的个体密度。对于森林而言，乔木层的个体密度也称为林分密度（stand density）。

林分密度也是一种重要的生长因子，在以往的研究中重视不够，因此，本节稍多加说明。林分密度影响植物的生长，特别是直径和生物量的生长，也随着森林的生长而逐渐降低。在外界环境一定时，森林的生长量（平均个体生物量，w）是时间（t）和林分密度（ρ）的函数，即

$$w = w(t, \rho) \tag{1-1}$$

在个体密度影响植物生长方面，有一个著名的生长方程，即竞争密度效应倒数方程（reciprocal equation of competition density effect），由日本生态学家 Shinozaki（1961）提出，它表示在同一生长阶段（相同年龄），种群的平均个体重与种群密度之间呈倒数关系：

$$\frac{1}{w} = A\rho + B \tag{1-2}$$

式中，w、ρ 分别为平均个体重和种群密度；A 和 B 分别为对应于某一生长阶段的常数。由式（1-2）很容易得到单位面积生物量（产量，y）与种群密度之间存在如下关系：

$$\frac{1}{y} = A + \frac{B}{\rho} \tag{1-3}$$

式（1-3）被称为产量密度效应倒数方程（reciprocal equation of yield density effect）。从式（1-3）可知，在同一生长阶段，生物产量随着种群密度 ρ 的增加而增加，但当密度很大时，B/ρ 项就很小，产量 y 接近于一常数（$1/A$）。这说明，种群密度达到足够大时，

生物量达到恒定，这就是著名的“最终产量恒定法则”（law of constant final yield）（Kira et al.，1953）。

式（1-2）或式（1-3）是表示同一生长阶段，平均个体重或生物产量随着种群密度变化而变化的规律。那么，同一种群随着时间变化，其平均个体重或生物产量是如何变化的呢？ Yoda 等（1963）发现，在充分密闭的群落中，个体密度与植物平均个体重之间呈现极好的幂函数关系，并且其幂指数约为 –3/2 ［式（1-4）］（图 1-3）。此后的大量研究表明，这种关系广泛存在于草本、木本以及海洋植物群落中。由于其应用的普遍性，生态学家把它称为自然稀疏法则（self-thinning rule）或 3/2 幂法则（the 3/2 power rule）。有时，人们也称其为林分的最大密度，用于森林的经营管理（如间伐等）。

$$w = k\rho^{-a} \tag{1-4}$$

式中，a 常为 3/2；k 为系数。White（1980）分析大量文献后认为，不同种类间 k 值的变化不大，lg$k$ 值为 3.5 ～ 4.3。

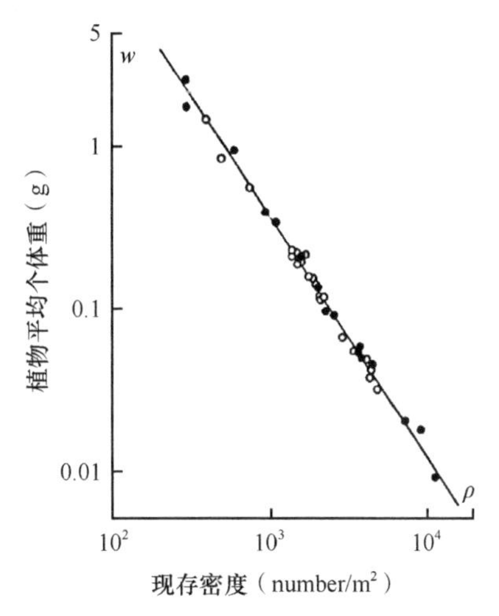

图 1-3　车前草的现存密度与植物平均个体重的关系

自然稀疏法则的发现让生态学家感到震惊，因为用如此简单的方程式就能够表达如此复杂的自然稀疏过程。因此，有人把它称为“植物生态学的唯一法则”“生态学的第一个基本法则”等。尽管严密的统计检验会发现有时幂指数会偏离 –3/2 的斜率，但作为表示总体趋势的法则并不改变。

特别需要强调的是，自然稀疏法则的建立是有一定条件的，其中最重要的一条就是森林必须充分郁闭，并且在郁闭度达到 100% 时发生自然稀疏；在自然稀疏过程中，林分仍然保持高度郁闭。

1.2.5　树干尖削度

树干尖削度（stem taper）是树干直径从基部到树梢由大变小的程度，反映树干的形状。尖削度属于树木饱满度指标，影响林木的出材率和单株林木生物量。尖削度越小，树干越饱满，单株生物量和出材率越高。树干尖削度主要取决于树种的生物学特性，也受生境的影响。通常情况下，针叶树种的尖削度低于阔叶树种，林分内树木低于林外树或孤立木，高林分密度的林木尖削度较低。

1.2.6 胸高断面积

胸高断面积(basal area)指距地面1.3 m处树干的横切面面积，通过测量胸径计算得出。胸高断面积是衡量林分结构的重要指标，常以林分单位面积林木胸高断面积之和来表征林分生物量。在森林植被调查中，胸高断面积是估算蓄积量的重要指标。通过计算群落内各树种胸高断面积在总胸高断面积中的占比，可判断该树种在森林群落中的相对贡献和重要性。

1.2.7 蓄积量

蓄积量（stem volume or timber volume）指单位面积林分中全部活立木的材积总量。森林蓄积量是森林生长的立地条件、气候条件和森林年龄级及其他各因素的综合反映，也是反映地区森林资源总规模的基本指标之一，更是估算森林生物量或生物量碳库的关键参数。森林蓄积量可通过样方调查，结合一元（胸径）或二元（胸径和树高）材积表分物种计算每木蓄积量并求和，再根据调查样方面积推算林分单位面积蓄积量，也可使用当地林业部门提供的林分类型、平均胸径、平均树高、胸高断面积、郁闭度等参数，利用当地的历史资料构建森林蓄积量与这些参数的相关关系，构建经验模型进行估算。

1.2.8 生物量

生物量（biomass）指林木或整个群落积累的干物质总量，反映生态系统干物质的积累和生产能力。此外，森林生物量是度量森林结构和功能的重要指标，准确估算森林生物量及其变化动态对于森林生态系统碳循环研究具有重要作用。

野外调查时，通常选取一定面积且具有代表性的标准地或随机样方，测定样方内所有植物的生物量，并通过样地生物量推算全林分生物量。针对乔木层生物量，早期的林业调查采取每木皆伐或选择标准木进行皆伐，并通过林木各器官含水量将鲜重换算为干重，计算林木生物量。选择标准木时，根据每木检尺的结果，选择3株左右与林分平均胸径相近，且树高和冠幅接近林分平均水平的林木作为标准木，伐倒、追根、称重，并根据林分密度，估算单位面积所有林木生物量。但由于破坏性过高，这种估算方法已逐渐被摒弃。更多的研究是参照蓄积量计算的材积式，使用生物量方程估算林木生物量，即依据胸径和 / 或树高拟合出适合特定区域特定物种林木各器官或整株的生物量函数：

$$W = \alpha D^{\beta} \quad 或 \quad W = \alpha (D^2 H)^{\beta} \tag{1-5}$$

式中，W为林木生物量；D为胸径；H为树高；α、β为常数。

生态系统尺度、区域尺度到国家尺度森林生物量的估算，更适合使用各物种蓄积量与生物量的关系进行转换。随着调查资料的不断积累和完善，由早期的平均生物量密度法发展到平均生物量转换因子法，再到连续生物量转换因子法［生物量转换因子（biomass expansion factor，BEF）指生物量与蓄积量的比值］（Fang and Wang，2001）。连续BEF

法已被证明可以实现由样地调查到区域推算的高效尺度转换（Fang et al.，2001，2014；Guo et al.，2010），生物量转换因子可以表达为单位面积蓄积量的倒数函数：

$$\mathrm{BEF} = a + b/x \tag{1-6}$$

式中，x 为某森林类型单位面积蓄积量（蓄积量密度）；a 和 b 为拟合系数；BEF 即该森林类型由蓄积量换算为生物量的转换因子。该方法不仅拟合优度高，且非常适合用于将中国森林资源清查给出的省级尺度优势林分蓄积量换算为生物量，故广泛应用于中国森林生物量碳收支研究（Fang et al.，2001；郭兆迪等，2013；Zhu et al.，2017）。由于数据量的积累，蓄积量转换为生物量的分物种转换系数已有完善的全球数据库（Zanne et al.，2009）。但由于转换系数随着林龄、林分密度和立地条件的不同而异，针对同一物种使用完全一样的转换系数，势必增加不确定性。而连续生物量转换因子法可以综合反映这些因素的变化，实现从样地尺度、区域尺度到全国尺度的蓄积量 - 生物量的有效转换。

$$Y = \sum_{i=1}^{m}\sum_{j=1}^{n}\sum_{l=1}^{k} A_{ijl} \times \mathrm{BEF}_{ijl} \times x_{ijl} \quad \text{（样地尺度）} \tag{1-7}$$

$$Y = \sum_{i=1}^{30} \mathrm{BEF} \times x_i \times A_i = a\sum_{i=1}^{30} A_i x_i + bA \quad \text{［区域或省（区）尺度］} \tag{1-8}$$

$$Y = A \times x \times \mathrm{BEF} \quad \text{（全国尺度）} \tag{1-9}$$

式中，Y、A、x、BEF 分别为各尺度对应的森林生物量、林分面积、平均蓄积量和生物量转换因子；i、j 和 l 分别为省（区）、地位级和龄级；A_{ijl}、x_{ijl} 和 BEF_{ijl} 分别为第 i 省（区）、第 j 地位级和第 l 龄级林分的面积、平均蓄积量和生物量转换因子；m、n 和 k 分别为省（区）、地位级和龄级的数量。更加详细的生物量测定与运用见第 2 章。

1.2.9　盖度

盖度（coverage）指植物地上部分垂直投影面积占样方面积的百分比，又称投影盖度。群落调查时，可以记载每个优势种的盖度（称为种盖度或分盖度），种盖度之和可以超过 100%，但任何单一种的盖度都不应大于 100%。对森林群落而言，常用郁闭度（canopy density）来表示乔木层的盖度，它是指林冠覆盖面积与地表面积之比，常以十分数表示，即林冠完全覆盖地面记为 1.0。一般来说，郁闭度≥ 0.70 的为密林，0.20 ～ 0.69 为中度郁闭，＜ 0.20 为疏林。

1.2.10　重要值

重要值（importance value，IV）常用于比较不同群落间某一物种在群落中的重要性，它通过 3 个直接的测度指标计算得到，并非直接测量。一般计算式为

IV（%）=（相对多度 + 相对频度 + 相对优势度）/3

式中，相对多度（%）= 某个种的株数 / 所有种的总株数 × 100；相对频度（%）= 某个种在统计样方中出现的次数 / 所有种出现的总次数 × 100；相对优势度（%）= 某个种的胸高

断面积 / 所有种的胸高断面积 × 100。

1.2.11 地上与地下关系

森林生物量包括地上生物量和地下生物量。森林群落中地下生物量很难测定，特别是地下器官（根）的挖掘和分离工作非常艰巨，且对植被造成巨大的破坏。但林木地上和地下的生长存在着相互依赖关系，即异速生长（allometry）。故可根据林业调查积累的经验，依据不同区域不同物种地上与地下生物量比值，通过地上部分生物量或林木总生物量换算成地下生物量。

获取所有林木地上与地下生物量比例的信息难度颇高，本研究团队通过收集和整理文献，结合课题组长期野外调查的第一手资料，建立了包括与森林资源清查资料相对应的各植被类型的 BEF 相关参数以及地上与地下生物量比值（表 1-1）。

表 1-1 中国主要森林类型连续生物量转换因子函数参数与地上 / 地下生物量

森林类型	连续 BEF 函数参数 BEF = $a + b/x$				地上 / 地下生物量		
	a	b	n	R^2	比值	n	标准差
云杉、冷杉	0.6	48.9	24	0.78	5.7	22	2.5
杉木	0.5	19.1	90	0.94	4.3	75	1.3
柏木	0.9	7.4	19	0.87	4.1	22	0.9
落叶松	0.6	33.8	34	0.82	4.8	13	4.0
红松	0.6	16.5	22	0.93	4.8	21	1.5
华山松	0.5	32.7	10	0.78	5.1	10	1.3
马尾松、云南松	0.5	20.5	51	0.87	6.5	41	1.5
樟子松	1.1	2.7	15	0.85	3.1	11	0.9
油松	0.9	9.1	112	0.91	4.1	114	1.2
其他松树	0.5	25.1	18	0.86	5.2	9	2.5
铁杉、柳杉、油杉	0.3	39.8	30	0.79	3.5	18	1.1
针阔混交	0.8	18.5	10	0.99	4.6	10	1.5
桦木	1.1	10.2	9	0.70	2.9	5	0.2
木麻黄	0.7	3.2	10	0.95	4.8	11	1.1
落叶栎	1.1	8.5	12	0.98	3.6	6	1.5
桉树	0.9	4.6	20	0.80	7.5	11	1.3
常绿阔叶	0.9	6.5	23	0.83	4.1	22	1.2
落叶檫木混交	1.0	5.4	32	0.93	4.7	34	1.3
非商业用材	1.2	5.6	17	0.95	3.8	15	0.6
杨树	0.5	27.0	13	0.92	4.4	16	0.8
热带树	0.8	0.4	18	0.87	6.1	12	3.8

BEF 为生物量转换因子（Mg/m^3），x 为蓄积量密度（m^3/hm^2）

1.2.12 胸径频度分布

胸径频度分布指林木的胸径值或区间在林分中出现的（相对）频率。它是度量林木胸径大小在某一特定值或区间频率或概率的函数。如上所述，胸径是林分调查中很容易获取的指标，且与其他重要生态和表型特征相关。研究者通常以林木胸径的直方图形式来体现森林植物大小和林木个体生物量在林分中的频率分布，并通常使用幂函数来拟合林分胸径频度分布：

$$f(\mathrm{DBH}) = c\,\mathrm{DBH}^{\lambda} \tag{1-10}$$

式中，c 和 λ 为常数，该公式通常以对数形式表示，以强调频率分布直方图的形状由其斜率（$\lg c$）和 y 轴截距（$\lg\lambda$）的数值描述，分别表征胸径频度分布图中的丰度和偏度。值得一提的是，c 和 λ 的值取决于胸径分级的级差（ΔDBH），通常随 ΔDBH 的增加而变化。以 2011 年对北京东灵山辽东栎林样方每木检尺（胸径＞3 cm）的结果为例（朱剑霄等，2015），对样方内林木胸径频度分布图使用式（1-10）进行拟合（图 1-4）。设 ΔDBH = 1 cm，使用样方内 167 株胸径＞3 cm 的林木胸径，制作频度分布直方图，并使用幂函数进行拟合，求得 $c = 1.66$，$\lambda = -1.63$（图 1-4）。若将 ΔDBH 调整为 2 cm，$c = 2.04$，$\lambda = -1.63$；当 ΔDBH = 4 cm 时，$c = 4.42$，$\lambda = -1.45$，即随着间距增加，频度的丰度增加但偏度变化不大或变小。因此，使用胸径频度分布式比较不同群落结构时，需满足林分密度相似且使用一致的间距（ΔDBH）。

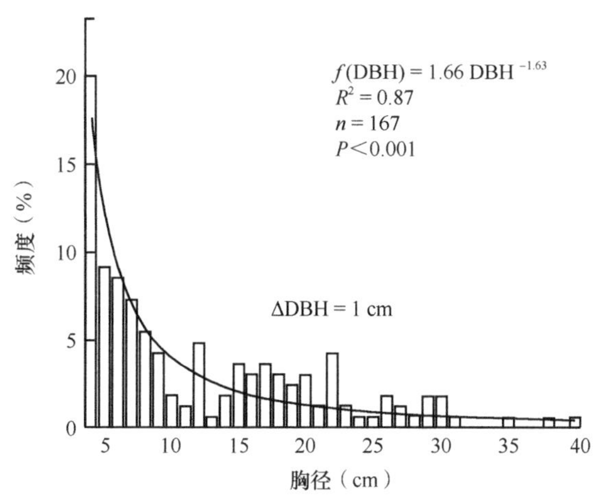

图 1-4　北京东灵山地区辽东栎林群落胸径频度分布

1.3　中国森林的结构特征

最近 20 年，研究团队对中国主要森林类型进行了群落调查，获得了有关中国森林群落的一些基本特征（表 1-2）。

整体上，全部调查样方的林分平均胸径为 14.4 cm，其范围为 7.2 ～ 29.5 cm；平均树高为 10 m，大多变动于 4.5 ～ 19.9 m；平均个体密度为 1653 stem/hm^2，大多变动于 383 ～ 4216 stem/hm^2；平均总胸高断面积为 1.83 m^2/hm^2，变动于 0.32 ～ 4.41 m^2/hm^2。乔木、

表 1-2　中国天然林的群落特征

属性	样方数量	均值	数值范围	标准差
平均胸径（cm）	1384	14.4	7.2 ～ 29.5	5.8
平均树高（m）	1113	10.0	4.5 ～ 19.9	4.0
个体密度（stem/hm^2）	1375	1653	383 ～ 4216	1060
总胸高断面积（m^2/hm^2）	1384	1.83	0.32 ～ 4.41	1.08
乔木物种数（种 /600 m^2）	1384	12	1 ～ 41	11.7
灌木物种数（种 /100 m^2）	1363	20	1 ～ 96	23.1
草本物种数（种 /5 m^2）	1307	22	3 ～ 56	13.5

注：林木的所有统计值均为 DBH ＞ 3 cm 的个体，数值范围取自 2.5% ～ 97.5% 的分位数（详见 Fang et al.，2012）

灌木和草本的平均物种丰富度分别为 12 种 /600 m^2、20 种 /100 m^2 和 22 种 /5 m^2，但不同样地差异巨大。例如，乔木变动于 1 ～ 41 种 /600 m^2，灌木 1 ～ 96 种 /100 m^2，草本 3 ～ 56 种 /5 m^2。应该说，这些统计特征基本代表了中国主要森林类型的平均群落特征值。

此外，各地带性森林类型的群落生长特征存在着一些规律性的差异。例如，林分中木本植物物种丰富度由南向北递减，表现出良好的纬向地带性；寒温带针叶林和针阔混交林的林分平均胸径与平均树高通常高于阔叶林；林分个体密度通常表现为阔叶林相对较高，而寒温带针叶林较低。

参考文献

方精云 , 郭兆迪 , 朴世龙 , 陈安平 . 2007. 1981 ～ 2000 年中国陆地植被碳汇的估算 . 中国科学 D 辑 : 地球科学 , 37: 804-812.

方精云 , 王襄平 , 沈泽昊 , 唐志尧 , 贺金生 , 于丹 , 江源 , 王志恒 , 郑成洋 , 朱江玲 , 郭兆迪 . 2009. 植物群落清查的主要内容、方法和技术规范 . 生物多样性 , 17: 533-548.

郭兆迪 , 胡会峰 , 李品 , 李怒云 , 方精云 . 2013. 1977 ～ 2008 年中国森林生物量碳汇的时空变化 . 中国科学 : 生命科学 , 43: 421-431.

朱剑霄 , 胡雪洋 , 姚辉 , 刘国华 , 吉成均 , 方精云 . 2015. 北京地区温带林是一个显著的碳汇 : 基于 3 种林分 20 年的观测 . 中国科学 : 生命科学 , 45: 1132-1139.

Fang JY, Brown S, Tang YH, Nabuurs GJ, Wang XP. 2006. Overestimated biomass carbon pools of the northern mid- and high latitude forests. Climatic Change, 74: 355-368.

Fang JY, Chen AP, Peng CH, Zhao SQ, Ci LJ. 2001. Changes in forest biomass carbon storage in China between 1949 and 1998. Science, 292: 2320-2322.

Fang JY, Guo ZD, Hu HF, Kato T, Muraoka H, Son Y. 2014. Forest biomass carbon sinks in East Asia, with special reference to the relative contributions of forest expansion and forest growth. Global Change Biology, 20: 2019-2030.

Fang JY, Shen ZH, Tang ZY, Wang XP, Wang ZH, Feng JM, Liu YN, Qiao XJ, Wu XP, Zheng CY. 2012. Forest community survey and the structural characteristics of forests in China. Ecography, 35: 1059-1071.

Fang JY, Wang ZM. 2001. Forest biomass estimation at regional and global levels, with special reference to China's forest biomass. Ecological Research, 16: 587-592.

FAO. 2001. Global Forest Resources Assessment 2000: Main report. FAO Forestry Paper No. 140. Rome. https://www.fao.org/3/Y1997E/Y1997E00.htm.

FAO. 2010. Global Forest Resources Assessment 2010: Main report. FAO Forestry Paper No. 163. Rome. https://www.fao.org/3/i1757e/i1757e.pdf.

Field CB, Behrenfeld MJ, Randerson JT, Falkowski P. 1998. Primary production of the biosphere: integrating terrestrial and oceanic components. Science, 281: 237-240.

Guo ZD, Fang JY, Pan YD, Birdsey R. 2010. Inventory-based estimates of forest biomass carbon stocks in China: a comparison of three methods. Forest Ecology Management, 259: 1225-1231.

Kira T, Ogawa H, Sakazaki N. 1953. Intraspecific competition among higher plants Ⅰ. Competition-yield-density interrelationship in regularly dispersed populations. Journal of the Institute of Polytechnics Osaka City University, Series D, 4: 1-16.

Koch GW, Sillett SC, Jennings GM, Davis SD. 2004. The limits to tree height. Nature, 428: 851-854.

Pan Y, Birdsey RA, Fang JY, Houghton R, Kauppi PE, Kurz WA, Phillips OL, Shvidenko A, Lewis SL, Canadell JG, Ciais P, Jackson RB, Pacala SW, McGuire AD, Piao SL, Rautiainen A, Sitch S, Hayes D. 2011. A large and persistent carbon sink in the world's forests. Science, 333: 988-993.

Shinozaki K. 1961. Logistic theory of plant growth. Doctor thesis of Kyoto University.

Shugart HH, Saatchi S, Hall FG. 2010. Importance of structure and its measurement in quantifying function of forest ecosystems. Journal of Geophysical Research-Atmosphere, 115: G00E13.

Tao SL, Guo QH, Li C, Wang ZH, Fang JY. 2016. Global patterns and determinants of forest canopy height. Ecology, 97: 3265-3270.

UNEP. 2002. Global Environment Outlook 3: Past, Present and Future Perspectives. London: Earthscan Publications Ltd.

White J. 1980. Demographic factors in populations of plants. Solbrig OT. Demography and Evolution in Plant Populations. Oxford: Blackwell: 21-48.

Woodward I. 2004. Tall storeys. Nature, 428: 807-808.

Yoda K, Kira T, Ogawa H, Hozumi K. 1963. Self-thinning in overcrowded pure stands under cultivated and natural conditions. Journal of Biology Osaka City University, 14: 107-129.

Zanne AE, Lopez-Gonzalez G, Coomes DA, Ilic J, Jansen S, Lewis SL, Miller RB, SwensonNG, Wiemann MC, Chave J. 2009. Global wood density database. Dryad. http://hdl.handle.net/10255/dryad.235[2009-11-5].

Zhu J, Hu H, Tao S, Chi X, Li P, Jiang L, Ji C, Zhu J, Tang Z, Pan Y, Birdsey RA, He X, Fang J. 2017. Carbon stocks and changes of dead organic matter in China's forests. Nature Communications, 8: 1-10.

第 2 章　中国森林生物量碳库及其变化

我国森林面积广阔，位列世界第 5 位，森林类型多样（国家林业局，2014）。近 30 年来，我国大规模进行人工造林，已成为世界上拥有人工林最多的国家（国家林业局，2009）。自 20 世纪 70 年代中期开始，中国实施了全国森林资源清查计划，获得了大量清查资料，为研究森林碳库和碳汇的大小及其分布提供了有效的实测数据。详细分析各森林类型、各龄级、各种起源森林的碳汇贡献和碳库比例，并预测未来我国森林生物量的碳汇潜力，有助于我国合理制定未来的碳减排目标，并对我国参与国际碳排放谈判具有实质性意义。

本章主要来自以下研究人员工作的整理：郭兆迪等（2013）、Guo 等（2014）、Piao 等（2005）。

2.1　森林生物量的估算方法

森林生物量的估算方法随研究尺度的不同而异。总体来说，按照研究尺度可以分为样地尺度的生物量估算和区域尺度的生物量估算。其中，区域尺度的生物量估算是以样地的结果为基础，进一步采用相应的尺度转换而实现的。

2.1.1　样地尺度生物量

森林生物量的测定和估算，对于样地尺度来说，林下草本层的测定比较简单，可以采用小样方直接收获法进行测定，进而推算出样地面积的总林下草本层生物量。但对于乔木层来说，测量其生物量相对困难，一般有 3 种方法：皆伐法、平均标准木法和相关生长法（冯宗炜等，1999）。

皆伐法：将一定面积上的林木全部伐倒来获得其生物量数据的方法。这种方法的时间成本和人力成本耗费较高，并且对自然环境的破坏较大，很少有研究采用此法。

平均标准木法：首先对样地进行每木调查，然后计算出全部立木的某一因子（如胸径、树高、胸高断面积或树干材积等）的平均值，称该因子为测树因子。据此选出样地中测树因子数值接近这一平均值的数株标准木，将其伐倒，测量和计算这些标准木的平均生物量，最后按该平均生物量数值和样地的立木密度推算样地的总生物量。此外，径级选择法与平均木法类似，也是要选出能够代表样地平均生物量水平的标准木进行测量和推算。具体是通过对样地进行每木调查，根据径级分布频度比例来选取相应比例数量的标准木，伐倒并测量这些标准木的生物量之和，再由这些标准木胸高断面积之和占样地总胸高断面积的比例推算样地的总生物量。

相关生长法：通过建立部分量与总体量的相关关系来推算生物量的方法，该方法基于生物体的相关生长法则（Huxley，1932），该法则是指生物体的整体与部分或两个部分之间存在很好的相关关系。因此，如果已知生物体的某一部分的量，便可以推算生物体另一部分的量或整体的量。对于森林来说，可以建立生物量与胸径的一元相关生长方程或生物量与胸径和树高的二元相关生长方程，这样，只要调查样地内各立木的胸径或胸径和树高，就可以通过相关生长方程推算出样地中各立木的生物量，从而得到样地的总生物量。

在以上几种生物量的测量和估算方法中，目前采用相关生长法的研究较多，这是因为该方法操作相对简单；而皆伐法则耗时费力；对于平均标准木法来说，所选取的测树因子是否能够作为平均标准木法的选取指标仍然存在很大争议（冯宗炜等，1999）。

2.1.2 区域尺度生物量

随着区域碳源 / 汇研究的进展，区域尺度的生物量估算研究也越来越多，并且随着数据的积累、技术的进步，区域尺度生物量的估算方法也在发生着变化。

平均生物量密度法：通过野外实测生物量数据，获得生物量密度的平均值，再用该生物量密度平均值乘以相应的森林面积，从而得到某一区域或某一类型森林的总生物量。在 20 世纪六七十年代开展国际生物学计划（International Biological Programme，IBP）期间，平均生物量密度法被广泛用于区域、国家和全球尺度的森林生物量估算（Whittaker and Likens，1973；Kira，1976；Woodwell，1978；Brown and Lugo，1982）。那个时期的一些重要估算结果已经成为全球变化研究的基础数据（Prentice and Fung，1990；Fang et al.，2003，2006）。然而，人们发现，平均生物量密度法得到的结果通常高估了实际的森林生物量，主要原因是人们在野外调查时，往往容易在生长环境好、长势茂盛的森林里进行，而这部分森林生物量密度普遍较高（Brown and Lugo，1984；Dixon et al.，1994；Fang et al.，2005）。

平均生物量转换因子法：近些年，许多国家进行了区域或国家范围的森林调查，这些调查一般采取的是大范围的、统计上有效布设的取样方法，因此，这些调查结果普遍被视为能够用于大尺度森林生物量的估算（Brown and Lugo，1984；Kauppi et al.，1992；Turner et al.，1995；方精云等，1996a；Schroeder et al.，1997；Fang et al.，1998，2001，2005；Brown and Schroeder，1999）。大多数森林调查记录了各龄级、各森林类型的面积和木材蓄积量，所以，若要由该资料来推算森林生物量，则首先要建立生物量与木材蓄积量的换算关系，通常采用的是生物量与木材蓄积量的比值，即生物量转换因子（biomass expansion factor，BEF）。依据生物量转换因子可以将木材蓄积量换算得到树干生物量以及树木的全部生物量，包括非商业用途的根、枝、叶等部分。那么，这种采用 BEF 的平均值进行生物量估算的方法即可称为平均生物量转换因子法，亦可称为平均比值法。从早期到 20 世纪 90 年代中期，有关平均生物量转换因子法的研究人员有 Sharp 等（1975）、Johnson 和 Sharpe（1983）、Brown 和 Lugo（1984）、Kauppi 等（1992）和 Turner 等（1995），他们分别对美国、欧洲、热带地区的森林生物量进行了研究。

连续生物量转换因子法：与平均生物量转换因子法相比，虽然平均比值法能够提供更好的生物量估算结果，但研究发现 BEF 值随着林龄、地位级和立木密度的变化而不同（Brown and Lugo，1992；Turner et al.，1995；方精云等，1996a；Fang et al.，1998，2001；Brown and Schroeder，1999；Nilsson et al.，2000；Fang and Wang，2001）。如果对于某一种森林类型或森林类群的全部龄级和地位级仅采用一个 BEF 值，那么就会低估那些龄级较小和生产力较低的森林生物量，而高估了那些龄级较大和生产力较高的森林生物量（Turner et al.，1995；方精云等，1996a；Fang et al.，1998；Schroeder et al.，1997；Brown and Schroeder，1999；Goodale et al.，2002）。例如，在估算郁闭的热带森林生物量时，当采用 3 个不同的转换因子数值替代仅采用一个平均转换因子数值的方法后，森林生物量比采用一个平均转换因子数值的方法高出 28% ～ 47%（Brown and Lugo，1984）。可见，采用一个固定的 BEF 值，其结果具有很大的不确定性。

BEF 值不是固定不变的。一些研究认为，森林生物量应该由随林龄、地位级和立木密度变化而变化的 BEF 值来计算（Brown and Lugo，1984；Brown and Lugo，1992；Schroeder et al.，1997；Fang et al.，1998，2001，2005，2007；Brown and Schroeder，1999；Nilsson et al.，2000）。但要想获得每个地区各个龄级和地位级的 BEF 值却很困难。Brown 和 Fang 两个研究组均发现：材积是重要的因素，它能反映林龄、地位级和立木密度状况，因此，BEF 可以表示为材积（或树干生物量）的函数，而无须考虑龄级、地位级和立木密度的差异（Brown and Lugo，1992；方精云等，1996a；Schroeder et al.，1997；Brown and Schroeder，1999；Brown et al.，1999；Fang et al.，1998，2001）。其中，Brown 和 Lugo（1992）、Schroeder 等（1997）、Brown 和 Schroeder（1999）采用幂函数描述 BEF 与材积的关系：

$$\mathrm{BEF} = ax^{-b} \tag{2-1}$$

式中，x 为单位面积的材积量。又因为 BEF 为生物量与材积量的比值，可以表示为 $\mathrm{BEF} = B/x$，所以由式（2-1）推导出生物量的表达式为

$$B = x \times \mathrm{BEF} = x \times ax^{-b} = ax^{1-b} \tag{2-2}$$

因此，生物量与材积量是非线性的关系，而由样地实测数据建立的这种非线性关系已被证明无法实现尺度转换来推算区域尺度的森林生物量（方精云等，2002）。Fang 等（1998，2001，2005，2007）、方精云和陈安平（2001）、Fang 和 Wang（2001）利用野外测量数据得到了一个简单的倒数方程来表示某一森林类型的 BEF 与材积量的关系：

$$\mathrm{BEF} = a + b/x \tag{2-3}$$

由式（2-3）推导出生物量的表达式为

$$B = x \times \mathrm{BEF} = x(a + b/x) = ax + b \tag{2-4}$$

因此，由式（2-3）推导出的生物量与材积量的关系是线性关系，能够实现尺度转换，即由野外实测数据建立的式（2-3）的关系可以直接用于区域森林生物量的估算（方精云等，2002）。这种采用 BEF- 蓄积量密度函数关系估算区域尺度森林生物量的方法称为连续生物量转换因子法（Fang and Wang，2001；Fang et al.，2005）。这种方法只需已知该森林类型的面积、蓄积量和相应的 BEF 参数，就能够计算出森林生物量，而无须确切的龄级、地位级和其他信息。

Fang 等（1998）的早期研究中，个别树种用于建立 BEF 函数关系的实测样本量较小，被认为存在较大误差（赵敏和周广胜，2004），因此后期增加了样本数量，重新建立了 BEF 与蓄积量的函数关系（Fang et al.，2001）。

此外，也有研究采用了双曲线函数来拟合 BEF 与蓄积量的关系（Zhao and Zhou，2006）[式（2-5）]，但这种关系不能通过尺度转换来推算区域尺度的森林生物量，这一点已得到数学上的严格证明（方精云等，2002）。

$$B = x/(a + bx) \tag{2-5}$$

由式（2-5）推导的 BEF 函数为

$$\mathrm{BEF} = 1/(a + bx) \tag{2-6}$$

以上不同的 BEF 函数关系均表明，BEF 值随着材积密度的增加而减小，这一点符合生态学特性，即当材积密度增加时，意味着森林中树干所占的空间增大，相应地，树木其他部分的生物量，如枝和叶，相对于树干来说，所占空间的比例相应会变小，因此总体生物量与树干间的比例则随着材积密度的增加而呈现下降的趋势。

系统模型推算法：随着生态系统各组分数据的积累和各变量监测技术的发展，系统模型相关研究越来越多。系统模型推算法是通过模拟生态系统中各环境因子与植物生长相关的生理因子之间的复杂关系来估算或分析生态系统中的相关变量。其中，很多系统模型是关于生态系统生产力的，而由于生物量与生产力关系密切，因此，大多数有关陆地生态系统生产力的系统模型可以用来推算生物量（朴世龙，2004）。例如，Prentice 等（1993）采用 Biome1 生物地理模型推算出全球森林生物量碳库为 380 ～ 450 Pg C。但是，通常系统模型推算法对于参数要求严格，参数数量较多，不同的区域需要不同的参数，而许多参数的设定需要大量的区域气候、土壤和生物学特性的数据，这些数据不易获得，因此系统模型推算法的推广受到较大限制。

遥感估算法：20 世纪 70 年代以来，遥感技术的发展极大地促进了区域和全球尺度陆地生态系统生产力与生物量的评估。AVHRR（advanced very high resolution radiometer）、SPOT（systeme probatoire d'observation de la terre）、MODIS（moderate-resolution imaging spectroradiometer）、NDVI（normalized differential vegetation index）和 EVI（enhanced vegetation index）等基于卫星遥感的植被指数被广泛用于估算植被生产力和生物量的变化情况。另外，近几年微波遥感和激光雷达遥感也被广泛用于估算森林生物量。其中，微波辐射能够穿透云层和树冠并记录地面反射信息，但微波遥感在一定生物量水平上会出现信号饱和现象，具有一定的局限性（邢艳秋，2005）。激光雷达遥感能够更加准确地测量树高，从而能准确估算森林地上生物量（Lefsky et al.，2005），因此具有较好的发展前景。采用遥感数据的方法与实地调查方法相比，能够获得大范围、连续的以及实地难以到达区域的观测数据，并且可以获得时间动态信息和空间分布信息；但是利用遥感估算生物量的方法也存在一定的局限性。例如，样地实测数据与遥感数据的对应性不明确，通常样地的面积小于遥感图像中的一个像元所代表的面积，因此，在建立关系时将二者对应起来会产生一定的误差（韩爱惠，2009）。

2.2 森林生物量研究进展

2.2.1 世界森林生物量

有关世界森林生物量的研究可以追溯到1876年，Ebermayer（1876）对树枝落叶量和木材重量进行了测定，从而开辟了森林生物量研究之路。之后也有一些研究涉及森林生物量（Boysen-Jensen，1910；Kittredge，1944；Burger，1952）。但是，早期森林生物量的研究不多，而且不被人们重视，20世纪50年代以后，有关森林生物量的研究显著增加，特别是在日本、苏联、英国开展了许多森林调查与相关资料收集的研究工作（冯宗炜等，1999）。

在20世纪六七十年代实行国际生物学计划（International Biological Programme，IBP）期间，人们对各种类型的陆地生态系统和海洋生态系统的生物量进行了大量测定，广泛推动了生物量的研究（方精云，2000）。根据Whittaker和Likens（1973）的研究结果，全球各森林类型的生物量密度大致分别如下：热带森林为450 Mg/hm^2，热带季雨林和温带常绿林均为350 Mg/hm^2，温带落叶林为300 Mg/hm^2，北方森林为200 Mg/hm^2；以上森林总生物量为1650 Pg，若以0.5作为生物量碳转换系数，则全球森林总生物量碳库为825 Pg C。不过，后来人们研究发现，Whittaker和Likens（1973）的结果偏大（Alexeyev et al.，1995；Turner et al.，1995；Schroeder et al.，1997；Fang et al.，1998）。到了1997年，联合国气候变化框架公约第三次缔约方大会制定了《京都议定书》，森林对减缓气候变化的作用被广泛认同，之后，森林生物量碳库以及森林生态系统碳平衡成为研究的热点（韩爱惠，2009）。Dixon等（1994）通过文献数据估算全球森林生物量碳库为359 Pg C，平均生物量碳密度为86 Mg C/hm^2。

当前，森林生物量碳库的研究一方面为评价生态系统碳收支提供了基础数据，另一方面用于监测森林生物量碳库对气候变化的响应，同时，为评价人为毁林、造林活动等研究提供了重要基础信息。因此，森林生物量碳库的研究仍是气候变化研究的重点之一。

2.2.2 中国森林生物量

中国森林生物量研究起步较晚，到20世纪70年代末才有相关报道，但是中国森林生物量研究发展迅速。在20世纪90年代中后期，我国区域尺度的森林生物量估算也开始逐步增多。

方精云等（1996a）采用第三次全国森林资源清查资料（1984～1988年）对我国森林生物量进行了估算，并采用国外文献的数据粗略估算了疏林和灌木林的生物量。近20年基于森林资源清查资料估算我国森林生物量的研究很多，如Fang等（1998，2001）、周玉荣等（2000）、刘国华等（2000）、赵敏和周广胜（2004）、Pan等（2004）、徐新良等（2007）、吴庆标等（2008），所采用的研究方法包括平均生物量密度法、类似平均生物量转换因子法、连续生物量转换因子法。方法上的差别导致结果不同。综合上述研究结果，我国森林总生物量在各时期的波动范围为3.6～6.2 Pg C。其中，周玉荣等（2000）因采用平均生物量密度法，得到的生物量碳库明显高于其他研究的估算结果；而赵敏和周广胜（2004）、Pan 等（2004）和徐新良等（2007）的估算结果相对较低。

不少研究基于森林资源清查资料，对省（区、市）水平的森林生物量进行了估算，如海南省（曹军等，2002）、河南省（光增云，2007）、广东省（周传艳等，2007）、浙江省（张茂震等，2009）、北京（张萍，2009）、江苏省（王磊等，2010）、贵州省（田秀玲等，2011）等。这些研究采用的估算方法大多与国家尺度的估算方法基本一致，大多直接采用与国家尺度估算相同的生物量转换因子。

近几年来，我国也出现了采用遥感数据估算森林生物量的研究。例如，Piao 等（2005）采用 NDVI 与森林资源清查数据结合的方法，估算我国 1981 ～ 1999 年森林生物量平均为 5.79 Pg C，单位面积生物量碳密度为 45.31 Mg C/hm^2。郭志华等（2002）利用 TM 数据与材积的关系推算了粤西地区的森林生物量。张慧芳（2008）通过建立森林生物量与 NDVI 的二次多项式模型，探讨了北京地区森林生物量的变化趋势和空间分布格局。

此外，不同的研究，生物量碳转换系数也出现分歧，一些研究采用 0.5，而另外一些研究采用 0.45，也有个别研究根据不同森林类型，采用不同的碳转换系数（张萍，2009）。陈遐林（2003）研究发现，我国乔木树种平均含碳率均大于 0.45，若以 0.45 作为碳转换系数，会导致生物量碳库的低估，因此，采用 0.5 作为森林生物量碳转换系数可能更为合理。

2.3　1997 ～ 2008 年中国森林生物量碳汇的时空变化

2.3.1　森林碳储量数据来源和计算方法

本章使用的森林生物量数据来源于全国森林资源清查资料，包括 1977 ～ 1981 年、1984 ～ 1988 年、1989 ～ 1993 年、1994 ～ 1998 年、1999 ～ 2003 年和 2004 ～ 2008 年共 6 期。我们将中国森林划分为林分、经济林和竹林三大类别。其中的林分调查数据，按照各省（区）分别给出了各优势树种及林分起源（天然林和人工林）按龄级统计的面积和蓄积量数据（不包括台湾、香港、澳门等地区）。

采用连续 BEF 函数法估算我国森林林分生物量。此处 BEF 定义为生物量与蓄积量之比，由野外调查和文献数据得到我国各主要森林类型的 BEF 与蓄积量密度的关系（BEF = $a + b/x$）（图 2-1），各树种连续 BEF 函数的参数见表 2-1。

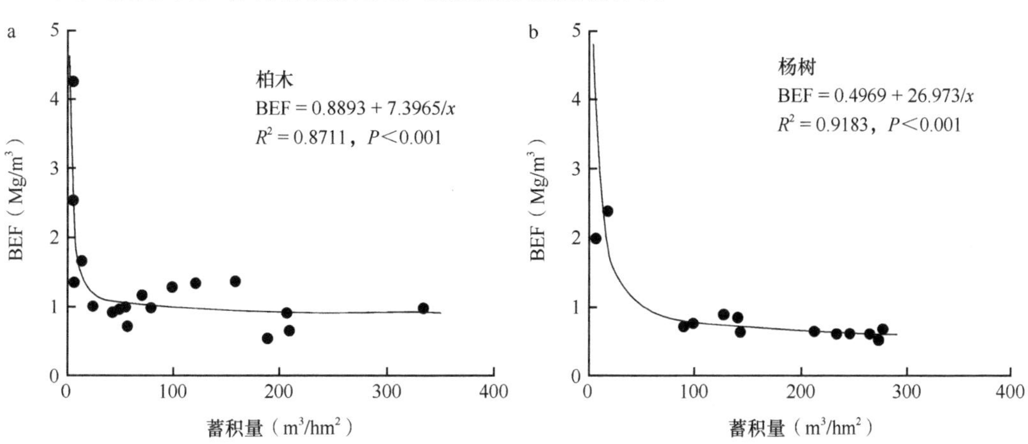

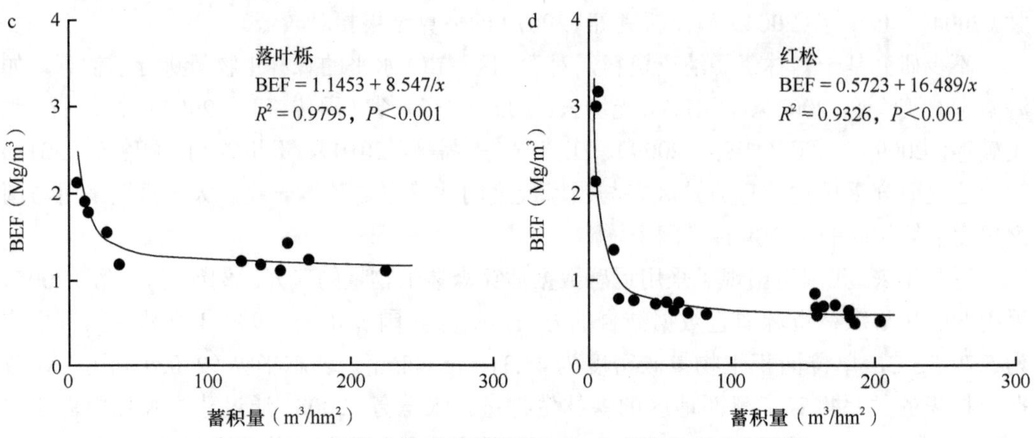

图 2-1　4 种代表性森林类型的 BEF 与蓄积量密度的关系

表 2-1　中国主要森林类型的 BEF 参数表

森林类型	参数方程：BEF = $a + b/x$				
	a	b	n	R^2	P
云杉、冷杉	0.5519	48.861	24	0.7764	< 0.001
杉木	0.4652	19.141	90	0.9401	< 0.001
柏木	0.8893	7.3965	19	0.8711	< 0.001
落叶松	0.6096	33.806	34	0.8212	< 0.001
红松	0.5723	16.489	22	0.9326	< 0.001
华山松	0.4581	32.666	10	0.7769	< 0.001
马尾松、云南松	0.5034	20.547	51	0.8676	< 0.001
樟子松	1.112	2.6951	15	0.8478	< 0.001
油松	0.869	9.1212	112	0.9063	< 0.001
其他针叶林	0.5292	25.087	18	0.8622	< 0.001
铁杉、油杉、柳杉	0.3491	39.816	30	0.7899	< 0.001
针阔混交	0.8136	18.466	10	0.9953	< 0.001
桦木	1.0687	10.237	9	0.7045	< 0.005
木麻黄	0.7441	3.2377	10	0.9549	< 0.001
落叶栎	1.1453	8.547	12	0.9795	< 0.001
桉树	0.8873	4.5539	20	0.802	< 0.001
常绿阔叶	0.9292	6.494	23	0.8259	< 0.001
落叶檫木混交	0.9788	5.3764	32	0.9333	< 0.001
非商业用材	1.1783	5.5585	17	0.9483	< 0.001
杨树	0.4969	26.973	13	0.9183	< 0.001
热带树	0.7975	0.4204	18	0.8715	< 0.001

由于森林资源清查资料提供了各优势树种林分各个龄级在各省（区）的面积和蓄积量数据，因此，可以计算每个优势树种林分在全国的生物量：

$$B=\sum_{i=1}^{m}\sum_{j=1}^{n}V_{ij}\times \mathrm{BEF}_{ij}=\sum_{i=1}^{m}\sum_{j=1}^{n}A_{ij}\times x_{ij}\times\left(a+\frac{b}{x_{ij}}\right) \tag{2-7}$$

式中，B 表示某一优势树种林分在全国的总生物量；V_{ij}、A_{ij} 和 x_{ij} 分别表示该优势树种林分在第 i 省（区）第 j 龄级的蓄积量（V）、面积（A）和平均蓄积量密度。BEF_{ij} 是该树种连续 BEF 函数，其中 a 和 b 是相应的参数。通过式（2-7）得到各个树种的生物量，再累加即得到全国森林林分的总生物量。本章以 0.5 作为生物量碳转换系数。通过各森林类型地上与地下比，进一步得到我国各森林类型的地上生物量和地下生物量。

由于我国森林资源清查对森林林分的划分标准在 1994 年改为郁闭度大于 0.20，而以往各期的调查标准为郁闭度大于 0.30，为了统一标准以便进行各时期的比较，我们利用具有 2 种郁闭度的 1994 ～ 1998 年数据，建立两种标准下省级林分面积（A）、蓄积量（V）、碳库（C）的换算关系，以推算郁闭度大于 0.20 各调查期的面积和蓄积量统计值（图 2-2）。

$$A_{0.2}=1.29\times A_{0.3}^{0.994}\quad (R^2=0.996) \tag{2-8}$$

$$V_{0.2}=1.098\times V_{0.3}^{0.998}\quad (R^2=0.999) \tag{2-9}$$

$$C_{0.2}=1.147\times C_{0.3}^{0.996}\quad (R^2=0.998) \tag{2-10}$$

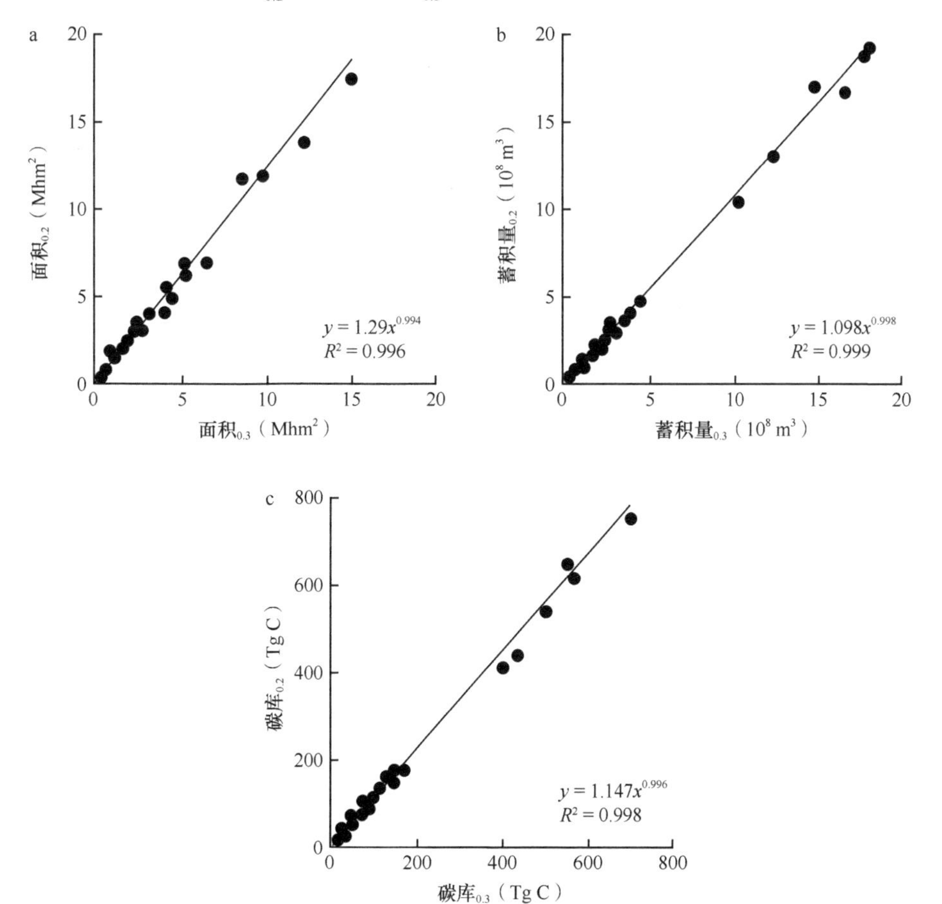

图 2-2　两种标准下省级林分面积（a）、蓄积量（b）及生物量碳库（c）的换算

式中，$A_{0.3}$ 和 $A_{0.2}$ 分别为郁闭度大于 0.30 和大于 0.20 标准下的省级林分面积（10^4 hm^2）；$V_{0.3}$ 和 $V_{0.2}$ 分别为郁闭度大于 0.30 和大于 0.20 标准下的省级林分蓄积量（10^4 m^3）；$C_{0.3}$ 和 $C_{0.2}$ 分别为郁闭度大于 0.30 和大于 0.20 标准下的省级林分生物量碳库（Tg C）。通过以上换算关系，得到 1977 ～ 1981 年、1984 ～ 1988 年、1989 ～ 1993 年 3 个时期各省（区）在标准为郁闭度大于 0.20 时的林分面积、蓄积量和生物量碳库。

在按照天然林和人工林分类进行统计时，森林资源清查资料仅给出各省（区）人工林林分的总面积和总蓄积量，没有提供各优势树种的具体面积和蓄积量数据。为了区分人工林和天然林的生物量碳库大小和变化趋势，需要估算人工林和天然林各自的碳库。因此，本研究建立了省（区）水平生物量密度与蓄积量密度的关系，得到省（区）水平的 BEF 函数（图 2-3），通过这种关系函数，则不需树种信息就可以估算天然林和人工林的森林生物量。

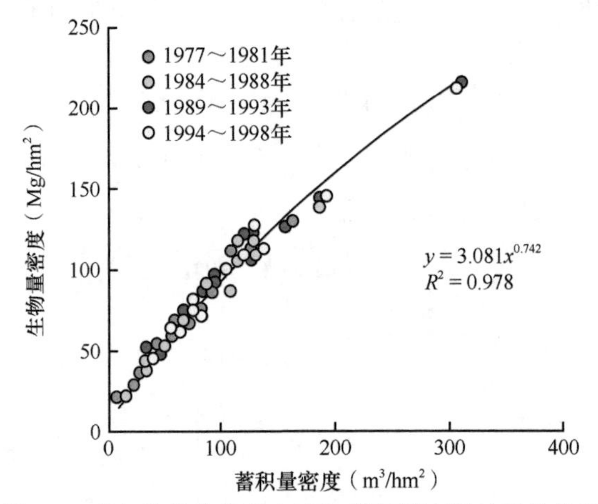

图 2-3 省级林分生物量密度与蓄积量密度的转换关系

$$BD = 3.081 \times VD^{0.742} \quad (R^2 = 0.978) \tag{2-11}$$

$$BEF = BD/VD = 3.081 \times VD^{-0.258} \tag{2-12}$$

式中，BD 和 VD 分别为各调查期各省（区）林分生物量密度（Mg/hm^2）和蓄积量密度（m^3/hm^2）；省（区）水平林分 BEF 函数关系式（2-12）是由式（2-11）推导出来的。

依据省（区）水平 BEF，可以计算各省（区）人工林分的生物量碳库，再由省（区）总林分生物量碳库与人工林分的碳库相减，即得到各省（区）天然林分的生物量碳库。对于早期基于郁闭度为 0.30 的清查数据，转换为郁闭度为 0.20 后的蓄积量按照各省（区）原标准下人工林和天然林在总林分中所占生物量的比例计算各省（区）转换后人工林和天然林生物量。

此外，1999 ～ 2003 年调查期之前的森林资源清查资料不包括印度侵占领土区域各树种的数据，给出西藏总体区域的林分总面积和总蓄积量数据。为了使各个时期西藏数据具有可比性，本研究采用上述省级水平 BEF 关系式（2-12），求出西藏在 1977 ～ 1981 年、1984 ～ 1988 年、1989 ～ 1993 年、1994 ～ 1998 年四期总体区域内的生物量密度，进而求得各时期西藏全区的林分生物量碳库。

此外，以往计算经济林生物量采用平均生物量密度为 23.7 Mg/hm^2 的方法，由于森林资源清查数据仅提供了经济林的面积数据，因此，本研究沿用此方法。森林资源清查数据提供了毛竹和杂竹的面积数据。为了估算中国竹林生物量碳库及其变化，通过广泛收集相关文献，分别建立了毛竹和杂竹生物量数据库，包含 37 组毛竹生物量数据和 43 组杂竹生物量数据，得到毛竹和杂竹的平均生物量密度分别为 81.9 Mg/hm^2 和 53.1 Mg/hm^2，据此估算竹林的生物量。

2.3.2 中国森林总生物量碳库和碳汇

中国森林总生物量碳库由 1977 ～ 1981 年调查期的 4972 Tg C（即 4.972 Pg C）增加到 2004 ～ 2008 年调查期的 6868 Tg C，净增加 1896 Tg C，年均增加速率为 70.2 Tg C/a（表 2-2）。由表 2-2 可见，不同时期的碳汇大小差异较大：最小碳汇（10.1 Tg C/a）出现在 1994 ～ 1998 年调查期，最大碳汇（114.9 Tg C/a）出现在 2004 ～ 2008 年。这表明中国森林植被的碳汇功能在显著增加。

作为森林的主体，中国林分面积占森林总面积的 84.4% ～ 89.5%，贮存了森林总生物量碳库的 93.2% ～ 94.9%，1977 ～ 2008 年林分生物量碳库累计增加 1710 Tg C，年均碳汇为 63.3 Tg C/a，占森林总碳汇的 90.2%。林分生物量碳库仅在 1994 ～ 1998 年略有减少（主要是森林面积的统计误差所致），其他时期均为增加，特别是在 2004 ～ 2008 年，年均碳汇高达 112.9 Tg C/a。单位面积的林分生物量碳密度也有所增加，由研究初期（1977 ～ 1981 年）的 38.2 Mg C/hm^2 增加到研究末期（2004 ～ 2008 年）的 41.3 Mg C/hm^2。此外，经济林和竹林的面积分别占中国森林总面积的 8.2% ～ 12.9% 和 2.3% ～ 3.0%，生物量碳库分别占 2.7% ～ 4.2% 和 2.4% ～ 2.9%。在 1977 ～ 2008 年，经济林和竹林生物量碳库分别增加 108 Tg C/a 和 78 Tg C，年均碳汇分别为 4.0 Tg C/a 和 2.9 Tg C/a，分别为中国森林生物量碳汇贡献了 5.7% 和 4.1%。

2.3.3 人工林和天然林碳库及其变化

表 2-3 列出了中国人工林分和天然林分在 1977 ～ 2008 年生物量碳库及其变化。自 20 世纪 70 年代末以来，由于中国实施了大规模的造林、再造林工程，人工林分的面积净增加 24.05×10^6 hm^2，占林分面积净增量的 74.9%，占森林面积净增量的 55.4%。同时，人工林分的生物量碳库由研究初期（1977 ～ 1981 年）的 250 Tg C 增加到研究末期（2004 ～ 2008 年）的 1067 Tg C，净增加 3 倍多，其占林分总碳库的比例也由研究初期的 5.3% 增加到研究末期的 16.6%。在 1977 ～ 2008 年，人工林分生物量持续表现为碳汇，共吸收 817 Tg C，年均碳汇为 30.3 Tg C/a，分别占中国林分和森林总碳汇的 47.8% 和 43.1%。同时期的天然林分并不是一直保持碳汇功能，其中有两个时期（1984 ～ 1988 年和 1994 ～ 1998 年）天然林分生物量碳库略有减少，共减少 131 Tg C，但在其他时期碳库都有所增加，共增加 1024 Tg C。因此，在整个调查期，天然林分生物量碳库净增加 892 Tg C，年均碳汇为 33.0 Tg C/a。值得注意的是，自 20 世纪 90 年代后期以来，天然林分生物量碳库持续增加。由表 2-3 还可见，调查期人工林分的生物量碳密度显著增加，由研究初期的 15.6 Mg C/hm^2 增加到研究末期的 26.7 Mg C/hm^2，但仅相当于同期天然林

表 2-2　中国森林面积、生物量碳库和碳汇（1977 ～ 2008 年）

调查期	全部森林			林分				经济林			竹林		
	面积（10^4 hm^2）	碳库（Tg C）	碳汇（Tg C/a）	面积（10^4 hm^2）	碳库（Tg C）	碳密度（Mg C/hm^2）	碳汇（Tg C/a）	面积（10^4 hm^2）	碳库（Tg C）	碳汇（Tg C/a）	面积（10^4 hm^2）	碳库（Tg C）	碳汇（Tg C/a）
1977 ～ 1981 年	13 798	4 972		12 350	4 717	38.2		1 128	134		320	121	
1984 ～ 1988 年	14 898	5 178	29.5	13 169	4 885	37.1	23.9	1 374	163	4.2	355	131	1.4
1989 ～ 1993 年	15 960	5 731	110.6	13 971	5 402	38.7	103.5	1 610	191	5.6	379	138	1.5
1994 ～ 1998 年	15 684	5 781	10.1	13 241	5 388	40.7	–2.9	2 022	240	9.8	421	154	3.1
1999 ～ 2003 年	16 902	6 293	102.3	14 279	5 862	41.1	94.9	2 139	253	2.8	484	177	4.7
2004 ～ 2008 年	18 138	6 868	114.9	15 559	6 427	41.3	112.9	2 041	242	–2.3	538	199	4.3
1977 ～ 2008 年			70.2				63.3			4.0			2.9

分生物量碳密度的 37.6% ～ 57.5%。这说明未来即使人工林分不再增加种植面积，仅凭现有人工林分的生长，仍然可以吸收大量的碳。人工林分和天然林分生物量碳汇在空间分布上有明显差异（表 2-4）。所有省（区）的人工林分均表现为碳汇。其中，最大的是四川（81.1 Tg C），其次是福建（68.9 Tg C）、黑龙江（60.9 Tg C）和湖南（58.6 Tg C）。而天然林分在 25 个省（区）中表现为碳汇，最大的几个省（区）分别为西藏（262.1 Tg C）、四川（168.6 Tg C）、云南（152.4 Tg C）和内蒙古（95.8 Tg C）。天然林分生物量碳库表现为碳源的省（区）为黑龙江（～ 47.2 Tg C）、广东（13.3 Tg C）、甘肃（～ 4.5 Tg C）、福建（～ 3.8 Tg C）和上海（～ 0.02 Tg C）。

表 2-3　中国人工林分和天然林分生物量碳库及碳汇

调查期	人工林				天然林			
	面积（10^4 hm^2）	碳库（Tg C）	碳密度（Mg C/hm^2）	碳汇（Tg C/a）	面积（10^4 hm^2）	碳库（Tg C）	碳密度（Mg C/hm^2）	碳汇（Tg C/a）
1977 ～ 1981 年	1 595	250	15.6		10 755	4 468	41.5	
1984 ～ 1988 年	2 347	418	17.8	24.1	10 822	4 467	41.3	–0.1
1989 ～ 1993 年	2 675	526	19.7	21.6	11 296	4 876	43.2	81.9
1994 ～ 1998 年	2 914	642	22.0	23.3	10 326	4 746	46.0	–26.2
1999 ～ 2003 年	3 229	836	25.9	38.7	11 049	5 026	45.5	56.2
2004 ～ 2008 年	4 000	1 067	26.7	46.2	11 559	5 360	46.4	66.7
1977 ～ 2008 年				30.3				33.0

表 2-4　中国各省（区）1977 ～ 2008 年前后两期林分生物量碳库和碳密度对比以及碳库与面积的变化

省（区、市）	1977 ～ 1981 年		2004 ～ 2008 年		1977 ～ 2008 年	
	碳库（Tg C）	碳密度（Mg C/hm^2）	碳库（Tg C）	碳密度（Mg C/hm^2）	碳库变化（Tg C）	面积变化（10^4 hm^2）
北京市	1.2	14.3	6.4	18	5.2	27.2
天津市	0.2	12.8	1.2	21.2	1	4.4
上海市	0	8.8	0.6	16.9	0.6	0.2
内蒙古自治区	510.7	31.8	652.8	38.8	142.1	77.4
广西壮族自治区	132.9	24.5	225.9	28	92.9	263.1
西藏自治区	621.9	78.8	884.7	105.2	262.8	51.7
宁夏回族自治区	1.8	16.1	2.9	25.9	1.1	0.2
新疆维吾尔自治区	87.1	64.6	117.8	69.6	30.7	34.4
河北省	22	15.1	54.3	18.8	32.3	142
山西省	22.6	25.2	45.4	26.3	22.8	82.8
辽宁省	70.6	23.3	113.3	31.4	42.7	58.8
吉林省	377.5	50.1	433.4	59.6	55.8	26.6
黑龙江省	801.8	42.2	815.5	42.6	13.8	14.6

续表

省（区、市）	1977～1981年		2004～2008年		1977～2008年	
	碳库（Tg C）	碳密度（Mg C/hm^2）	碳库（Tg C）	碳密度（Mg C/hm^2）	碳库变化（Tg C）	面积变化（10^4 hm^2）
江苏省	2.7	12.5	18.4	24.7	15.7	52.9
浙江省	51.8	17.8	88.4	22.5	36.6	102.4
安徽省	34.8	18.4	68.7	25.4	33.9	81.3
福建省	151.2	34.2	218.3	38.6	67.1	118.4
江西省	135	26.8	203.1	26.4	68.1	264.5
山东省	6.9	9.5	35.3	22..6	28.5	84
河南省	24.7	17.8	72.3	25.5	47.6	144.5
湖北省	67.7	17	115.9	22.8	48.2	110.4
湖南省	97	19.6	168.8	21.2	71.9	231.4
广东省	134.1	22.4	159.3	23.5	25.2	80.4
海南省			37.2	44.1	10.3	15.3
四川省	469.6	58.5	719.4	53.4	249.7	544.3
贵州省	51.6	27.6	113.5	28.5	41.9	138.4
云南省	556.6	51.2	747.8	50.8	191.2	385.5
陕西省	162.2	31.1	192.8	34	30.6	46.2
甘肃省	89.4	41	96.1	45	6.6	4.7
青海省	9.7	40.2	17.9	50.3	8.2	11.4

注：本表不包含台湾、香港及澳门特别行政区数据；其中四川省与重庆市为一个整体

2.3.4 不同地带植被类型的碳库及其变化

中国拥有从南方的热带雨林到北方的寒温带针叶林，近乎北半球的所有主要森林类型。为了研究不同地带性森林类型的生物量碳库及其碳汇的贡献，通过森林资源清查数据中优势树种信息将林分划分为5个地带性森林类型，即寒温带针叶林、温带针叶林、温带落叶阔叶林、温带/亚热带混交林和常绿阔叶林。

表2-5显示了1977～2008年中国各地带性森林类型的生物量碳库和碳汇。在1977～1981年调查期，最大的碳库是寒温带针叶林，占林分总碳库的31.0%；其他森林类型依次为常绿阔叶林、温带落叶阔叶林、温带/亚热带混交林和温带针叶林，分别占林分总碳库的27.2%、18.5%、17.3%和6.0%。经过近30年的变化，各森林类型的碳库比例也发生了变化，研究末期最大的碳库是常绿阔叶林，占林分总碳库的29.6%，其次分别为温带落叶阔叶林（24.5%）、寒温带针叶林（19.3%）、温带/亚热带混交林（18.0%）和温带针叶林（8.6%）。除了寒温带针叶林的生物量碳库减少外，其他4种森林类型生物量碳库均在增加。增加最多的是温带落叶阔叶林，年均碳汇为26.2 Tg C/a；其次是常绿阔叶林、温带/亚热带混交林和温带针叶林。对寒温带针叶林而言，在1977～1993年碳库保持增加，共增加220 Tg C，但在1994～2008年碳库开始减少，共减少441 Tg C，

所以，在整个调查期，净减少 221 Tg C，年均碳释放为 8.2 Tg C/a。各地带性森林类型生物量碳库的变化与其面积的变化密切相关。除了寒温带森林面积减少了 3.69×10^6 hm^2 外，其他 4 种森林类型的面积均有所增加。由表 2-4 还可知，1977 ～ 2008 年，5 种地带性森林类型的生物量碳密度均在增加，增加的相对比例最大的是温带 / 亚热带混交林，碳密度增加了 35.7%。整个研究期间碳密度最大的森林类型是寒温带针叶林，如 2004 ～ 2008 年调查期的碳密度高达 68.8 Mg C/hm^2。

表 2-5　不同地带性森林类型的生物量碳库及其变化

森林类型	调查期	面积（10^4 hm^2）	碳库（Tg C）	碳密度（Mg C/hm^2）	碳汇（Tg C/a）
寒温带针叶林	1977 ～ 1981 年	2174	1463	67.3	
	1984 ～ 1988 年	2196	1481	67.4	2.6
	1989 ～ 1993 年	2350	1683	71.6	40.4
	1994 ～ 1998 年	2131	1637	76.8	9.3
	1999 ～ 2003 年	1826	1263	69.2	74.4
	2004 ～ 2008 年	1805	1242	68.8	4.3
	1977 ～ 2008 年				8.2
温带针叶林	1977 ～ 1981 年	837	284	33.9	
	1984 ～ 1988 年	1055	319	30.3	5
	1989 ～ 1993 年	1114	386	34.6	13.3
	1994 ～ 1998 年	1025	335	32.7	10.2
	1999 ～ 2003 年	1144	410	35.8	15
	2004 ～ 2008 年	1573	552	35.1	28.4
	1977 ～ 2008 年				9.9
温带落叶阔叶林	1977 ～ 1981 年	2425	870	35.9	
	1984 ～ 1988 年	3793	1400	36.9	75.7
	1989 ～ 1993 年	4129	1539	37.3	27.8
	1994 ～ 1998 年	3694	1566	42.4	5.4
	1999 ～ 2003 年	3824	1626	42.5	11.8
	2004 ～ 2008 年	3820	1577	41.3	9.7
	1977 ～ 2008 年				26.2
温带 / 亚热带混交林	1977 ～ 1981 年	3697	816	22.1	
	1984 ～ 1988 年	3459	703	20.3	16.2
	1989 ～ 1993 年	4158	901	21.7	39.7
	1994 ～ 1998 年	4239	1016	24	23.1
	1999 ～ 2003 年	4528	1256	27.7	47.9
	2004 ～ 2008 年	3855	1156	30	20
	1977 ～ 2008 年				12.6

续表

森林类型	调查期	面积（10^4 hm^2）	碳库（Tg C）	碳密度（Mg C/hm^2）	碳汇（Tg C/a）
常绿阔叶林	1977 ～ 1981 年	3217	1284	39.9	
	1984 ～ 1988 年	2666	982	36.8	43.2
	1989 ～ 1993 年	2221	893	40.2	17.8
	1994 ～ 1998 年	2151	834	38.8	11.19
	1999 ～ 2003 年	2956	1308	44.3	94.9
	2004 ～ 2008 年	4506	1901	42.2	118.6
	1977 ～ 2008 年				22.8

2.3.5 不同龄级的林分生物量碳库及其变化

森林资源清查数据中，1977 ～ 1981 年调查期的龄级划分为 3 个，即幼龄林、中龄林和成熟林；之后各调查期划分为幼龄林、中龄林、近熟林、成熟林和过熟林等 5 个龄级。为便于各个时期的比较，将近熟林、成熟林和过熟林归为一个林龄组（老龄林）。结果显示，中国老龄林占林分总面积的 54.4% ～ 55.0%；在 1977 ～ 2008 年，生物量碳库净增加了 930 Tg C，对林分总碳汇的贡献为 54.4%；中龄林和幼龄林的面积分别占 22.9% ～ 32.6% 和 12.8% ～ 17.0%；二者生物量碳汇十分接近，分别为 391 Tg C（年均碳汇为 14.5 Tg C/a）和 388 Tg C（年均碳汇为 14.4 Tg C/a），对林分总碳汇的贡献分别为 22.9% 和 22.7%。过去近 30 年，老龄林、幼龄林和中龄林的森林面积分别增加 12.73×10^6 hm^2、10.76×10^6 hm^2 和 8.60×10^6 hm^2，可以说森林面积的增加是碳库增加的重要原因之一。另外，森林生长也是各个龄级生物量碳库增加的一个重要原因。例如，幼龄林、中龄林和老龄林的生物量碳密度从研究初期（1977 ～ 1981 年）的 14.4 Mg C/hm^2、35.4 Mg C/hm^2 和 67.4 Mg C/hm^2 分别增加到研究末期（2004 ～ 2008 年）的 18.9 Mg C/hm^2、37.1 Mg C/hm^2 和 68.8 Mg C/hm^2。由于老龄林的生物量碳密度分别是中龄林和幼龄林的 1.9 倍和 3.6 倍，可以预测如果中龄林和幼龄林继续生长，中国森林将会具有很大的碳汇潜力。

2.3.6 利用遥感数据对中国林分生物量碳汇的估算

（1）遥感估算方法

遥感是估测大尺度森林生物量碳库的重要手段。遥感手段的优点在于，通过建立经验模型（如回归模型），将野外观测的生物物理变量同遥感数据结合起来，从而实现对监测指标（如生物量、光合有效辐射吸收比例和叶面积指数等）的连续观测。本部分基于 1984 ～ 1988 年、1989 ～ 1993 年、1994 ～ 1993 年三期森林资源清查数据以及同期的 20 年的 NDVI，建立森林生物量碳密度与 NDVI 的最优回归方程［式（2-13）］，估算了中国森林生物量碳库及其 20 年的变化量（Piao et al.，2005）。

$$BCD = 111.52 \times \ln NDVI - 0.452 lat - 20.034 lon + 0.08568 lon^2 + 1278.29$$

$$(R^2 = 0.64,\ P < 0.001) \quad (2\text{-}13)$$

式中，BCD 表示生物量碳密度（Mg C/hm^2）；NDVI 表示同时期 $NDVI_{max}$；lat 和 lon 分别表示纬度和经度；统计分析显示，NDVI 解释了省级生物量碳密度总变异的 20%，地理位置(经纬度)解释量为 44%。用 1984 ～ 1988 年的森林资源清查生物量数据来检验发现，该模型具有较好的精确度（图 2-4）。

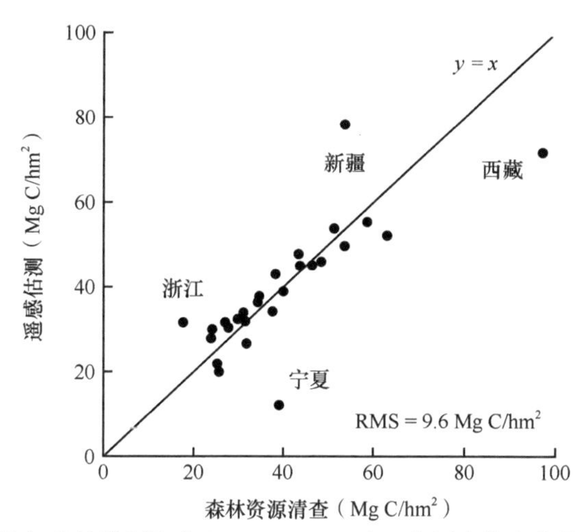

图 2-4　遥感预测值与森林资源清查（1984 ～ 1988 年）实测森林生物量碳密度之间的比较

（2）遥感估算结果以及与森林资源清查数据结果的比较

通过遥感数据对中国森林生物量碳库的估算值为 5.79 Pg C，生物量碳密度为 45.31 Mg C/hm^2。与基于森林资源清查数据的估算相比（Fang et al.，2001），该方法在碳密度（43.67 Mg C/hm^2）的估算上十分接近，但由于采用的森林面积数据不同，在碳储量的估算上稍高于 Fang 等（2001）的估算结果（4.61 Mg C/hm^2）。遥感研究显示，中国森林在过去 20 年间扮演着明显的碳汇角色；中国森林平均碳汇速率为 0.021 Pg C/a，十分接近 Fang 等（2001）的估算结果（0.019 Pg C/a）。已有研究结果显示，北方森林在全球碳循环中扮演碳汇角色，在 20 世纪 90 年代北方森林平均碳汇为 0.21 Pg C/a（Goodale et al.，2002）。依据这一估算，中国森林对全球北方森林碳汇的贡献在 9% 左右。

2.4　森林外树木生物量碳库及其变化

2.4.1　森林外树木的定义

森林外树木（trees outside forest，TOF），顾名思义，即生长在森林之外的树木，如生长在农田旁、路旁、房屋旁、水渠边、池塘边、公园等地方的树木。这一新名词于 1995 年提出（de Foresta et al.，2013）。长期以来，决策者和管理人员忽视了这些树木，这可能是由于这种资源涉及的部门较多，难以统一管理和测算，因此，目前森林外树木相关的数据和信息非常不完整（Bellefontaine et al.，2002）。随着人口增长，对各种资源需求不断增加，森林外树木也逐渐受到关注。例如，在印度，森林外树木为人们提供木材、薪柴、水果、饲料和其他有用的产品（Pandey and Kumar，2000）。印度喀拉拉邦木材生产仅有 7% 来自森林，其余 93% 的木材来源于庭院和庄园中的树木，并且森林外树木可以满足当地 90% 的薪柴供应（Bellefontaine et al.，2002）。

除了上述功能，森林外树木还起到保护农田、保持水土、保护生物多样性、防风固堤、改善微气候、美化环境、提供娱乐等作用，而且森林外树木同样从大气中吸收 CO_2，对于减缓温室气体排放也有一定贡献（Rathore and Prasad，2002；de Foresta et al.，2013）。此外，有研究显示农林系统的树木生长率要超过森林中的树木（Dwivedi et al.，1990），说明这部分森林外树木的生物量固碳速率较大；并且一些国家随着森林的减少，农民自发种植森林外树木以确保林木产品的供应，这使得森林外树木有所增加（Bellefontaine et al.，2002）。因此，森林外树木的固碳能力越来越值得关注。然而，由于森林外树木不像森林那样具有大片的面积，其形态可大致分为斑块、线性、散布点状。这种散布的特点使得森林外树木的调查与传统森林调查不同（Rathore and Prasad，2002）。目前对于森林外树木的研究大多集中在如何进行森林外树木蓄积量的抽样调查和统计（Pandey and Kumar，2000；Herrera，2003），而关于国家尺度森林外树木的生物量碳库估算的研究非常缺乏。对我国而言，以往有些研究虽然对我国森林外树木某一类型或某些类型的生物量进行了评估，但目前仍缺少全面、系统的大尺度森林外树木生物量碳库的研究。

依据我国森林资源清查资料，森林包括林分、经济林和竹林，其他类型则可划归为森林外树木，如疏林、未成林造林地、四旁树、散生木和灌木林（图 2-5）。各部分具体定义如下（国家林业局森林资源管理司，2005）。

图 2-5　中国疏林示意图

a. 疏林；b. 灌木林；c. 四旁树；d. 散生木

林分：包括天然林和人工林，其中天然林指郁闭度为 0.20 以上（含 0.20）的天然起源的林分；人工林指生长稳定（一般造林 3 ～ 5 年后或飞机播种 5 ～ 7 年后），每公顷保存株数大于或等于造林设计植树株数 80% 或郁闭度超过 0.20 的人工起源的林分。此外，农田林网和各种防护林带的林木郁闭度超过 0.20 或林带冠幅覆盖宽度 10 m 以上的防护林也是森林的一个组成部分。需要再次说明的是，我国在 1994 年以前，林分标准为郁闭度大于 0.30，1994 年以后改为郁闭度大于 0.20。

经济林: 经济林是以生产干鲜果品、食用油料、饮料、调味料、工业原料和药材等为主要目的的森林和林木。

竹林: 主要由竹构成的林地，森林资源清查资料给出了各省竹林的面积和株数，其中竹林分为毛竹和杂竹。

疏林: 指郁闭度为 0.10 ～ 0.19 的林地。1994 年以前，由于林分标准的不同，疏林标准也不同，1994 年以前疏林为郁闭度 0.10 ～ 0.29 的林地。

未成林造林地: 造林后不到成林年限，但成活率超过 85% 或保存株数大于造林设计植株数的 80%，尚未郁闭但有成林希望的林地。

灌木林: 指以培育灌木为目的或分布在乔木生长线以上，以及专为防护用途，覆盖度大于 30% 的灌木林地; 1994 年以前灌木林的标准为覆盖度大于 40%。

四旁树: 指在村旁、路旁、水旁、宅旁栽植的树木，包括平原地区的小片林、农田林网以及农林间作的树木。

散生木: 指生长在竹林、经济林、无林地及幼林上层散生的高大林木。

2.4.2　森林外树木生物量碳的计算方法

鉴于未成林造林地生物量密度较低，因此不对未成林造林地的生物量进行估算，而仅针对疏林、灌木林、四旁树和散生木的生物量进行估算。本研究使用的森林资源清查数据包含 1977 ～ 2008 年的 6 期森林资源清查数据中的分省疏林地面积和蓄积量、灌木林的面积、四旁树和散生木的蓄积量等。由于缺乏数据，分析时并不包括香港、澳门和台湾的内容。生物量碳转换系数为 0.5。

（1）疏林

森林资源清查资料列出了我国各省疏林的面积和蓄积量，但由于我国森林标准在 1994 年做了调整，疏林标准也随之改变，1994 年以前疏林是指郁闭度在 0.10 ～ 0.29 的林地，1994 年以后调整为郁闭度在 0.10 ～ 0.19 的林地，相当于将一部分疏林划归到林分当中，因此，新标准下的疏林相对较少。为了研究各个时期疏林生物量的变化情况，需要对不同标准的疏林数据进行校正。依据第五次全国森林资源清查资料（1994 ～ 1998 年）能够获得双重标准下各省的疏林面积和蓄积量，因此，本研究建立了两种标准下疏林的换算关系。

$$A_{(0.10\sim0.19)} = 0.273 \times A_{(0.10\sim0.29)}^{0.960} \quad (R^2 = 0.86,\ n=30) \tag{2-14}$$

$$V_{(0.10\sim0.19)} = 0.231 \times V_{(0.10\sim0.29)}^{0.960} \quad (R^2 = 0.90,\ n=30) \tag{2-15}$$

式中，A 为面积，V 为蓄积量，其单位分别为 $10^4\ hm^2$ 和 $10^4\ m^3$，关系图见图 2-6。由上述关系式求出 1994 年以前各期，即 1977 ～ 1981 年、1984 ～ 1988 年、1989 ～ 1993 年三期，郁闭度为 0.10 ～ 0.19 标准下的疏林面积和蓄积量。

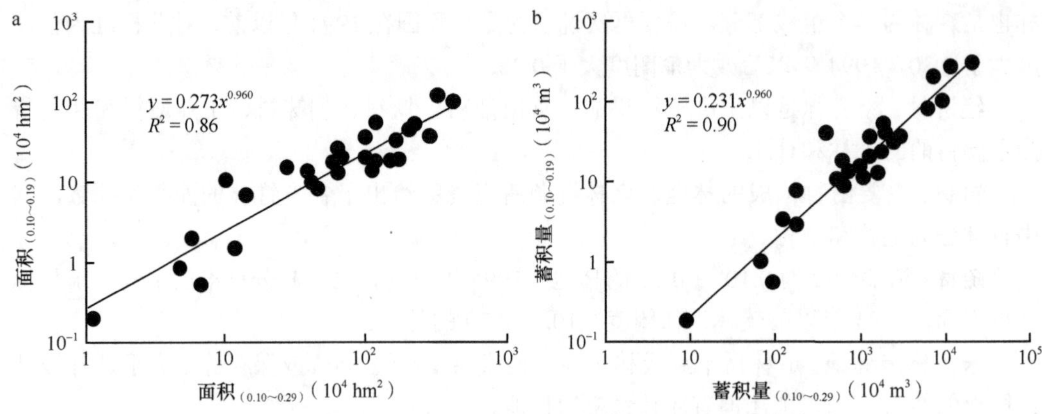

图 2-6　1994 ～ 1998 年两种标准下疏林面积和蓄积量的换算

鉴于疏林资料没有分树种的详细数据，仅有省级疏林总面积和总蓄积量数据，无法采用分树种的连续 BEF 法计算疏林的生物量，因此本研究通过 1994 ～ 1998 年双重标准数据，求得郁闭度在 0.20 ～ 0.29 各省林分的生物量密度与蓄积量密度的关系［式（2-16），图 2-7］，近似求得各时期各省疏林（郁闭度 0.10 ～ 0.19）的生物量密度，再乘以疏林面积即得到各省疏林总生物量。这种处理应该是可行的，所谓“疏林”，从生态学上讲就是个体间距离较远，几乎不发生对资源的竞争。在郁闭度为 0.20 ～ 0.29 的森林群落中生活的树木个体，彼此相距较远，也可以近似认为与其他个体不发生资源竞争关系。图 2-7 还显示出郁闭度较高的林分蓄积量密度和生物量密度均较高，而郁闭度较低的林分蓄积量密度和生物量密度则较低，所以用郁闭度较高的林分数据无法准确评估低郁闭度的部分，而采用低郁闭度的林分数据关系近似估算疏林生物量则相对合理。因此，用图 2-7 中郁闭度较低阶段的林分关系可以近似估算疏林生物量。

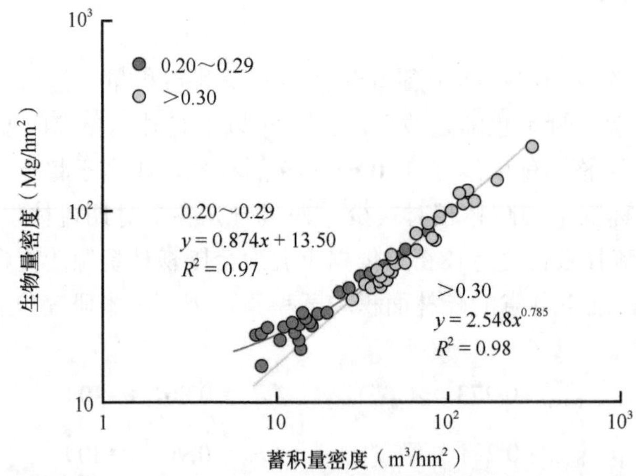

图 2-7　1994 ～ 1998 年林分两种郁闭度阶段的生物量密度与蓄积量密度的关系

$$\mathrm{BD} = 0.874\mathrm{VD} + 13.50\ (R^2 = 0.97,\ n=28) \tag{2-16}$$

式中，BD 是省级郁闭度在 0.20 ～ 0.29 的林分生物量密度（Mg/hm^2）；VD 是省级郁闭度在 0.20 ～ 0.29 的林分蓄积量密度（m^3/hm^2）。

（2）灌木林

森林资源清查资料中记录了各省（区）灌木林的面积。为估算灌木林生物量，本研究收集了文献中我国灌木林实测的生物量数据。在建立灌木林生物量数据库时发现，不同灌木林地上和地下生物量之比显著变化，为 0.1 ～ 5.5，因此本研究在收集灌丛生物量数据时，没有选择只有地上部分而没有地下部分的数据，也没有通过地上与地下比值来推算缺少的地下部分数据。本研究中的灌木林生物量是指总的生物量，即包含地上和地下两部分，同时包含草本层生物量。符合上述标准的灌木林生物量数据来自 14 篇文献共 30 种灌木林类型，共有 47 条生物量记录。由该数据库得出灌木林平均生物量密度为 24.625 Mg/hm^2（表 2-6），从而可以算出各省（区）的灌木林总生物量，并以 0.5 作为生物量碳转换系数，求得生物量碳库。

表 2-6　灌木林平均生物量密度（*n* = 47）

项目	地上生物量（Mg/hm^2）	地下生物量（Mg/hm^2）	总生物量（Mg/hm^2）
均值	10.23	14.38	24.625
标准差	5.13	9.72	10.72
变异系数	50%	68%	44%

（3）非林地树木（四旁树和散生木）

森林资源清查资料中给出了各省（区）的四旁树总株数和总蓄积量，本研究通过 1994 ～ 1998 年双重标准数据，得到省级不同郁闭度下林分的总生物量和总蓄积量的关系（图 2-8）：当蓄积总量一定时，郁闭度较低的林分生物量要高于郁闭度高的林分。具体来说，郁闭度在 0.20 ～ 0.29 的林分，其蓄积量向生物量转换的系数为 1.209，而郁闭度大于 0.30 的林分，其蓄积量向生物量转换的系数为 0.930。因此，本研究采用较为稀疏林分的生物量与蓄积量关系（即郁闭度为 0.20 ～ 0.29），近似估算生长在较为开阔环境中的四旁树的总生物量。

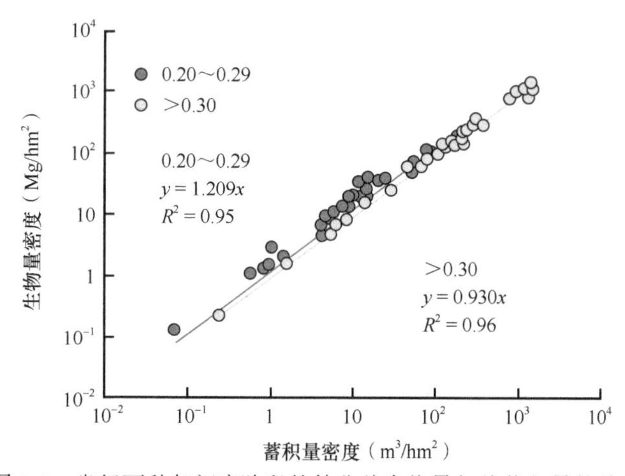

图 2-8　省级两种郁闭度阶段的林分总生物量与总蓄积量的关系

$$y = 1.209x \quad (R^2 = 0.95) \tag{2-17}$$

式中，x 表示省级郁闭度在 0.20 ～ 0.29 的林分的总蓄积量（$10^6\ m^3$）；y 表示省级郁闭度为 0.20 ～ 0.29 的林分总生物量（Tg）。采用 0.5 作为生物量碳转换系数，进而求得四旁树的生物量碳库。

散生木是指生长在竹林、经济林、无林地及幼林上层散生的高大林木（国家林业局森林资源管理司，2005）。在森林资源清查资料中给出了各省（区）散生木的总蓄积量，根据散生木的定义，该类树木的生长一般没有空间的限制，因此也可依照估算四旁树生物量的方法，即采用稀疏林分（郁闭度在 0.20 ～ 0.29 的林分）的生物量与蓄积量的关系[式（2-17）]来估算散生木的生物量。采用 0.5 作为生物量碳转换系数，进而求得散生木的生物量碳库。本研究中，将四旁树和散生木合并一起统称为非林地树木。

2.4.3 森林外树木的碳储量和碳汇

将疏林、灌木林、非林地树木的生物量碳库结果累加，得到我国森林外树木合计的生物量碳库（表 2-7）。在 1977 ～ 2008 年，我国森林外树木发挥了重要的碳汇作用，碳库由 823 Tg C 持续增加到 1339 Tg C，净增加了 516 Tg C，即增加了 62.7%，年均碳汇为 19.1 Tg C/a。森林外树木中，非林地树木生物量碳库所占比例最大，为 48.6% ～ 60.3%，碳净吸收量为 233 Tg C，占森林外树木总碳汇的 45.2%，平均碳汇为 8.7 Tg C/a，变化范围为 –7.0 ～ 27.3 Tg C/a；灌木林生物量碳库占森林外树木总碳储量比例为 33.5% ～ 45.2%，在过去的 30 年中贡献了 TOF 总碳汇的 52.3%（270 Tg C）；疏林生物量碳库所占比例较低，仅为 6.2% ～ 9.0%，过去 30 年的总碳汇为 13 Tg C，年均碳汇约为 0.5 Tg C/a。

表 2-7 中国森林外树木生物量碳库和碳汇（1977 ～ 2008 年）

调查期	碳库（Tg C）				碳汇（Tg C/a）			
	总计	疏林	灌木林	非林地树木	总计	疏林	灌木林	非林地树木
1977 ～ 1981 年	823	70（8.5%）	335（40.7%）	418（50.8%）	—	—	—	—
1984 ～ 1988 年	959	74（7.7%）	350（36.5%）	535（55.8%）	19.6	0.5	2.2	16.8
1989 ～ 1993 年	1115	69（6.2%）	374（33.5%）	672（60.3%）	30.9	−1.1	4.7	27.3
1994 ～ 1998 年	1195	108（9.0%）	427（35.7%）	660（55.2%）	16.1	7.9	10.6	−2.4
1999 ～ 2003 年	1234	97（7.9%）	512（41.5%）	625（50.6%）	7.7	−2.3	17	−7.0
2004 ～ 2008 年	1339	83（6.2%）	605（45.2%）	651（48.6%）	21.1	−2.8	18.7	5.3
1977 ～ 2008 年	516	13（2.5%）	270（52.3%）	233（45.2%）	19.1	0.5	10	8.7

注：括号中百分数为疏林、灌木林和非林地树木等森林外树木生物量碳库的相对占比

2.4.4 森林外树木碳储量和碳汇的时空格局

在过去 30 年中，中国的森林外树木生物量碳库和碳汇存在明显的时空差异（图 2-9）。西南地区森林外树木生物量碳最高，占全国的 34.5% ～ 43.3%，其后分别为华北地区（9.8% ～ 17.8%）、中南地区（12.4% ～ 15.4%）、华东地区（9.6% ～ 17.4%）、西北地区

（8.4% ～ 15.2%）以及东北地区（8.8% ～ 11.5%）。在研究时期内，大部分区域森林外生物量碳都有所增加，其中，生物量碳汇最高的区域为华北地区（158.2 Tg C），占总碳汇的 30.7%，随后是西北地区（134.8 Tg C，26.1%）、西南地区（105.8 Tg C，20.5%）、中南地区（78.9 Tg C，15.3%）、东北地区（52.0 Tg C，10.3%）。华东地区在过去 30 年 TOF 生物量碳表现为净释放（14.6 Tg C），约占 TOF 总碳通量的 2.8%。

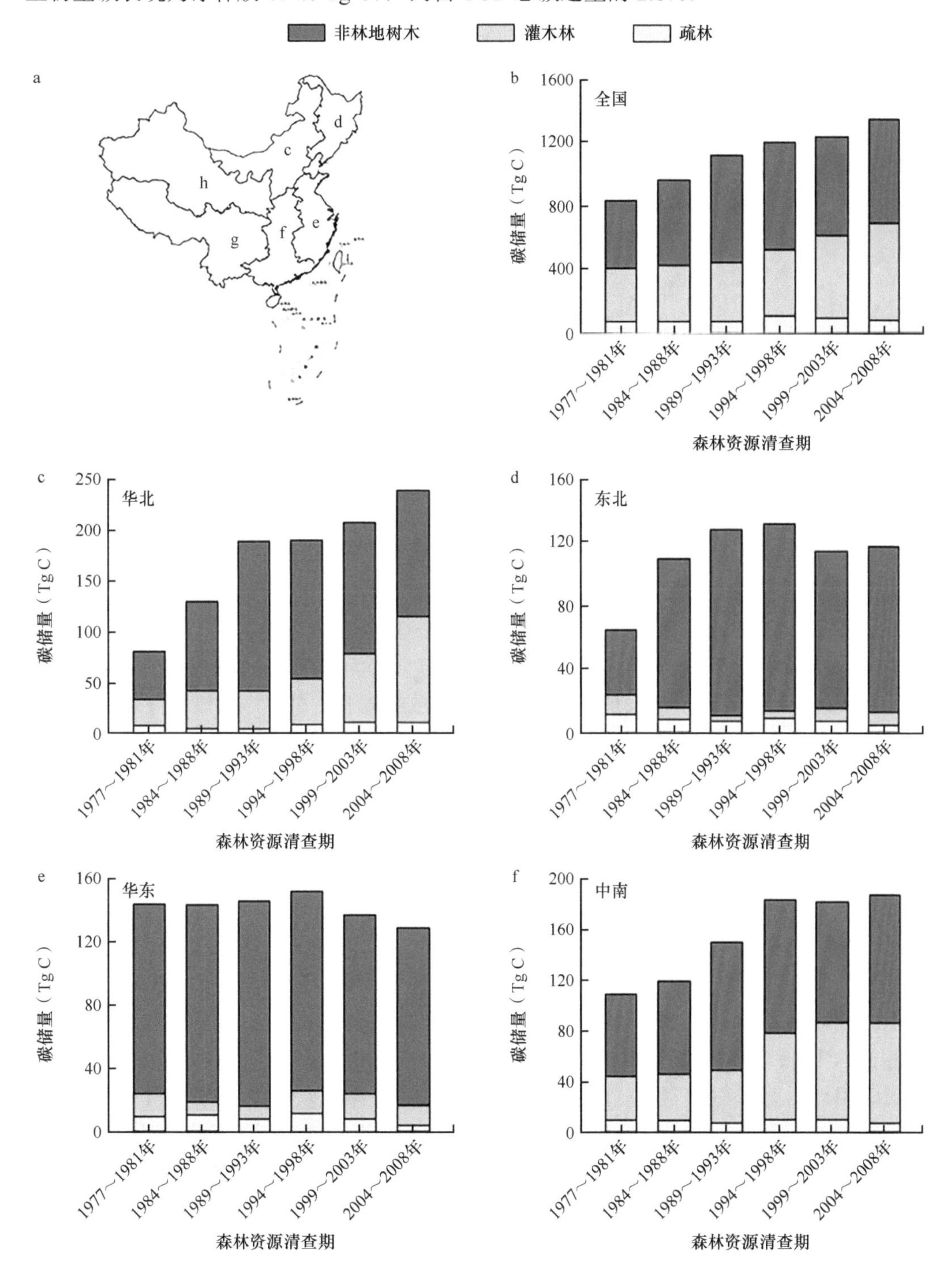

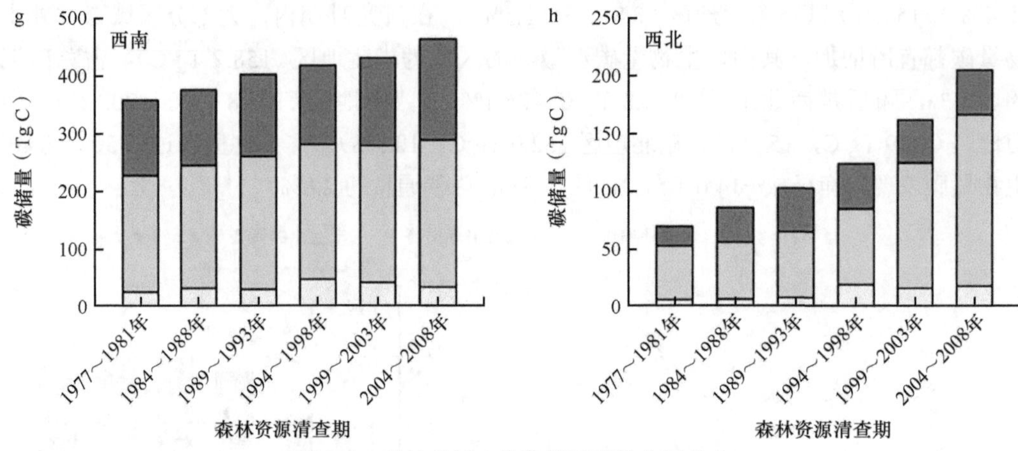

图 2-9　森林外树木生物量碳库的空间分布

对非林地树木来说，华北地区的生物量碳汇最高，过去 30 年碳净吸收达到 76.0 Tg C（占全国非林地总碳汇的 32.5%）。第二大碳汇区域为东北地区（64.3 Tg C，27.5%），其后分别为西南地区（43.6 Tg C，18.7%）、华南地区（36.5 Tg C，15.6%）和西北地区（20.6 Tg C，8.8%）。过去 30 年，华东地区的非林地表现为碳源，碳净释放量达到 7.3 Tg C。

东北地区的灌木林生物量碳汇最大，100.8 Tg C 的碳吸收量占全国灌木林总碳汇的 37.3%，其后分别为华北地区（78.4 Tg C，29.0%）、西南地区（52.4 Tg C，19.4%）、华南地区（44.9 Tg C，16.6%）。同样的，东北和华东两个地区的灌木林在过去 30 年表现为碳源，碳净释放量分别为 4.0 Tg C 和 2.1 Tg C，相当于同时期灌木林总碳汇的 1.5% 和 0.8%。

东北地区、西南地区和华北地区的疏林在过去 30 年都表现为碳汇，其碳吸收量分别为 13.4 Tg C、9.9 Tg C 和 3.9 Tg C，占总碳汇的比例分别为 110.0%、81.1% 和 31.6%；然而，另外三个大区的疏林却全部表现为碳源，其碳释放量以及占总碳汇的比例分别为东北地区（7.3 Tg C，59.5%）、华东地区（5.2 Tg C，42.5%）和华南地区（2.5 Tg C，20.6%）。

2.4.5　中国森林外树木碳汇的指示意义

中国森林外树木的碳储量从 1977 ～ 1981 年调查期间的 823 Tg C 增加到 2004 ～ 2008 年调查期间的 1339 Tg C，碳净吸收为 516 Tg C，其中疏林、灌木林以及非林树木的贡献分别是 13 Tg C、270 Tg C 和 233 Tg C。由于类型定义、计算方法和数据来源的差异，本研究估算的生物量碳库与其他一些学者的估算有所差异。例如，Pan 等（2004）基于三期森林资源清查数据对 TOF 的估算约为本研究的两倍；Zhang 等（2013）认为过去 30 年中国疏林生物量碳表现为净释放（0.12 Pg，1 Pg = 10^{15} g）。与中国森林生物量碳库相比，过去 30 年森林外树木的碳储量占整个森林碳库的 16.5%（1977 ～ 1981 年）～ 20.7%（1994 ～ 1998 年），其生物量碳汇占全部森林生物量碳汇的比例平均为 27.2%（7.5% ～ 160.3%）。

参照 Guo 等（2013）的研究结果，本章评估了 TOF 碳汇抵消化石燃料排放 CO_2 的作用（表 2-8）。过去 30 年，中国化石燃料约排放 27.7 Pg C，1977 ～ 2008 年的年均排放速率为 895 Tg C/a（中国统计年鉴，http://www.tjnj.org/diqu/china/）。因此，森林外树木（19.1 Tg C/a）总共抵消了约 2.1% 的化石燃料 CO_2 排放，其中，灌木林和非林地树木分别抵消 1.1% 和 1.0%。需要指出的是，与森林内树木不同，TOF 的生长极易受到人类活动的影响，也就意味着，不同人为干扰程度下，TOF 的碳汇可能发生较大变化。

表 2-8　中国森林外树木与森林生物量碳库及碳汇的比较（1977 ～ 2008 年）

调查期	碳库（Tg C）		碳汇（Tg C/a）	
	森林外树木	森林	森林外树木	森林
1977 ～ 1981 年	823	4972	—	—
1984 ～ 1988 年	959	5178	19.6	29.5
1989 ～ 1993 年	1115	5731	30.9	110.6
1994 ～ 1998 年	1195	5781	16.1	10.1
1999 ～ 2003 年	1234	6239	7.7	102.3
2004 ～ 2008 年	1339	6868	21.1	114.9
1977 ～ 2008 年	516	1896	19.1	70.2

2.5　森林生物量估算的误差分析

2.5.1　大尺度森林生物量估算的误差来源

Phillips 等（2000）分析了美国东南五省的森林蓄积量及其估算误差，将蓄积量估算误差分为三部分：采样误差、测量误差和回归误差。他们的研究结果显示，区域森林蓄积量及其变化的估算误差主要是由采样误差产生的（占总变异的 90% ～ 99%）。

其实，估算蓄积量误差只是森林生物量碳库误差分析的第一步，还需要进一步分析由蓄积量向生物量转换过程中的回归误差。本研究采用的森林资源清查数据，其森林面积和蓄积量的调查精度在 90% 以上（其中，北京、天津、上海的蓄积量精度在 85% 以上）。本研究采用连续 BEF 法将林分蓄积量转换为生物量，大多数优势树种 BEF 函数的 R^2 在 0.8 以上。以往研究显示，对于全国尺度森林生物量的估算误差不超过 3%（Fang and Chen，2001）。

除此之外，对经济林和竹林生物量碳库的估算误差可能主要来源于平均生物量密度的估算方法。一般生物量密度估算方法往往会因野外样地测量选择生长条件较好的地段而获得较高的生物量密度，从而高估了区域生物量。

2.5.2　主要误差的估算分析方法

受 Phillips 等（2000）方法的启发，我们计算了中国森林蓄积量变化在 20 世纪 80 年代和 20 世纪 90 年代之间的误差，发现采样误差对总误差的贡献分别为 41.2% 和 44.5%（2SE，或者近似 95% 置信区间）（表 2-9）。这一误差估计与美国东部森林的估计值较为接近（39.6%）（Phillips et al.，2000）。考虑连续 BEF 法在全国尺度转换蓄积量为生物量时所产生的误差（～ 3%），那么，两个时期生物量碳汇的误差估计分别为 25.8 Tg C/a（总计 58.4 Tg C/a）和 43.7 Tg C/a（总计 92.2 Tg C/a）。

表 2-9　中国森林蓄积量估计的误差分析及其在不同森林资源清查期内的变化

调查期	面积（10^4 hm^2）	蓄积量（10^4 m^3）	方差（10^4 m^3）	蓄积净增量（10^4 m^3）	总体标准误差（10^4 m^3）	CV（%）
1984 ～ 1988 年	10 209	809 148	660 261			
1989 ～ 1993 年	10 860	908 912	585 435	99 764.1	20 570.5	20.62
1994 ～ 1998 年	12 918	1 008 585	897 442	99 672.8	16 654.7	16.71
1999 ～ 2003 年	14 277	1 209 760	1 051 403	90 562.0	20 125.0	22.22
1984 ～ 2003 年						19.85

国家尺度蓄积量标准误差（SE）的计算公式如下：

$$\mathrm{SE}=\sqrt{S_1^{\,2}+S_2^{\,2}-2R\cdot S_1\cdot S_2}\Big/\sqrt{m} \qquad (2\text{-}18)$$

式中，$S_1^{\,2}$ 和 $S_2^{\,2}$ 表示国家尺度前后两期蓄积量的样本方差；R 表示两期清查蓄积量的相关系数；m 表示每种森林类型存在的省级数量。

2.6　小　　结

本章主要介绍了 1977 ～ 2008 年国家尺度森林生物量碳储量及碳汇的时空格局。除林分外，还介绍了竹林、经济林以及森林外树木的碳储量和变化。本章采用的数据主要为森林资源清查数据，计算方法主要为连续生物量转换因子（BEF）法。其中，森林资源清查数据中的森林面积和蓄积量的调查精度在 90% 以上（其中北京、天津、上海的蓄积量精度在 85% 以上）。本研究采用连续 BEF 法将林分蓄积量转换为生物量，大多数优势树种 BEF 函数的 R^2 在 0.8 以上。

基于森林资源清查数据和连续 BEF 方法的估算发现，中国林分贮存了森林总生物量碳库的 93.2% ～ 94.9%，在 1977 ～ 2008 年林分生物量碳库累计增加 1710 Tg C，年均碳汇为 63.3 Tg C/a，占森林总碳汇的 90.2%。同时，经济林和竹林生物量碳库分别增加 108 Tg C 和 78 Tg C，年均碳汇分别为 4.0 Tg C/a 和 2.9 Tg C/a，分别为中国森林生物量碳汇贡献了 5.7% 和 4.1%。另外，我国森林外树木也发挥了重要的碳汇作用，碳库由 823 Tg C 增加到 1339 Tg C，年均碳汇为 19.1 Tg C/a。

依据《中国统计年鉴》中的能源消耗和水泥生产数据，得到 1977 ～ 2008 年中国化石燃料 CO_2 排放量为 27.7 Pg C，年均排放速率为 895 Tg C/a。因此，同时期中国森林生物量碳汇（70.2 Tg C/a）可以抵消 7.8% 的中国化石燃料 CO_2 排放，而森林外树木碳汇总共抵消了约 2.1% 的化石燃料 CO_2 排放。

参考文献

曹军, 张镱锂, 刘燕华. 2002. 近 20 年海南岛森林生态系统碳储量变化. 地理研究, 21: 551-560.
陈遐林. 2003. 华北主要森林类型的碳汇功能研究. 北京：北京林业大学博士学位论文.
方精云. 2000. 全球生态学：气候变化与生态响应. 北京：高教出版社；海德堡：施普林格出版社.
方精云, 陈安平. 2001. 中国森林植被碳库的动态变化及其意义. 植物学报, 43: 967-973.
方精云, 陈安平, 赵淑清, 慈龙骏. 2002. 中国森林生物量的估算：对 Fang 等 *Science* 一文 (*Science*, 2001, 291: 2320-2322) 的若干说明. 植物生态学报, 26: 243-249.
方精云, 刘国华, 徐嵩龄. 1996a. 我国森林植被的生物量和净生产量. 生态学报, 16: 497-508.
方精云, 刘国华, 徐嵩龄. 1996b. 中国陆地生态系统的碳循环及其全球意义. 王庚辰, 温玉璞. 温室气体浓度和排放检测及相关过程. 北京：中国环境科学出版社：129-139.
方精云, 刘国华, 朱彪, 王效科, 刘绍辉. 2006. 北京东灵山三种温带森林生态系统的碳循环. 中国科学 D 辑：地球科学, 36: 533-543.
冯宗炜, 王效科, 吴刚. 1999. 中国森林生态系统的生物量和生产力. 北京：科学出版社.
光增云. 2007. 河南森林植被的碳储量研究. 地域研究与开发, 26: 76-79.
郭兆迪, 胡会峰, 李品, 李怒云, 方精云. 2013. 1977 ～ 2008 年中国森林生物量碳汇的时空变化. 中国科学：生命科学, 43: 421-431.
郭志华, 彭少麟, 王伯荪. 2002. 利用 TM 数据提取粤西地区的森林生物量. 生态学报, 22: 1832-1840.
国家林业局. 2009. 中国森林资源报告：第七次全国森林资源清查. 北京：中国林业出版社.
国家林业局. 2014. 第八次全国森林资源清查结果. 林业资源管理, (1): 1-2.
国家林业局森林资源管理司. 2005. 全国森林资源统计 (1999—2003).
韩爱惠. 2009. 森林生物量及碳储量遥感监测方法研究. 北京：北京林业大学博士学位论文.
林业部资源和林政管理司. 1996. 当代中国森林资源概况：1949—1993. 北京：中华人民共和国林业部：3-22.
刘国华, 傅伯杰, 方精云. 2000. 中国森林碳动态及其对全球碳平衡的贡献. 生态学报, 20: 733-740.
朴世龙. 2004. 近 20 年来中国植被对气候变化的响应. 北京：北京大学博士学位论文.
田秀玲, 夏婧, 夏焕柏, 倪健. 2011. 贵州省森林生物量及其空间格局. 应用生态学报, 22: 287-294.
王磊, 丁晶晶, 季永华, 梁珍海, 李荣锦, 阮宏华. 2010. 江苏省森林碳储量动态变化及其经济价值评价. 南京林业大学学报 (自然科学版), 53(2): 1-5.
吴庆标, 王效科, 段晓男, 邓立斌, 逯非, 欧阳志云, 冯宗炜. 2008. 中国森林生态系统植被固碳现状和潜力. 生态学报, 28: 517-524.
邢艳秋. 2005. 基于 RS 和 GIS 东北天然林区域森林生物量及碳贮量估测研究. 哈尔滨：东北林业大学博士学位论文.
徐新良, 曹明奎, 李克让. 2007. 中国森林生态系统植被碳储量时空动态变化研究. 地理科学进展, 26: 1-10.
张华. 2009. 江夏区碳汇造林基线碳储量的计量研究. 武汉：华中农业大学硕士学位论文.
张慧芳. 2008. 北京地区森林植被生物量遥感反演及时空动态格局分析. 北京：北京林业大学硕士学位论文.
张茂震, 王广兴. 2008. 浙江省森林生物量动态. 生态学报, 28: 5665-5674.
张茂震, 王广兴, 刘安兴. 2009. 基于森林资源连续清查资料估算的浙江省森林生物量及生产力. 林业科学, 45: 13-17.
张萍. 2009. 北京森林碳储量研究. 北京：北京林业大学博士学位论文.
赵敏, 周广胜. 2004. 中国森林生态系统的植物碳贮量及其影响因子分析. 地理科学, 24: 50-54.

周传艳，周国逸，王春林，王旭. 2007. 广东省森林植被恢复下的碳储量动态. 北京林业大学学报，29: 60-65.

周玉荣，于振良，赵士洞. 2000. 我国主要森林生态系统碳贮量和碳平衡. 植物生态学报，24: 518-522.

Alexeyev V, Birdsey R, Stakanov V, Korotkov I. 1995. Carbon in vegetation of Russian forests: methods to estimate storage and geographical distribution. Water, Air and Soil Pollution, 82: 271-282.

Bellefontaine R, Petit S, Pain-Orcet M, Deleporte P, Bertault J. 2002. Trees Outside Forests: Towards Better Awareness. Rome: Food and Agriculture Organization.

Boysen-Jensen P. 1910. Studier over skovtraernes forhold til lyset. Tidsskr F Skorvaessen, 22: 11-16.

Brown S, Lugo AE. 1982. The storage and production of organic matter in tropical forests and their role in the global carbon cycle. Biotropica, 14: 161-187.

Brown S, Lugo AE. 1984. Biomass of tropical forests: a new estimate based on forest volumes. Science, 223: 1290-1293.

Brown S, Lugo AE. 1992. Aboveground biomass estimates for tropical moist forests of Brazilian Amazon. Interciencia, 17: 8-18.

Brown SL, Schroeder PE. 1999. Spatial patterns of aboveground production and mortality of woody biomass for eastern U.S. forests. Ecological Applications, 9: 968-980.

Brown SL, Schroeder PE, Kern JS. 1999. Spatial distribution of biomass in forests of the eastern USA. Forest Ecology and Management, 123: 81-90.

Burger H. 1952. Holz Blattmenge, Zuwachs Part XII. Fichten im Plenterwald. Mitt Schweiz Anst forstl Versuchswes, 28: 109-156.

de Foresta H, Somarriba E, Temu A, Boulanger D, Feuilly H, Gauthier M. 2013. Towards the Assessment of Trees Outside Forests. Rome: Italy: 183.

Dixon RK, Brown S, Houghton RA, Solomon AM, Trexler MC, Wisniewski J. 1994. Carbon pools and flux of global forest ecosystems. Science, 263: 185-190.

Dwivedi AP, Sharma KK, Kanswal BD. 1990. Productivity under Agroforestry. Proceedings of Seminar on Forest Productivity. Forest Research Institute (FRI) Dehradun.

Ebermayer E. 1876. Die gesamte Lehre der Waldstreu, mit Rücksicht auf die chemische Statik des Waldbaues. Berlin: Springer.

Fang JY, Brown S, Tang YH, Nabuurs GJ, Wang XP. 2006. Overestimated biomass carbon pools of the northern mid- and high latitude forests. Climatic Change, 74: 355-368.

Fang JY, Chen AP. 2001. Dynamic forest biomass carbon pools in China. Acta Botanica Sinica, 43: 967-973.

Fang JY, Chen AP, Peng CH, Zhao SQ, Ci LJ. 2001. Changes in forest biomass carbon storage in China between 1949 and 1998. Science, 292: 2320-2322.

Fang JY, Guo ZD, Piao SL, Chen AP. 2007. Terrestrial vegetation carbon sinks in China, 1981-2000. Science in China (D-Earth Science), 50: 1341-1350.

Fang JY, Oikawa T, Kato T, Mo W, Wang ZH. 2005. Biomass carbon accumulation by Japan's forests from 1947 to 1995. Global Biogeochemical Cycles, 19: GB2004.

Fang JY, Piao SL, Field CB, Pan YD, Guo QH, Zhou LM, Peng CH, Tao S. 2003. Increasing net primary production in China from 1982 to 1999. Frontiers in Ecology and the Environment, 1: 293-297.

Fang JY, Wang GG, Liu GH, Xu SL. 1998. Forest biomass of China: an estimation based on the biomass-volume relationship. Ecological Applications, 8: 1084-1091.

Fang JY, Wang ZM. 2001. Forest biomass estimation at regional and global levels, with special reference to China's forest biomass. Ecological Research, 16: 587-592.

Goodale CL, Apps MJ, Birdsey RA, Field CB, Heath LS, Houghton RA, Jenkins JC, Kohlmaier GH, Kurz W, Liu S, Nabuurs GJ, Nilsson S, Shvidenko AZ. 2002. Forest carbon sinks in the northern Hemisphere. Ecological Applications, 12: 891-899.

Guo ZD, Fang JY, Pan YD, Birdsey R. 2010. Inventory-based estimates of forest biomass carbon stocks in China: a comparison of three methods. Forest Ecology and Management, 259: 1225-1231.

Guo ZD, Hu HF, Li P, Li NY, Fang JY. 2013. Spatio-temporal changes in biomass carbon sinks in China's forests from 1977 to 2008. Science China Life Sciences, 56: 661-671.

Guo ZD, Hu HF, Pan YD, Birdsey RA, Fang JY. 2014. Increasing biomass carbon stocks in trees outside forests in China over the last three decades. Biogeosciences, 11: 4115-4122.

Herrera B. 2003. Classification and modeling of trees outside forest in Central American landscapes by combining remotely sensed data and GIS. PhD. Thesis. Department of Remote Sensing and Landscape Information Systems. University of Freiburg, Germany.

Huxley JS. 1932. Problems of Relative Growth. London: Methuen.

Johnson WC, Sharpe DM. 1983. The ratio of total to merchantable forest biomass and its application to the global carbon budget. Canadian Journal of Forest Research, 13: 372-383.

Kauppi PE, Mielikainen K, Kusela K. 1992. Biomass and carbon budget of European forests, 1971 to 1990. Science, 256: 70-74.

Kira T. 1976. Terrestrial Ecosystem: A General Introduction. Japan: Kyoritus-Shuppan.

Kittredge J. 1944. Estimation of the amount of foliage of tree and stand. Journal of Forestry, 42: 905-912.

Lefsky MA, Harding DJ, Keller M, Cohen WB, Carabajal CC, Espirito-Santo FD, Hunter MO, de Oliveira R. 2005. Estimates of forest canopy height and aboveground biomass using ICESat. Geophysical Research Letters: 32.

Nilsson S, Shvidenko A, Stolbovoi V, Gluck M, Jonas M, Obersteiner M. 2000. Full carbon account for Russia, Interim Rep. IR-00-021, International Institute for Applied Systems Analysis, Laxenburg, Austria.

Pan YD, Luo TX, Birdsey R, Hom J, Melillo J. 2004. New estimates of carbon storage and sequestration in China's forests: effects of age-class and method on inventory-based carbon estimation. Climatic Change, 67: 211-236.

Pandey D, Kumar A. 2000. Valuation and evaluation of trees-outside-forests (TOF) of India. Regional special study for Asia and Pacific. For FRA-2000 under Financial Assistance of Dehradun, India: Food and Agriculture Organization of the United Nations.

Phillips DL, Brown S, Schroeder PE, Birdsey RA. 2000. Towards error analysis of large-scale forest carbon budgets. Global Ecology Biogeography, 9: 305-313.

Piao SL, Fang JY, Zhu B, Tan K. 2005. Forest biomass carbon stocks in China over the past 2 decades: estimation based on integrated inventory and satellite data. Journal of Geophysical Research, 110: G01006.

Prentice IC, Sykes MT, Lautenschlager M. 1993. Modeling the increase in the terrestrial carbon storage after the last glacial maximum. Global Ecology and Biogeography Letters, 3: 67-76.

Prentice KC, Fung IY. 1990. The sensitivity of terrestrial carbon storage to climate change. Nature, 346: 48-51.

Rathore CS, Prasad R. 2002. TOF Resource Study and Management: Assessment Methodologies and Institutional Approaches in India. *In*: Sadio ES, Kleinn C, Michaelsen T. The Proceedings of the Expert Consultation on Enhancing the Contribution of Trees Outside Forests To Sustainable Livelihoods held at FAO. Rome, 26-28 November 2001, FAO: 133-147.

Schroeder P, Brown S, Mo JM, Birdsey RA, Cieszewski C. 1997. Biomass estimation for temperate broadleaf forests of the United States using inventory data. Forest Science, 43: 424-434.

Sharp DD, Lieth H, Whigham D. 1975. Assessment of regional productivity in North Carolina. *In*: Lieth H, Whittaker RH. Primary Productivity of the Biosphere. New York: Springer-Verlag: 131-146.

Turner DP, Koepper GJ, Harmon ME, Lee JJ. 1995. A carbon budget for forests of the conterminous United States. Ecological Applications, 5: 421-436.

Whittaker RH, Likens GE. 1973. Carbon in the biota. *In*: Woodwell GM, Pecan EV. Carbon and the Biosphere. Springfield: Technical Information Center, Office of Information Services, US Atomic Energy Commission: 281-302.

Woodwell QM. 1978. The biota and world carbon budget. Science, 199: 141-146.

Zhang CH, Ju WM, Chen JM, Zan M, Li DQ, Zhou YL, Wang XQ. 2013. China's forest biomass carbon sink based on seven inventories from 1973 to 2008. Climatic Change, 118: 933-948.

Zhao M, Zhou GS. 2006. Carbon storage of forest vegetation in China and its relationship with climatic factors. Climatic Change, 74: 175-189.

第3章　中国森林植物残体碳库及其变化

森林植物残体包括木质残体和凋落物，是森林生态系统中常被忽略却又十分重要的碳库（Harmon et al.，1986）。植物的树干、枝、皮、根和叶死亡并凋落到林地表面，以凋落物、枯立木、倒木和树桩等形式存在，成为森林生态系统的结构组成部分，同时参与森林生态系统的物质循环、能量流动和信息传递（Harmon et al.，1986；Berg and McClaugherty，2008）。研究森林生态系统碳循环需要考虑森林生态系统的全部组分，包括生物量、土壤、木质残体和凋落物（Fang et al.，2014）。目前对于森林木质残体和凋落物碳循环的研究还停留在样地尺度，而对于区域尺度、国家尺度和全球尺度的研究却因数据的不完善而鲜有报道（Woodall et al.，2013）。

本章主要整理自 Zhu 等（2017a，2017b）的文献。

通过整理这些工作，介绍中国森林枯木、倒木和凋落物的碳储量及其变化的研究，并为中国森林全组分碳收支的估算提供基础数据。

3.1　植物残体的定义及调查方法

3.1.1　植物残体的定义

森林生态系统中直径大于 2 cm 的枯枝、倒木和枯立木被定义为木质残体（Harmon et al.，1986）。按照形态进一步区分枯立木和倒木，其中主干同地面夹角大于 45° 的木质残体被定义为枯立木，而小于 45° 的定义为倒木。生态学相关的研究将直径 2 cm 作为区分凋落物和木质残体的界限，而将直径 10 cm 作为细木质残体（fine woody debris，FWD）和粗木质残体（coarse woody debris，CWD）的界限（Harmon and Hua，1991；Means et al.，1992；Clark et al.，2002；Forrester et al.，2012）。但在森林火干扰的相关研究将木质残体与凋落物的区分直径设为 1 in（约 2.54 cm），而将 3 in（约 7.62 cm）作为区分 FWD 和 CWD 的参照标准（Kauffman et al.，1988；Knapp et al.，2005；Battaglia et al.，2008；Meigs et al.，2009）。

木质残体在塑造森林生态系统的结构和功能中扮演了极其重要的作用。如从森林健康的方面考虑，木质残体是外生菌根的主要庇护场所，而外生菌根的活性对于森林的健康至关重要（Harvey et al.，1983）。以美国西海岸的花旗松（*Pseudotsuga menziesii*）林为例，外生菌根活性依赖于木质残体的持水性。在夏季分解程度最高的粗倒木，其鲜重能达到干重的 2.5 倍（Maser et al.，1988），这就意味着分解过程中的倒木在旱季能为树根和外生菌根提供保水作用。此外，在一些氮元素缺乏的森林生态系统，氮的来源一般包括：伴随降水的氮沉降，通过根瘤放线菌的共生固氮，植物体和木质残体的非共生固氮以及协同固氮（Harvey et al.，1987）。森林木质残体同时扮演了养分库、种子萌发以及土壤动物的庇护场所等作用。

在森林碳循环的研究中，通常更加关注植物残体作为碳库和参与碳循环的作用。Harmon 等（1986）汇总了粗木质残体的研究报道，发现北半球温带森林的粗木质残体生物量在森林生态系统中能达到 50 ～ 113 Mg/hm^2，相当于活体植物生物量的 20% ～ 25%。同时，粗木质残体的分解速率缓慢，甚至有些森林的粗木质残体可以在 100 年以上的时间都作为稳定的碳库滞留于生态系统中（Harmon et al.，1994）。

IPCC（2014）明确指出，研究森林碳循环过程需要考虑森林全部组分（即生物量、土壤、凋落物、木质残体以及被收获的部分）的碳储量及其变化。森林生态系统，尤其是北半球温带和北方森林是大气 CO_2 的“汇”（Kauppi et al.，1992；Dixon et al.，1994；Fang et al.，2001；Pan et al.，2011），但以往的研究通常只估算森林生物量在碳循环中的贡献，作为森林碳组分的其余部分，土壤、凋落物和木质残体碳源 / 汇特征却很少被考虑。为此，我们采用统一的调查方法对我国 189 个森林样地的植被、土壤、凋落物和木质残体碳储量进行了全面的调查（图 3-1），并结合森林资源清查和卫星遥感数据，对中国森林生态系统凋落物和木质残体碳储量、分布及其控制因素进行了量化和探讨。

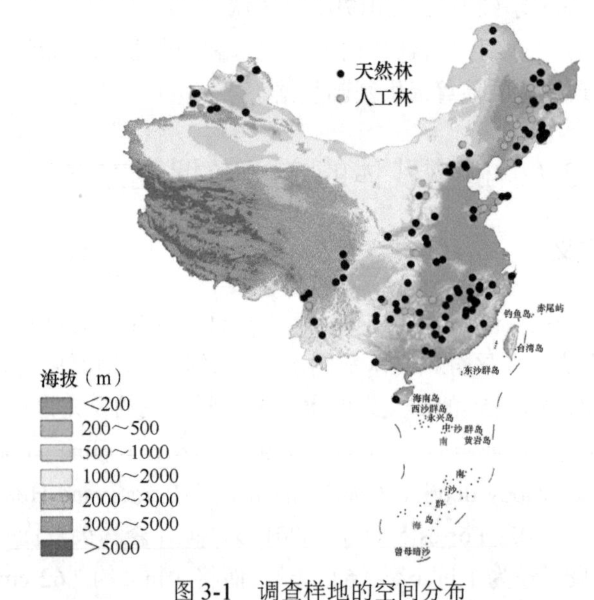

图 3-1 调查样地的空间分布

研究站点包括 128 个天然林（65 个原始林和 63 个次生林）和 61 个人工林样地

样点的选取原则是基于能最大程度代表我国天然林和次生林所有植被类型及分布的森林样点。2011 ～ 2016 年，在全国 189 个典型地点进行了全面的森林调查，调查对象为森林全部组分碳库，即植被生物量、土壤、凋落物和木质残体。每个森林样地设置 3 个面积为 20 m × 20 m 的样方（共计 567 个样方）。这些实测样地分布在 18.7°N ～ 52.8°N，81.0°E ～ 131.2°E，海拔为 30 ～ 3846 m，代表了中国所有的森林类型。采样地点从海南和西双版纳的热带雨林到大兴安岭的寒带森林，在地理空间上具有代表性。年平均气温（以下简称年均温，MAT）为 –3.8 ～ 25.7℃，年平均降水量（以下简称年均降水，MAP）为 163 ～ 1850 mm，在气候上也具有充分的代表性。这些森林包括了 65 个原始林，63 个次生林以及 61 个人工林（详细的样方信息详见 Zhu et al.，2017a）。

3.1.2　调查方法

（1）木质残体调查

按照 Harmon 等（1986）的方法，将植物残体（DOM）分为 3 类：①粗木质残体（CWD，包括枯立木和倒木，定义为最大断面直径≥ 10 cm 的死木）；②细木质残体（FWD，定义为最大断面直径为 2 ～ 10 cm 的死木）；③凋落物（定义为除 FWD 和 CWD 外的所有地表植物残体，包括直径＜ 2 cm 的死木、枯死的叶、树皮、果实、藤本、植物残体碎屑等）。上述 DOM 各组分均从每个森林样地实地收集并现场称重，但一些枯木或倒木不能直接称重（直径≥ 25 cm 的枯立木和倒木）。对于不能直接称重的倒木，首先标记和测量倒木的中间及两端的直径与倒木长度；对于不能直接称重的枯立木，测量其高度和胸径（1.3 m 处直径，DBH）。然后，取原木的 3 个部分（中间和两端，总计 3 个 10 ～ 20 cm 长的圆盘）带回实验室，85℃烘干至恒重，再称重（Grove，2001）；随后，根据样品算得的干重与体积比计算枯立木或倒木的生物量，并将所得的平均干重体积比结合枯木的腐烂程度估算相同样地其他同物种大型木质残体的生物量。粗木质残体的腐烂程度定义为以下 4 类（表 3-1），并按式（3-1）计算每棵枯立木或倒木的体积（Zhu et al.，2017b）。

$$\mathrm{Vol} = \frac{\pi d^2}{4L} \qquad (3\text{-}1)$$

式中，d 是 3 个木盘（两端和中间）的平均直径（cm）；L 是倒木的长度（m）或者枯立木的高（m）。

表 3-1　粗木质残体分解程度

分解等级	树皮	树枝	边材	心材
Ⅰ	完好	完好	完好	完好
Ⅱ	脱落或易于脱落	无要求	开始分解	完好
Ⅲ	脱落	脱落	已分解或腐烂	开始分解
Ⅳ	无	无	无	腐烂

（2）凋落物调查

在每个样方中心与四角（距离样地边界 1 ～ 2 m 处）选取地面相对平整的 5 个小样方（2 m × 2 m），收集地表所有凋落物，记录并称重，即收取土壤表层以上所有的新鲜、半分解和分解的凋落物，称重并采用四分法取适量样品带回实验室，称重（精确至 0.01 g）。地表凋落物样品经 65℃烘干至恒重（48 h）。测定样品烘干后的重量，计算植物残体实际干重。烘干的样品经粉碎后，使其通过 100 目土壤筛，最后使用元素分析仪（2400IICHNS/O 元素分析仪，Perkin-Elmer，Boston，MA，USA）测定其 C 和 N 的含量。凋落物和木质残体碳储量见表 3-2。

表 3-2 凋落物和木质残体碳含量 (%)

地区	凋落物	木质残体分解等级			
		Ⅰ	Ⅱ	Ⅲ	Ⅳ
东北地区	40.7	49.5	47.2	49.7	50.8
华北地区	41.9	51.0	51.4	54.0	54.6
西北地区	41.7	45.7	45.7	46.1	47.6
中南地区	42.0	43.9	42.7	44.7	45.9
华南地区	42.3	48.4	48.4	48.7	49.9
西南地区	41.9	47.3	48.0	48.1	48.8
全国	41.7	48.1	47.6	48.5	49.7

（3）生物量调查

测量每个样方内所有胸径≥ 5 cm 树木的树高和胸径。对每个样地，通过树轮分析确定胸径最大的 10 棵树木的年龄（Worbes et al.，2003）。用每个样地排第五的树木年龄代表该森林的林龄（Bruelheide and Schmid，2011）。根据相应地区和树种，使用不同器官或整棵树的相关生长方程，由调查所得的树木胸径和树高计算每棵树地上生物量，通过样方面积，求和每棵树的生物量后，得到单位面积的地上生物量。以 0.5 为转化系数，计算每个样方的植被生物量碳库（详细的调查方法见第 2 章以及第 7、8 和 9 章案例分析）。

（4）土壤调查

从 564 个样方中采集了 1692 个土壤剖面样品（每个样方含 3 个土壤剖面），用以估算全国 188 个森林样地的土壤碳密度（注：神农架地区没有土壤数据）。分别在 0 ～ 10 cm、10 ～ 20 cm、20 ～ 30 cm、30 ～ 50 cm、50 ～ 70 cm 和 70 ～ 100 cm 土层采集土壤样品；为估算各深度的土壤容重，使用标准容器（100 cm^3，直径 50.5 mm，高度 50 mm）进行采样，采回后在烘箱中 105℃下干燥 48 h 后测定土壤重量。另外一些土壤剖面样品除去碎片和植物残体后，在室温（大约 25℃）下自然风干两周后，充分研磨并筛分（0.15 mm）以进行碳元素测定分析。使用元素分析仪（2400II CHN S/O 元素分析仪：Perkin-Elmer，Boston，MA，USA）测定土壤碳浓度，具体方法见第 4 章。

据此，可以得到每个调查样点的地上生物量、土壤、细木质残体、粗木质残体（倒木和枯立木）和凋落物的碳密度。以凋落物、细木质残体和粗木质残体在样地水平上的碳储量为因变量，分析其与环境因子的关系，并根据它们的关系建立模型，估算中国森林植物残体碳储量及其分布格局。

（5）地上生物量碳库的时空格局

利用电子化的 1 ∶ 100 万植被图获得我国植被 161 种森林类型（不包括竹林）的空间分布（中国科学院中国植被图编辑委员会，2001）。根据数字化植被图定义的 161 种森林类型与森林资源清查数据中确定的 18 种森林类型进行匹配后用于计算（Zhu et al.，2017a）。各省各森林类型栅格的地上生物量的碳密度为经过面积加权的平均值，用于获取不同森林资源清查期森林生物量碳密度分布数据。蓄积量转化为生物量碳库的方法见第 2 章。

（6）气候与净初级生产力

各月气温和降水资料来自 728 个气象站点（中国气象局国家气象信息中心，http://www.nmic.gov.cn）（Zhao et al.，2015），使用克里金插值算法将气候数据插值到分辨率为 0.083° 的栅格单元，获得各样点、各个清查时期的年均温、年均降水数据。为配合森林资源清查的不同时期，各月的温度和降水数据均取各时期的平均值。

平均净初级生产力（NPP）由 MODIS NPP 产品（Pan et al.，2006；Zhao and Running，2010）的 10 年平均值（2000 ～ 2009 年）确定，分辨率为 0.083°。根据采样点的经度和纬度从数据库中提取该样地的年均温、年均降水和 NPP 数据。

（7）模型建立与评估

使用随机森林（random forest，RF）模型（Breiman，2001）模拟植物残体各组分碳储量的空间分布。随机森林模型为每个响应变量构建的每棵树，使用输入变量的随机子集拟合多个决策树。采用 MAT、MAP、地上生物量碳密度和森林类型作为输入变量，分别预测每个植物残体组分的碳密度。针对植物残体每个组分的碳密度数据，把数据随机分为两个部分：训练数据集（70% 的数据，132 个样地）和验证数据集（30%，57 个样地）。使用训练数据集连同 4 个输入变量估计各个植物残体组分的碳密度。获得模型后，使用验证数据集的预测值和实测值进行比较验证，获得确定系数（R^2）和均方根误差（RMSE）。上述过程在所有植物残体组分中均重复 500 次。因此，对于每个植物残体组分（凋落物、细木质残体以及粗木质残体碳密度），都获得了 500 个预测模型和对应的评估结果。表 3-3 为植物残体各组分 500 个随机森林模型评估结果的 R^2 和 RMSE 的平均值。

表 3-3　植物残体各组分的随机森林模型的确定系数（R^2）和均方根误差（RMSE）

碳组分	R^2	RMSE
木质残体	0.53	1.21
细木质残体（FWD）	0.36	0.08
粗木质残体（CWD）	0.51	1.18
枯立木	0.41	0.65
倒木	0.46	0.74
凋落物	0.46	0.95

注：数值为 500 次重采样的平均值

为了评估预测因子的重要性，通过计算均方根误差的百分比增量（%IncMSE）（图 3-2），分析随机森林模型中每个变量的相对重要性。然后，使用蒙特卡罗法对栅格尺度和区域尺度各组分植物残体碳储量的不确定进行评估。之后，应用 500 个 RF 模型结合森林类型、地上生物量以及对应时期的 MAT 和 MAP 的历史数据来估算（反演）1984 ～ 1988 年、1989 ～ 1993 年、1994 ～ 1998 年、1999 ～ 2003 年和 2004 ～ 2008 年所有植物残体组分的碳密度。通过所有模型计算各植物残体（DOM）组分的栅格、区域和国家尺度碳储量的均值及标准差（SD）。

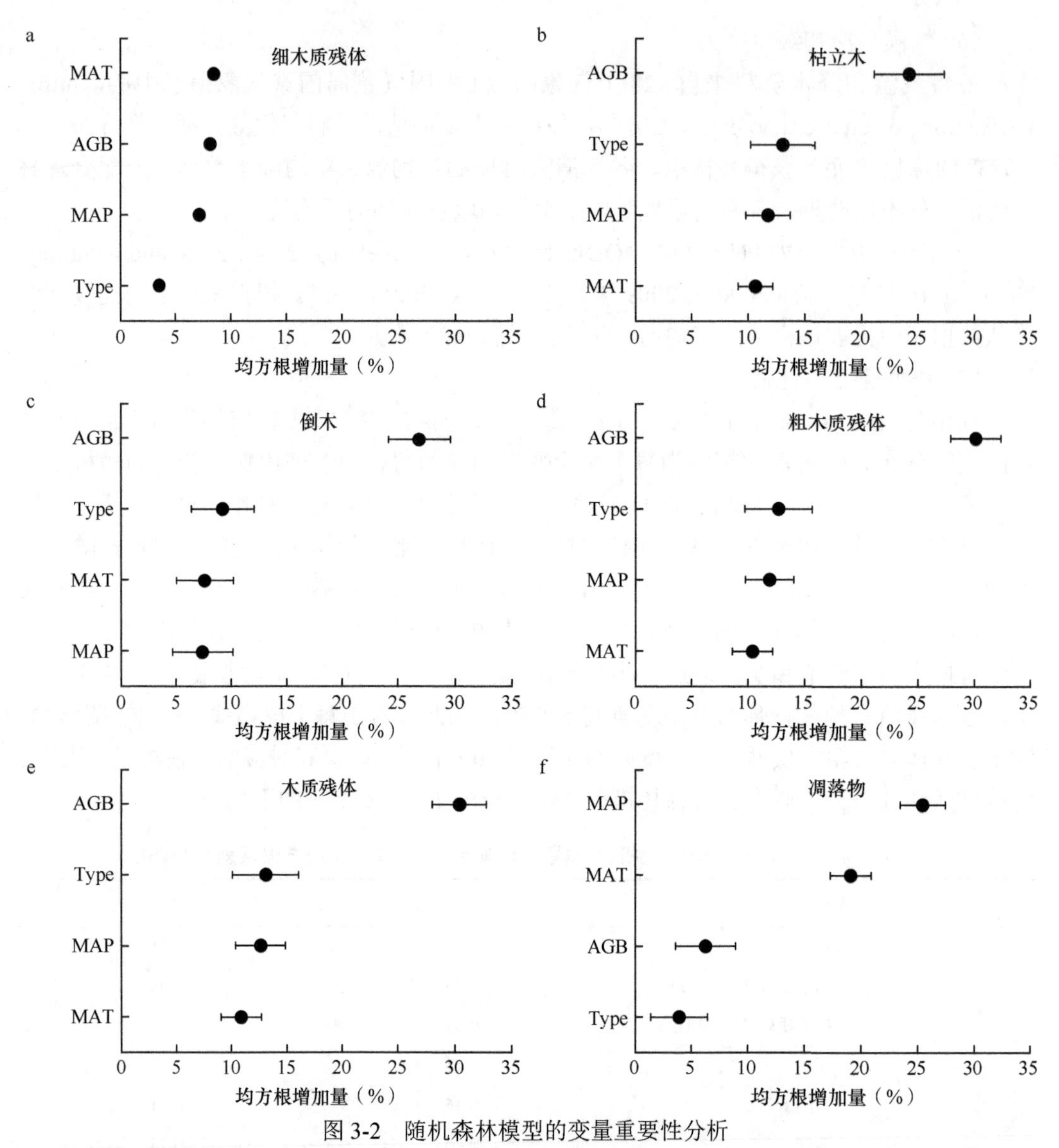

图 3-2 随机森林模型的变量重要性分析

数值表现为 500 次重采样建模的 mean ± SD（$n = 500$）。AGB、Type、MAT、MAP 分别表示地上生物量碳密度、森林类型、年均温和年均降水

3.2 森林植物残体碳储量及其控制因素

3.2.1 碳密度

调查样地的植物残体（DOM）碳密度为 2.0 ～ 16.2 Mg C/hm^2，总平均值为（6.1±1.9）Mg C/hm^2（图 3-3）。DOM 不同组分的碳密度分别为：FWD 为 0 ～ 1.3 Mg C/hm^2，CWD 为 0 ～ 11.7 Mg C/hm^2（其中，枯立木和倒木分别为 0 ～ 6.2 Mg C/hm^2 和 0 ～ 10.0 Mg C/hm^2），凋落物为 0.6 ～ 7.8 Mg C/hm^2。

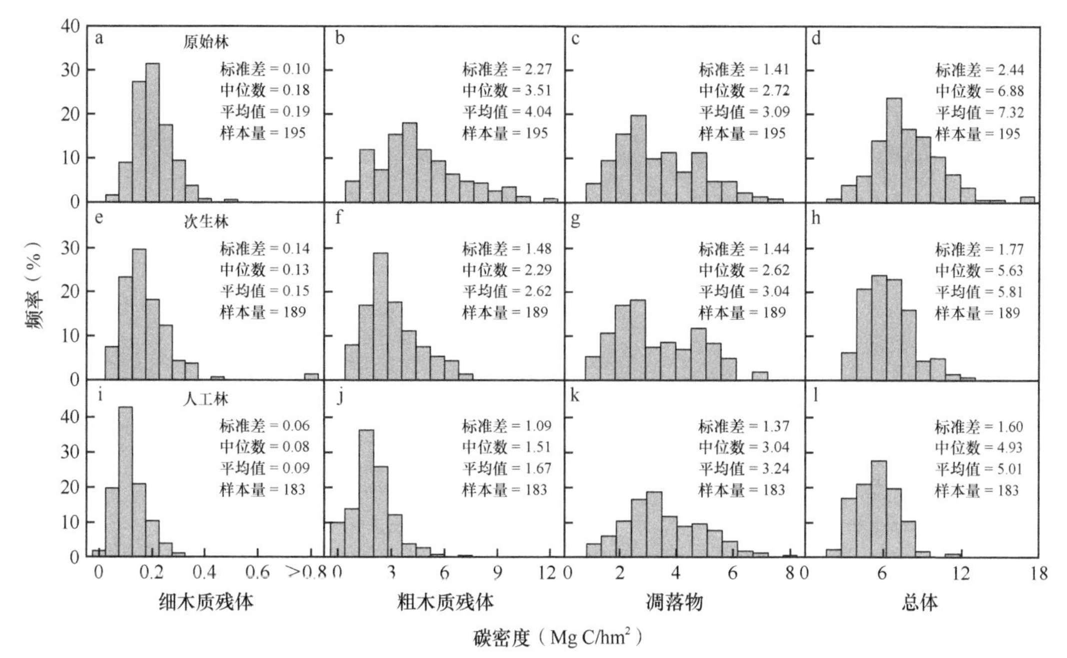

图 3-3　植物残体各组分碳密度频率分布

DOM 的碳密度在不同森林类型中差异不大，表现为针叶林最低（5.6 Mg C/hm^2），而常绿阔叶林最高（6.7 Mg C/hm^2）（表 3-4）。然而，DOM 各组分碳密度在不同的森林类型间呈现显著差异。例如，针叶林木质残体的碳密度（2.0 Mg C/hm^2）显著低于常绿阔叶林（4.7 Mg C/hm^2）（$F = 19.3$，$P < 0.001$），而针叶林的凋落物平均碳密度（3.5 Mg C/hm^2）和针阔混交林的凋落物平均碳密度（3.6 Mg C/hm^2）则显著高于常绿阔叶林（2.0 Mg C/hm^2）（$F = 12.1$，$P < 0.001$；表 3-4）。对于不同起源的森林而言，原始林的 DOM 碳密度（7.3 Mg C/hm^2）显著高于次生林（5.8 Mg C/hm^2）和人工林（5.0 Mg C/hm^2）（$F = 67.1$，$P < 0.001$；图 3-4）；但原始林、次生林和人工林的凋落物碳密度却没有显著差异（$F = 1.1$，$P = 0.341$）。

表 3-4　所有样地森林生态系统各组分的碳密度

项目	常绿阔叶林	落叶阔叶林	针阔混交林	针叶林	总体
面积（Mhm^2）	20.2	48.6	2.2	82.0	153.0
样地数量（个）	29	62	33	65	189
植物残体（Mg C/hm^2）	6.7a	6.2ab	6.4a	5.6b	6.1
木质残体（Mg C/hm^2）	4.7a	3.2b	2.8b	2.0c	3.0
FWD（Mg C/hm^2）	0.22a	0.15b	0.15b	0.12b	0.15
CWD（Mg C/hm^2）	4.5a	3.0b	2.7b	1.9c	2.8
枯立木（Mg C/hm^2）	2.0a	1.6b	1.2c	0.9c	1.4
倒木（Mg C/hm^2）	2.4a	1.4b	1.5b	1.0c	1.4
凋落物（Mg C/hm^2）	2.0c	3.0b	3.6a	3.5a	3.1

续表

项目	常绿阔叶林	落叶阔叶林	针阔混交林	针叶林	总体
地上生物量（Mg C/hm^2）	104.5a	62.1b	60.5b	50.9b	64.5
土壤（Mg C/hm^2）	72.2a	71.6a	67.7a	63.1a	68.1
生态系统（Mg C/hm^2）	183.5a	140.4b	134.5bc	119.5c	138.8

注：不同字母表示单因素方差分析在不同森林类型中各组分碳储量差异显著性检验的结果，$P < 0.05$

植物残体 = 木质残体 + 凋落物；木质残体 = FWD + CWD；CWD = 枯立木 + 倒木

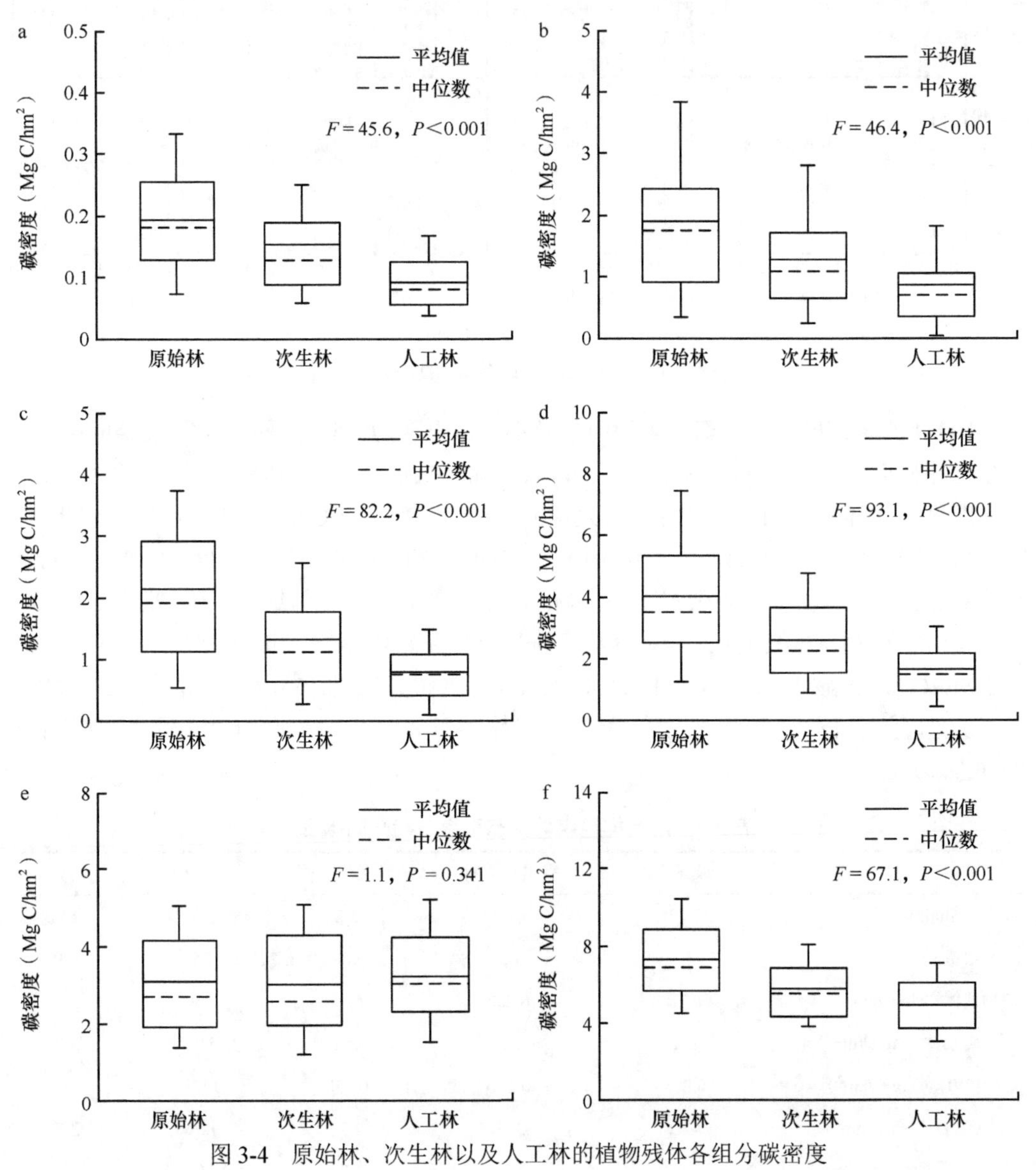

图 3-4　原始林、次生林以及人工林的植物残体各组分碳密度

a. 细木质残体；b. 枯立木；c. 倒木；d. 粗木质残体；e. 凋落物；f. 植物残体；不同字母表示差异显著（$P = 0.05$）

与地上生物量（64.5 Mg C/hm²）和土壤（68.1 Mg C/hm²）的碳储量相比，DOM 碳储量仅占生态系统总碳储量的 4.6%（不包括地下生物量）。其中，凋落物和木质残体分别占 2.5% ± 1.4% 和 2.1% ± 1.0%（图 3-5）。不同森林类型中，凋落物占生态系统总碳储量的比例差异显著（$F = 17.0$，$P < 0.001$）；针叶林最高（3.1%），常绿阔叶林最低（1.2%）；而针叶林（1.7%）和针阔混交林（2.0%）中木质残体占生态系统总碳储量的比例则显著低于常绿阔叶林（2.6%）（$F = 6.5$，$P < 0.001$）；原始林和次生林中木质残体与生态系统总碳储量的比值相近（2.5% 和 2.2%），显著高于人工林（1.6%）（$F = 13.6$，$P < 0.001$）。

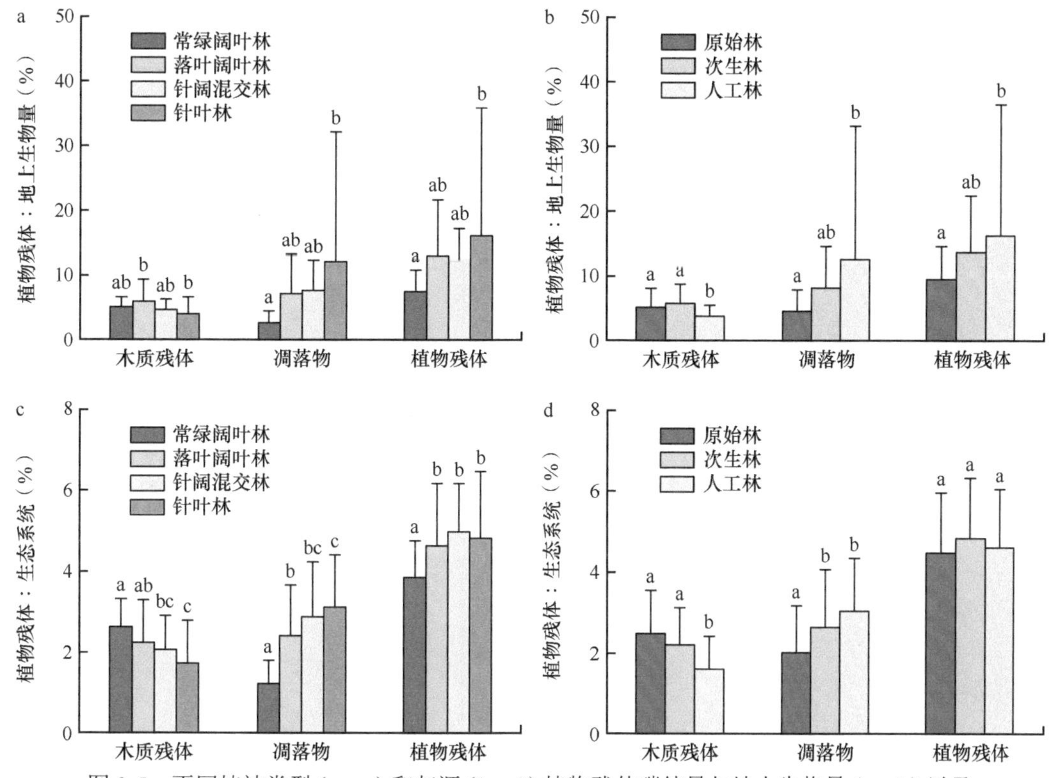

图 3-5　不同植被类型（a，c）和起源（b，d）植物残体碳储量与地上生物量（a，b）以及生态系统（c，d）碳储量的比例

数值表现 mean ± SD（$n = 500$），不同字母表示差异显著（$P = 0.05$）

3.2.2　碳储量及其驱动因素

细木质残体和粗木质残体碳储量与地上生物量、林龄和净初级生产力（NPP）显著正相关，但凋落物碳储量与这些因子负相关（图 3-6）。同样，以年均温（MAT）和年均降水（MAP）为代表的气候因子与细木质残体以及粗木质残体碳储量显著正相关（$P < 0.001$），而与凋落物碳储量显著负相关（$P < 0.001$）（图 3-7）。此外，土壤碳储量与粗木质残体和凋落物的碳密度呈显著但微弱的正相关关系（$P < 0.05$），但与细木质残体无显著相关关系。

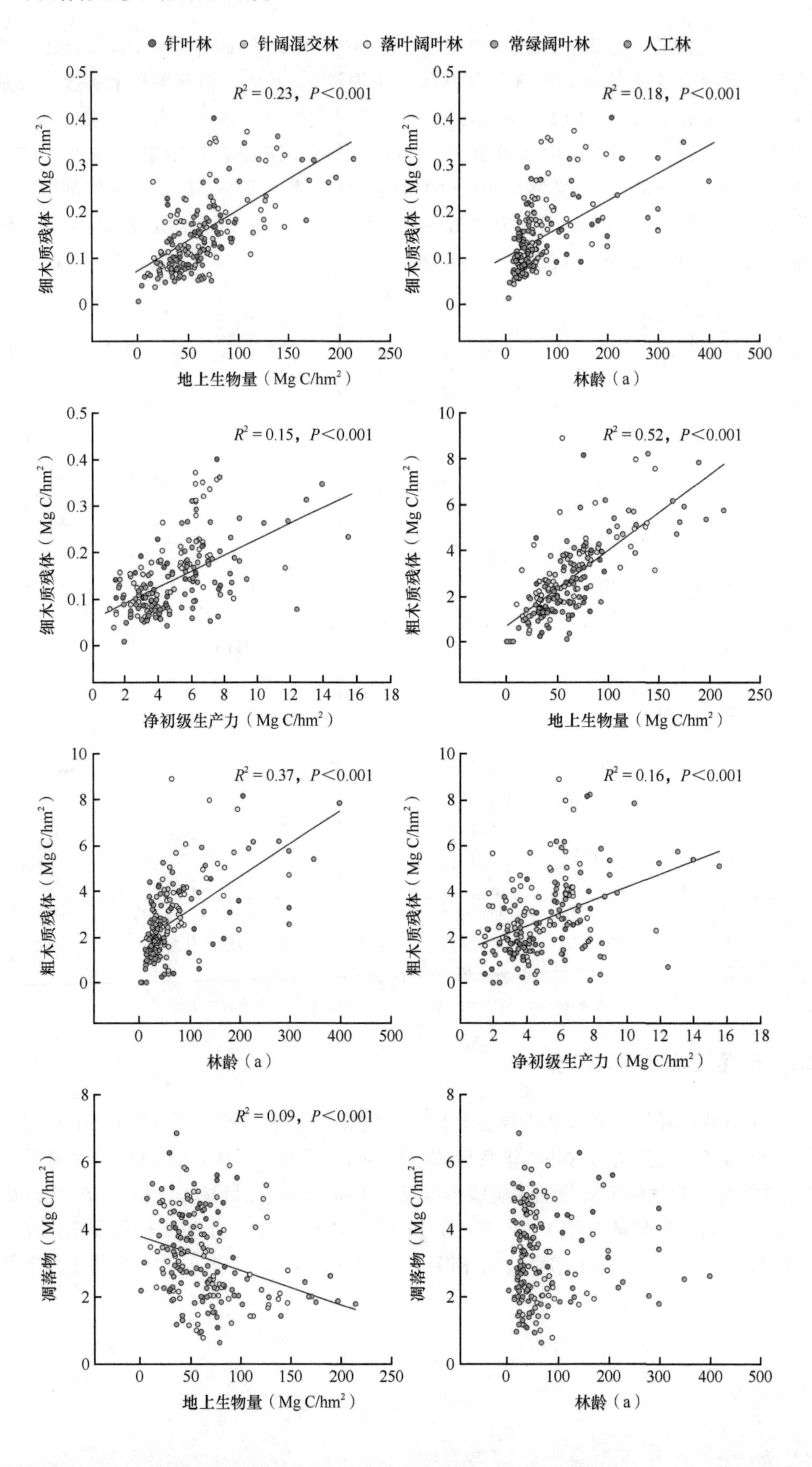

针叶林
针阔混交林
落叶阔叶林
常绿阔叶林
人工林
$R^2=0.23$，$P<0.001$
细木质残体（Mg C/hm²）
地上生物量（Mg C/hm²）
$R^2=0.18$，$P<0.001$
细木质残体（Mg C/hm²）
林龄（a）
$R^2=0.15$，$P<0.001$
细木质残体（Mg C/hm²）
净初级生产力（Mg C/hm²）
$R^2=0.52$，$P<0.001$
粗木质残体（Mg C/hm²）
地上生物量（Mg C/hm²）
$R^2=0.37$，$P<0.001$
粗木质残体（Mg C/hm²）
林龄（a）
$R^2=0.16$，$P<0.001$
粗木质残体（Mg C/hm²）
净初级生产力（Mg C/hm²）
$R^2=0.09$，$P<0.001$
凋落物（Mg C/hm²）
地上生物量（Mg C/hm²）
凋落物（Mg C/hm²）
林龄（a）

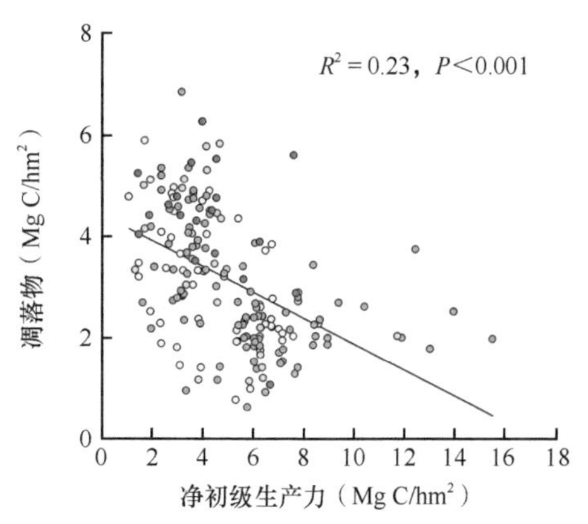

图 3-6 植物残体各组分碳密度与生物因子的关系

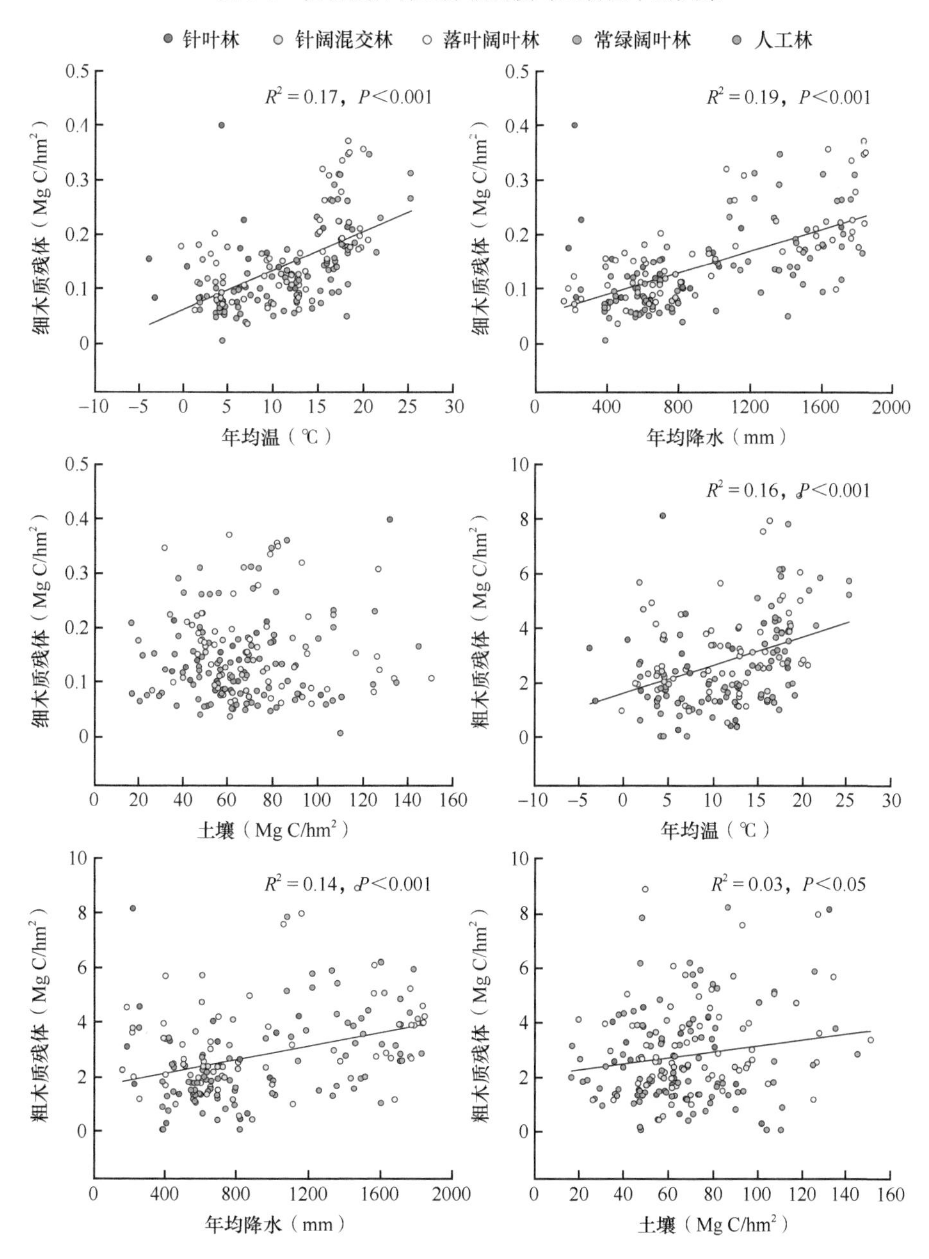

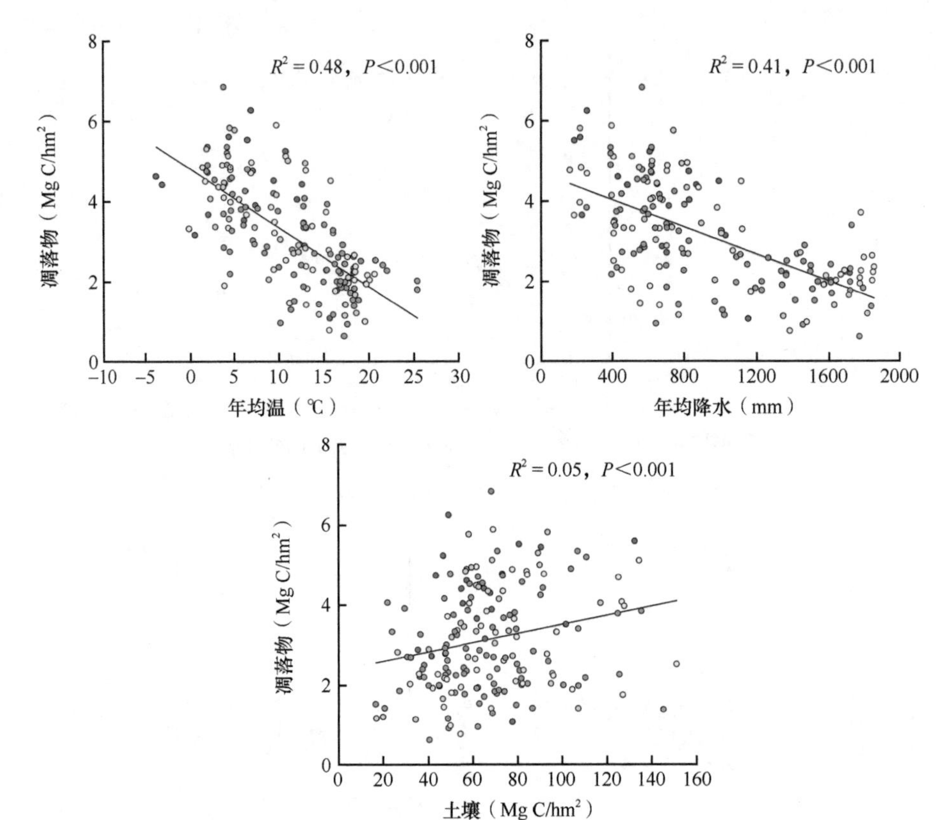

图 3-7　植物残体各组分碳密度与气候因子和土壤碳密度的关系

输入量（植物残体产量）和输出量（分解量）决定了天然林或非人工管理林中木质残体和凋落物的碳密度。然而，由于木质残体持续输入且其分解较慢，其输入速率最终超过分解率。研究发现，木质残体与地上生物量正相关，这与在美国森林的有关研究得到的林下木质残体的空间分布直接由植被生物量决定的结论一致。除植被生物量以外，林龄被认为是影响森林木质残体碳储量的关键因子（Smith et al.，2006）。有研究认为，幼龄林或老龄林中的木质残体往往比其他年龄林分大（即木质残体碳储量随林龄的关系呈"U"形曲线）（Coomes and Allen，2007）。然而本章研究结果表明，在区域尺度木质残体碳密度与林龄呈单调的线性正相关关系（图 3-6），说明样地尺度的经验不适用于区域尺度的推导。一项基于美国森林资源清查数据估算林龄对区域尺度倒木碳储量影响的研究结果与本章的结果一致，即倒木碳储量随林龄的增加而单调增加，老龄林拥有更高的植被生物量碳库的同时，也拥有更高的木质残体碳储量（Woodall et al.，2013）。林龄与木质残体碳储量的规律，并不能运用于凋落物碳储量。Zhu 等（2017b）以空间代替时间的方法分析了小兴安岭落叶松林 6 个林龄序列的凋落物和木质残体碳储量与林龄的关系，结果发现木质残体碳储量随林龄增加而增加，但凋落物碳储量在不同林龄间差异不显著。该样地尺度的研究结果与本章区域尺度的研究结果一致。

除生物因子外，还分析了气候因子（MAT 和 MAP）对凋落物和木质残体碳储量空间分布格局的影响，结果表明 MAT 和 MAP 与细木质残体和粗木质残体碳储量呈显著的正相关关系，这一结果不同于美国森林的一项研究发现，即二者呈现负相关关系（Woodall and Liknes，2008）。如果气候因素是驱动森林植被生物量分布格局的关键因子（Reich et al.，2014），那么植被生物量的潜在输入量则为影响木质残体碳储量空间分异的主要因子（Aakala，2010；Kiyono et al.，2010）。变量重要性分析（图 3-2）表明，地上生物量是预测木质残体各组分空间分布的最优因子。这在一定程度上证实了气候通过影响地上生物量的增长间接影响了木质残体碳储量的输入量。事实证明，由于木质残体分解速率慢，由温度和水分增加导致的输出量增加低于其间接影响（生物因子）导致的输入量增加。而和木质残体碳储量与气候因子的关系不同，MAT 和 MAP 与凋落物碳储量负相关，这是由于凋落物在水热条件较好的林分分解速率更高，远高于木质残体周转速度导致的较快损失（Berg et al.，1993）。

3.3　森林植物残体碳储量及其变化

由于 DOM 各组分的碳储量与气候、林分特征之间存在显著的相关性（图 3-6，图 3-7），因此，可利用这些生物和非生物变量作为预测因子来估算中国森林凋落物和木质残体碳储量的时空分布格局。基于森林资源清查数据和不同清查期的气候资料，在栅格尺度上（0.083° 分辨率）对 1984 ～ 2008 年森林资源清查期内中国森林每个栅格的凋落物和木质残体碳储量使用随机森林方法进行建模。然后，利用森林资源清查得到的森林面积对各地区和全国范围内的每个清查时期相应的 DOM 各组分的碳储量进行了估算（表 3-5）。

表 3-5　森林资源清查各时期中国森林植物残体各组分碳密度和碳储量

碳组分 / 清查时期	1984 ～ 1988 年	1989 ～ 1993 年	1994 ～ 1998 年	1999 ～ 2003 年	2004 ～ 2008 年
森林面积（Mhm^2）	131.7	139.7	132.4	142.8	155.6
碳密度（$Mg\ C/hm^2$）					
木质残体	2.61±0.18	2.62±0.18	2.72±0.18	2.74±0.19	2.76±0.19
FWD	0.14±0.01	0.14±0.01	0.14±0.01	0.14±0.01	0.14±0.01
CWD	2.48±0.18	2.49±0.17	2.57±0.17	2.60±0.18	2.61±0.19
枯立木	1.22±0.11	1.23±0.10	1.27±0.10	1.30±0.11	1.31±0.12
倒木	1.25±0.10	1.25±0.10	1.30±0.10	1.31±0.11	1.31±0.11
凋落物	3.26±0.17	3.23±0.16	3.20±0.16	3.21±0.16	3.19±0.15
植物残体	5.88±0.35	5.85±0.34	5.92±0.33	5.95±0.35	5.95±0.35
碳储量（Tg C）					
木质残体	344±24	366±25	360±23	392±27	429±30
FWD	18±1	19±1	19±1	20±2	22±2
CWD	326±24	347±24	341±23	371±26	407±29
枯立木	161±14	172±14	168±14	185±16	203±18
倒木	165±13	175±14	173±14	187±15	204±16
凋落物	430±22	452±23	424±21	458±22	496±24
植物残体	774±46	818±47	784±44	850±49	925±54

根据以上方法，目前中国森林植物残体的平均碳密度为 5.95 Mg C/hm²，并且不同地区之间差异很小：如华东地区为 5.53 Mg C/hm²，华北地区为 6.28 Mg C/hm²。但凋落物和木质残体的碳密度在不同区域间差异显著，如西南、华南和华东地区森林木质残体占植物残体碳密度的 50% 以上，而凋落物占西北、华北和东北地区森林植物残体碳密度的 60% 以上（图 3-8）。根据模型估计，当前中国植物残体碳储量为（925±54）Tg C，其中（429±30）Tg C 储存在木质残体中，（496±24）Tg C 储存在凋落物中（表 3-5）。从地理分布上看，西南地区森林植物残体碳储量最大（249 Tg C，27%），其次是东北地区（180 Tg C，19%）、华南地区（175 Tg C，19%）、华北地区（137 Tg C，15%）和华东地区（123 Tg C，13%）森林，西北地区森林植物残体碳储量最小（59 Tg C，6%）（数据与比例经过四舍五入，保留有效数字）。

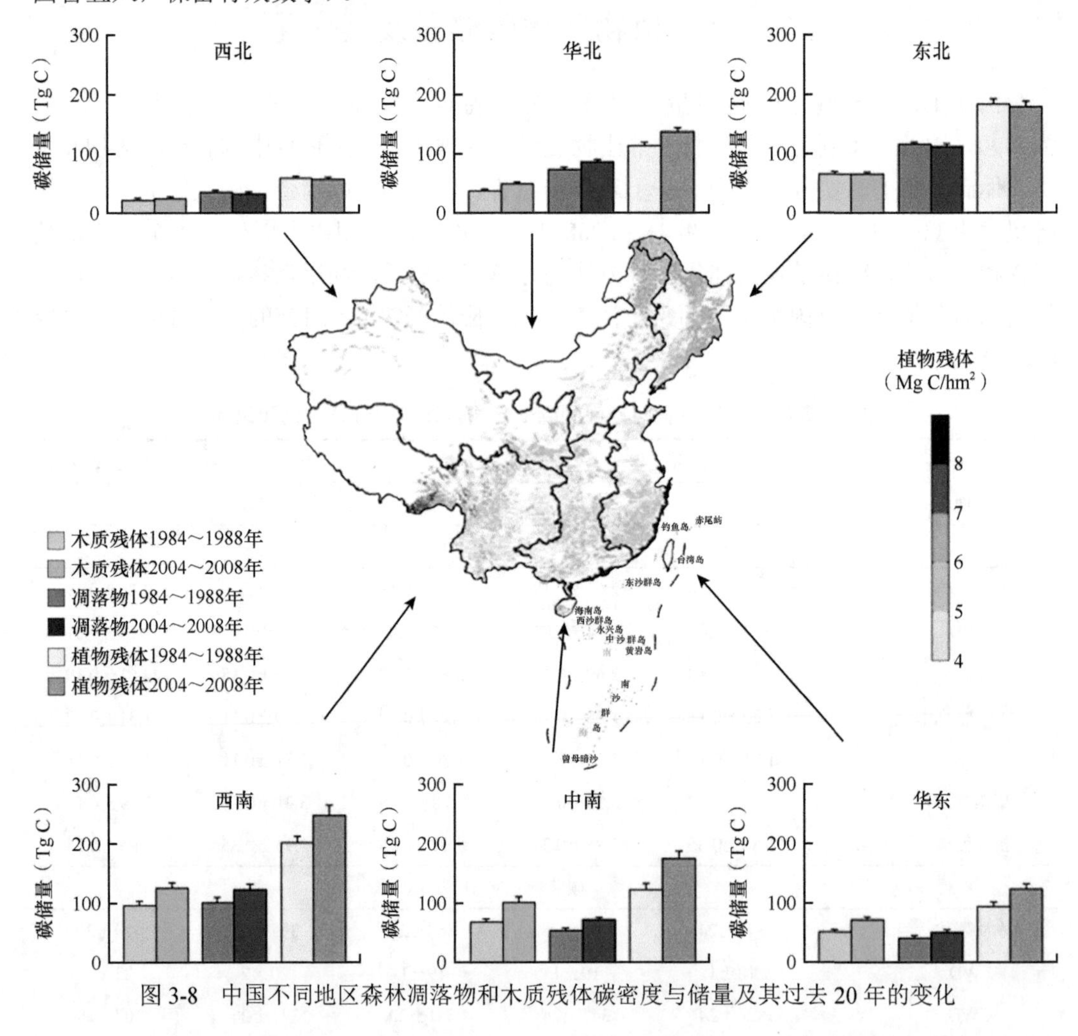

图 3-8　中国不同地区森林凋落物和木质残体碳密度与储量及其过去 20 年的变化

基于每个清查期 DOM 各组分相应的碳密度和碳储量，本章估算了它们在 1984 ～ 1988 年和 2004 ～ 2008 年的变化（图 3-9）。结果表明：在过去的 20 年中，木质残体碳密度以 0.008 Mg C/(hm² · a)（0.3%/a）的速率显著增加（R^2 = 0.906，P = 0.012），而凋落物碳密度以 0.003 Mg C/(hm² · a)（0.1%/a；R^2 = 0.886，P = 0.017）的速率显著降低。因此，

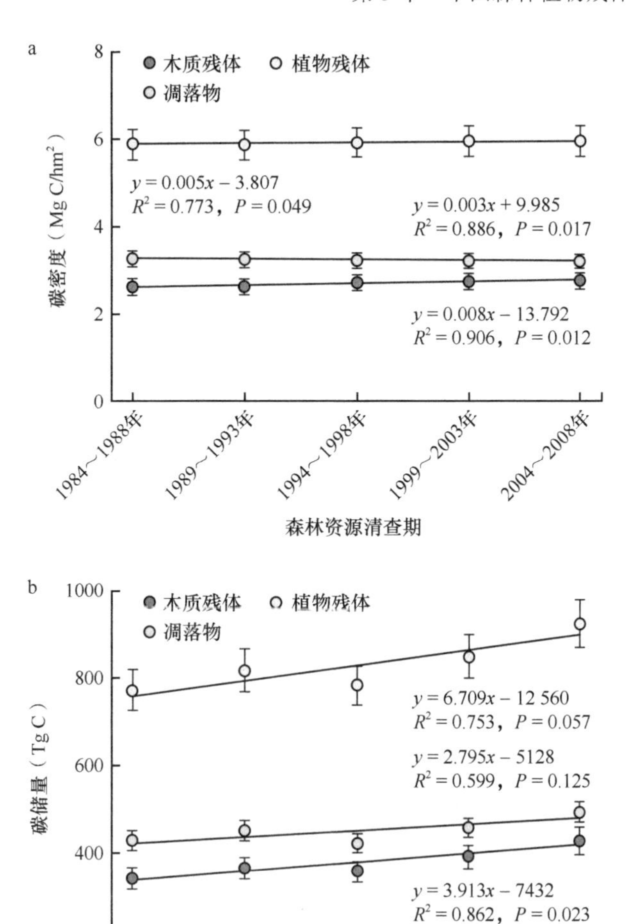

图 3-9　中国森林植物残体碳密度（a）和碳储量（b）在过去 20 年的变化速率

20 年来 DOM 的平均固碳速率为 0.005 Mg C/(hm^2 · a)（约 0.1%/a; R^2 = 0.773，P < 0.05）（图 3-9a）。从地理分布看，华北地区植物残体碳密度增幅最大［0.020 Mg C/(hm^2 · a)］，木质残体碳密度以 0.014 Mg C/(hm^2 · a) 的速度增加、凋落物碳密度以 0.006 Mg C/(hm^2 · a) 的速度增加（图 3-10）。与 DOM 碳密度变化一致，过去 20 年来，中国 DOM 碳储量以（6.7±2.2）Tg C/a（0.9%/a）的速度增加（图 3-9b），这主要是由于森林面积以每年 1.2 Mhm^2 的速度迅速增加（相对增长速率为 0.9%/a）。总体而言，DOM 碳储量增量中的 58%（3.9 Tg C/a）来自木质残体碳储量的增加，剩余的 42%（2.8 Tg C/a）来自凋落物碳储量的贡献。

由于缺乏木质残体和凋落物的调查数据，过去的研究多关注中国森林植被生物量和土壤的碳储量及其空间分布格局（Fang et al.，2001，2014；Yang et al.，2014），少有研究对整个森林生态系统的各碳组分进行全面评估。本章通过大量的样方调查，关注森林地上生物量和土壤碳储量的同时，量化了所有样地木质残体和凋落物的碳密度，首次估

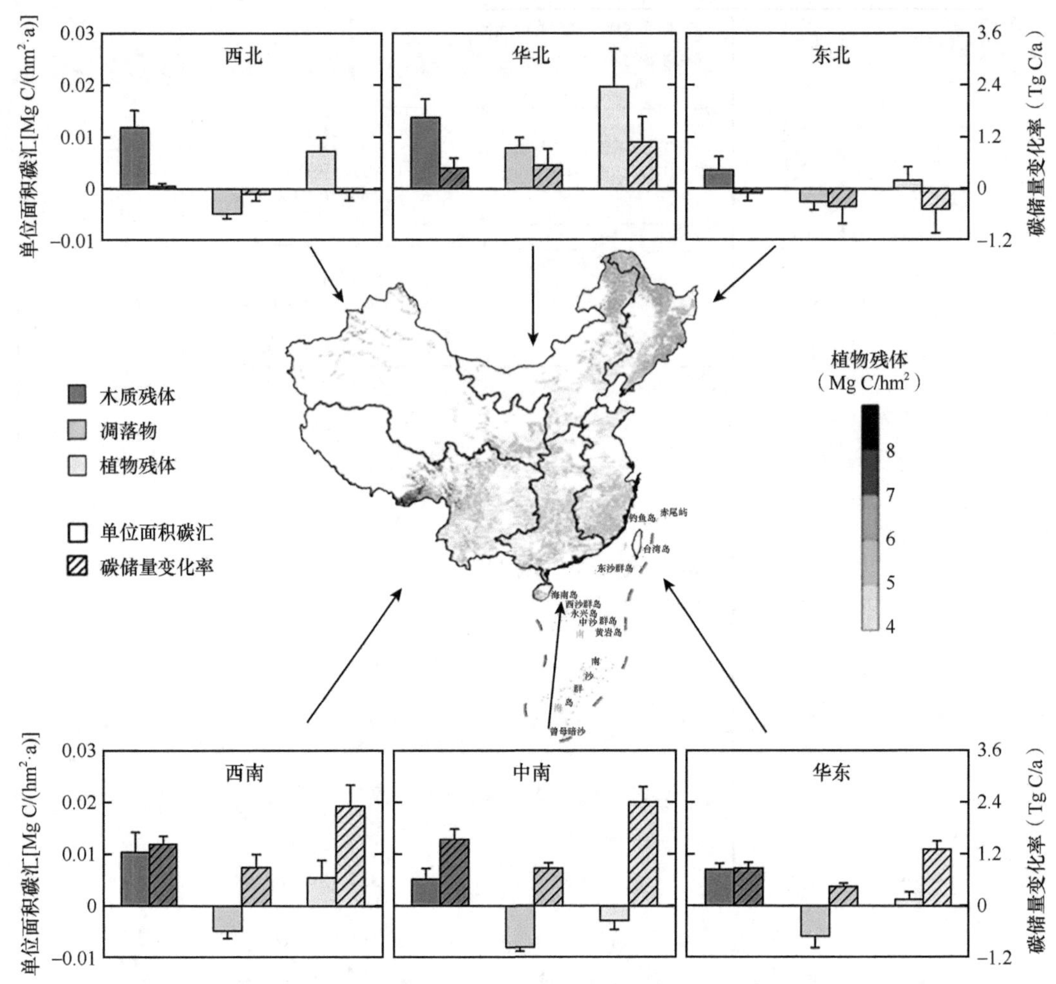

图 3-10　中国不同地区森林凋落物和木质残体碳密度与储量在过去 20 年的变化速率

算了中国森林凋落物和木质残体的碳储量，降低了评估森林生态系统碳收支的不确定性（Woodall et al.，2013；Fang et al.，2014）。木质残体碳密度（2.61 Mg C/hm²）和凋落物碳密度（3.26 Mg C/hm²）的估计值与 Pan 等（2011）的研究结果（分别为 0.6 Mg C/hm² 和 7.7 Mg C/hm²）差异较大。这种差异可能是因为后者的凋落物和木质残体的碳储量是基于中国森林资源清查报告中的生物量数据推算而来的，缺乏这两组碳组分野外调查的实测数据。

与其他地区的温带森林相比，中国植物残体碳密度相对较低（图 3-11）。本研究估算的中国森林植物残体平均碳密度为（5.88±0.35）Mg C/hm²，远低于美国森林（15 ～ 29 Mg C/hm²）和欧洲温带森林碳密度（11 ～ 16 Mg C/hm²）（Dixon et al.，1994；Goodale et al.，2002；Pan et al.，2011）。较低的植物残体碳储量理论上是较低的输入率和较高的分解率引起的。从 20 世纪 70 年代后期开始，广泛开展的植树造林项目使得我国人工林面积大大增加（大约 40 Mhm²，占中国森林总面积的 26%），人工林面积已成为世界第一，是美国（3 Mhm²）和欧洲（1 Mhm²）的 10 倍以上（Dixon et al.，1994）。开始植树造林运

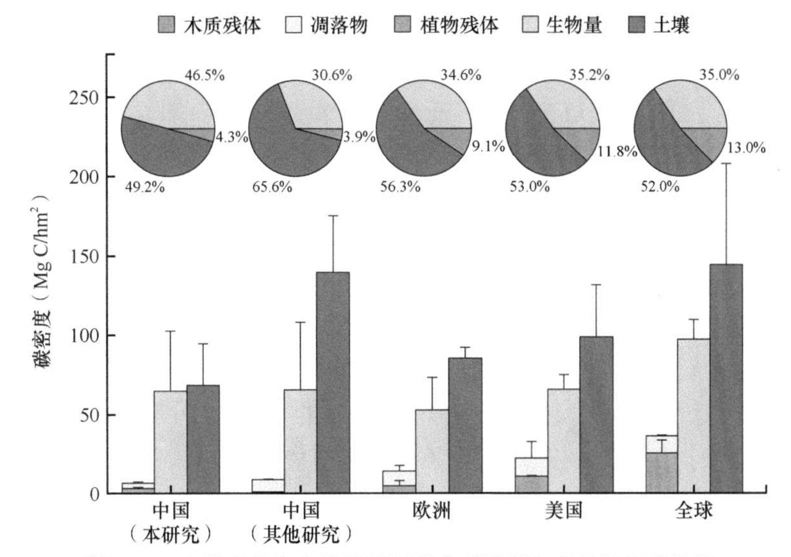

图 3-11　中国森林生态系统不同组分碳储量与其他地区的比较

其他地区数据来源：Dixon et al.，1994；Harmon et al.，2001；Goodale et al.，2002；Pan et al.，2011

动前，过量的采伐使得我国大部分地区森林植被生物量的碳储量较低、木质残体积累的时间相对较短，因此降低了植物残体的输入量（Fang et al.，2007；Guo et al.，2013）。此外，并不排除其他国家在进行植物残体调查时倾向于选择有大量的木质残体储量且林龄较大、未受到干扰的森林（Pan et al.，2011）或选择近期受到灾难性干扰的森林采样（Nalder and Wein，1999；Domke et al.，2013），这些针对性较强的选择样地方式积累的数据，以及通过这些数据推算的全球其他地区森林植物残体碳储量的结果可能高于实际值。但遗憾的是，目前并没有比较可信的全球植物残体碳储量及其分布的估测值可以与本研究结果进行更加深入的比较。

与中国森林植被地上生物量和土壤的碳储量（分别为 64.5 Mg C/hm^2 和 68.1 Mg C/hm^2）（表 3-4）相比，植物残体碳储量（6.1 Mg C/hm^2）相对较小，仅占整个森林生态系统碳储量的 4.6%，虽然仅略低于 Pan 等（2011）的研究结果（5.4%），但远低于其他温带森林（8% ～ 18%）（Dixon et al.，1994；Harmon et al.，2001；Goodale et al.，2002；Pan et al.，2011）。样地尺度的估算印证了本章的结果：中国亚热带常绿阔叶林植物残体碳储量占整个森林生态系统碳储量的 4.4%（Chen et al.，2005），温带落叶阔叶林为 4.0%（Zhu et al.，2015），北方森林为 4.4%（Hu et al.，2016）。此外，中国森林木质残体与地上生物量的比例较小（4.9%），远低于 Harmon 和 Hua（1991）的结果（20% ～ 25%）。另外，与其他北半球温带森林的研究结果（4% ～ 18%）（Vogt，1991）相比，中国森林中的木质残体仅占总碳库的 2.1%。这表明，若直接使用已有的经验资料结合我国的生物量碳库数据会极大地高估我国森林植物残体，尤其是木质残体的碳储量。

过去 20 年来，中国森林的植物残体碳储量有所增加，这是植物残体碳密度增加［0.005 Mg C/(hm^2 · a)］（图 3-9a）和森林面积扩大（1.2 Mhm^2/a）（表 3-5）共同导致的。中国森林植被生物量碳累积的增加（Fang et al.，2001；Guo et al.，2013；Li et al.，2016）可能会增加植物残体碳的潜在输入量。包括年均温和夏季降水增加在内的环境变化可能会促进植被活动，从而导致植物残体碳的输入，因为它们可以促进森林生物量碳的增加（Fang et al.，2004），但是温度和降水增加导致的分解速率增加也会造成植物残体碳储量的流失，尤其是对凋落物碳储量而言。此外，自 20 世纪 70 年代后期以来的大规模天然林保护等植树造林项目的实施使得中国森林面积从 1984 ～ 1988 年的 131.7 Mhm^2 大幅度增加到 2004 ～ 2008 年的 155.6 Mhm^2，年均增长率为 0.9%。与较小的植物残体碳储量的相对增长率（0.1%/a）相比，森林面积的大幅扩展是中国森林植物残体碳储量累积的主要原因。

整合以往的研究结果，过去 20 年森林植被生物量（Guo et al.，2013）和土壤（Yang et al.，2014）的碳汇分别为 70.9 Tg C/a 和 67.2 Tg C/a，结合中国森林植物残体年均碳储量的增长率（6.7 Tg C/a），从 20 世纪 80 年代到 21 世纪初，中国森林生态系统的碳汇为 145 Tg C/a，相当于同时期（1986 ～ 2006 年）化石燃料 CO_2 排放量的 15.5%（Zheng et al.，2016）。

任何由点及面外推都存在不确定性，本章对植物残体各组分碳储量在样地和栅格水平的不确定性进行了评估。在样地水平上，根据样地实测计算了植物残体各组分的决定系数（R^2）和均方根误差（RMSE）。木质残体和凋落物随机森林模型的平均 R^2 分别为 0.53 和 0.46，其平均 RMSE 分别为 1.21 Mg C/hm^2 和 0.95 Mg C/hm^2。

本章对中国森林木质残体、凋落物、地上生物量和土壤碳储量的估计存在一些不确定性。首先，尽管付出了巨大的努力确保调查数据来自统一的调查方法和标准，但与中国广袤的森林地区（153 Mhm^2）相比，189 个森林样地（567 个森林样方）仍显不足，这会造成估算的不确定性。其次，本章的估算未考虑中国伐木场的伐木量，可能导致对国家尺度木质残体碳储量的低估。最后，调查时间存在一定的季节差异，可能导致对凋落物碳储量测量的不确定性。

3.4 小　　结

综上所述，本章采用统一的调查方法，对我国 189 个典型森林样地的生物量、土壤、凋落物和木质残体碳库进行了全面调查。通过分析凋落物和木质残体碳库与生物因子和非生物因子的关系，建立随机森林模型，首次推算了我国森林植物残体碳库的总量和分布格局。生物因子与非生物因子均在不同程度上影响着我国森林植物残体碳库在空间上的分布。

我国森林植物残体碳储量为（925±54）Tg（碳密度面积加权平均值为 5.95 Mg C/hm^2）；其中，木质残体碳储量为 429 Tg，凋落物碳储量为 496 Tg。不同的植被类型中，常绿阔叶林的木质残体碳密度最高（4.7 Mg C/hm^2），而针叶林最低（2.0 Mg C/hm^2）；相反，针叶林的凋落物碳密度最低（2.0 Mg C/hm^2），常绿阔叶林却较高（3.5 Mg C/hm^2）。从我国的地域分布看，凋落物和木质残体碳密度存在明显的南北分布差异，且二者碳密度的南北分布规律相反。主要表现为，我国北方具有较高的凋落物碳储量，而我国南方的木质残体碳储量较高。

相比森林生物量和土壤这两大碳库，凋落物和木质残体碳库在我国森林碳库上扮演的角色分量很低。两者之和不到整个森林生态系统的 5%，远低于以往的认知（接近 1/3）（Harmon and Hua，1991；Vogt，1991；Harmon et al.，2001）。若将来自欧洲和美国森林植物残体的研究经验直接应用到对我国森林凋落物和木质残体碳库的估算（Pan et al.，2011），势必会高估这两个碳库。

另外，本章通过使用森林资源清查资料并结合历史气候数据，反演了我国森林凋落物和木质残体在过去 20 年的变化。结果表明，植物残体碳储量在过去 20 年以（6.7 ± 2.2）Tg C/a 的速度增长。随着我国持续推进天然林保护和植树造林政策的继续实施，我国森林植物残体碳储量可能会继续增加，从而增加整个森林生态系统的碳汇。本章提供的中国森林木质残体和凋落物的碳收支结果，将为中国森林生态系统碳收支的全面估算提供第一份凋落物和木质残体的数据支持。

参考文献

中国科学院中国植被图编辑委员会 . 2001. 1：100 万中国植被图集 . 北京 : 科学出版社 .

Aakala T. 2010. Coarse woody debris in late-successional *Picea abies* forests in northern Europe: variability in quantities and models of decay class dynamics. Forest Ecology Management, 260: 770-779.

Battaglia MA, Smith FW, Shepperd WD. 2008. Can prescribed fire be used to maintain fuel treatment effectiveness over time in Black Hills ponderosa pine forests? Forest Ecology and Management, 256: 2029-2038.

Berg B, McClaugherty C. 2008. Plant Litter: Decomposition, Humus Formation, Carbon Sequestration. Berlin, Heidelberg: Springer.

Berg B, McClaugherty C, Johansson MB. 1993. Litter mass-loss rates in late stages of decomposition at some climatically and nutritionally different pine sites. Long-term decomposition in a Scots pine forest. Ⅶ. Canadian Journal of Botany, 71: 680-692.

Breiman L. 2001. Random forests. Machine Learning, 45: 5-32.

Bruelheide H, Schmid B. 2011. Community assembly during secondary forest succession in a Chinese subtropical forest. Ecological Monographs, 81: 25-41.

Chen GS, Yang YS, Xie JS, Guo JF, Gao R, Qian W. 2005. Conversion of a natural broad-leafed evergreen forest into pure plantation forests in a subtropical area: effects on carbon storage. Annals of Forest Science, 62: 659-668.

Clark DB, Clark DA, Brown S, Oberbauer SF, Veldkamp E. 2002. Stocks and flows of coarse woody debris across a tropical rain forest nutrient and topography gradient. Forest Ecology and Management, 164: 237-248.

Coomes DA, Allen RB. 2007. Mortality and tree-size distributions in natural mixed-age forests. Journal of Ecology, 95: 27-40.

Dixon RK, Solomon AM, Brown S, Houghton RA, Trexier MC, Wisniewski J. 1994. Carbon pools and flux of global forest ecosystems. Science, 263: 185-190.

Domke GM, Woodall CW, Walters BF, Smith JE. 2013. From models to measurements: comparing downed dead wood carbon stock estimates in the US forest inventory. PLoS One, 8: e59949.

Fang J, Chen A, Peng C, Zhao SQ, Ci LJ. 2001. Changes in forest biomass carbon storage in China between 1949 and 1998. Science, 292: 2320-2322.

Fang J, Guo Z, Hu H, Kato TM, Maraoka H, Son Y. 2014. Forest biomass carbon sinks in East Asia, with special reference to the relative contributions of forest expansion and forest growth. Global Change Biology, 20: 2019-2030.

Fang J, Guo Z, Piao S, Chen AP. 2007. Terrestrial vegetation carbon sinks in China, 1981-2000. Science China Series D: Earth Science, 50: 1341-1350.

Fang J, Piao S, He J, Ma W. 2004. Increasing terrestrial vegetation activity in China, 1982-1999. Science China Life Sciences, 47: 229-240.

Forrester JA, Mladenoff DJ, Gower ST, Stoffel JL. 2012. Interactions of temperature and moisture with respiration from coarse woody debris in experimental forest canopy gaps. Forest Ecology and Management, 265: 124-132.

Goodale CL, Apps MJ, Birdsey RA, Field CB, Heath LS, Houghton RA, Jenkins JC, Kohlmaier GH, Kurz W, Liu SR, Nabuurs GJ, Nilsson S, Shvidenko AZ. 2002. Forest carbon sinks in the Northern Hemisphere. Ecological Applications, 12: 891-899.

Grove SJ. 2001. Extent and composition of dead wood in Australian lowland tropical rainforest with different management histories. Forest Ecology and Management, 154: 35-53.

Guo Z, Hu H, Li P, Li N, Fang J. 2013. Spatio-temporal changes in biomass carbon sinks in China's forests from 1977 to 2008. Science China Life Sciences, 56: 661-671.

Harmon ME, Franklin JF, Swanson FJ, Sollins P, Gregory SV, Lattin JD, Anderson NH, Cline SP, Aumen NG, Sedell JR, Lienkaemper GW, Cromack Jr K, Cummins KW. 1986. Ecology of coarse woody debris in temperate ecosystems. Advances in Ecological Research, 15: 132-302.

Harmon ME, Hua C. 1991. Coarse woody debris dynamics in two old-growth ecosystems. BioScience, 41: 604-610.

Harmon ME, Krankina ON, Yatskov M, Mattews E. 2001. Predicting broad-scale carbon stores of woody detritus from plot-level data. *In*: Lai R, Kimble J, Stewart BA. Assessment Methods for Soil Carbon. New York: CRC Press: 533-552.

Harmon ME, Sexton J, Caldwell BA, Carpenter SE. 1994. Fungal sporocarp mediated losses of Ca, Fe, K, Mg, Mn, N, P, and Zn from conifer logs in the early stages of decomposition. Canadian Journal of Forest Research, 24: 1883-1893.

Harvey AE. 1983. Effects of soil organic matter on regeneration in northern Rocky Mountain forests. USDA Forest Service, Pacific Northwest Research Station. Portland, Oregon: 239-242.

Harvey AE, Jurgensen MF, Larsen MJ, Grahan RT. 1987. Decaying organic materials and soil quality in the Island Northwest: a management opportunity. USDA Forest Service, General Technical report INT, No. 225.

Hu X, Zhu J, Wang C, Zheng T, Wu Q, Yao H, Fang J. 2016. Impacts of fire severity and post-fire reforestation on carbon pools in boreal larch forests in Northeast China. Journal of Plant Ecology, 9: 1-9.

IPCC. 2014. Climate Change 2014: Impacts, Adaptation, and Vulnerability. Part A: Global and Sectoral Aspects. Contribution of Working Group Ⅱ to the Fifth Assessment Report of the Intergovernmental Panel on Climate Change.

Kauffman JB, Uhl C, Cummings DL. 1988. Fire in the Venezuelan Amazon 1: fuel biomass and fire chemistry in the evergreen rainforest of Venezuela. Oikos, 57: 167-175.

Kauppi PE, Mielikainen K, Kusela K. 1992. Biomass and carbon budget of European forests, 1971 to 1990. Science, 256: 70-74.

Keith H, Mackey BG, Lindenmayer DB. 2009. Re-evaluation of forest biomass carbon stocks and lessons from the world's most carbon-dense forests. Proceedings of the National Academy of Sciences of the

United States of America, 106: 11635-11640.

Kiyono Y, Furuya N, Sum T, Umemiya C, Itoh E, Araki M, Matsumoto M. 2010. Carbon stock estimation by forest measurement contributing to sustainable forest management in Cambodia. Japan Agricultural Research Quarterly, 44: 81-92.

Knapp EE, Keeley JE, Ballenger EA, Brennan TJ. 2005. Fuel reduction and coarse woody debris dynamics with early season and late season prescribed fire in a Sierra Nevada mixed conifer forest. Forest Ecology and Management, 208: 383-397.

Li P, Zhu J, Hu H, Guo Z, Pan Y, Birdsey R, Fang J. 2016. The relative contributions of forest growth and areal expansion to forest biomass carbon. Biogeosciences, 13: 375-388.

Marra JL, Edmonds RL. 1994. Coarse woody debris and forest floor respiration in an old-growth coniferous forest on the Olympic Peninsula, Washington, USA. Canadian Journal of Forest Research, 24: 1811-1817.

Maser C, Cline SP, Cromack Jr K, Trappe JM. 1988. What we know about large trees that fall to the forest floor. *In*: Maser C, Tarrant RF, Trappe JM, Franklin JF. From the Forest to the Sea: A Story of Fallen Trees. USDA Forest Survey General Technical Report PNWGTR-229. Oregon: 153.

Means JE, MacMillan PC, Cromack Jr K. 1992. Biomass and nutrient content of Douglas-fir logs and other detrital pools in an old-growth forest, Oregon, USA. Canadian Journal of Forest Research, 22: 1536-1546.

Meigs GW, Donato DC, Campbell JL, Martin JG, Law BE. 2009. Forest fire impacts on carbon uptake, storage, and emission: the role of burn severity in the Eastern Cascades, Oregon. Ecosystems, 12: 1246-1267.

Nalder IA, Wein RW. 1999. Long-term forest floor carbon dynamics after fire in upland boreal forests of western Canada. Global Biogeochemical Cycles, 13: 951-968.

Pan Y, Birdsey R, Hom J, McCullough K, Clark K. 2006. Improved estimates of net primary productivity from MODIS satellite data at regional and local scales. Ecological Applications, 16: 125-132.

Pan YD, Birdsey RA, Fang JY, Houghton R, Kauppi PE, Kurz WA, Phillips OL, Shvidenko A, Lewis SL, Canadell JG, Ciais P, Jackson RB, Pacala SW, McGuire AD, Piao S, Rautiainen A, Stich S, Hayes D. 2011. A large and persistent carbon sink in the world's forests. Science, 333: 988-993.

Reich PB, Luo Y, Bradford JB, Poorter H, Perry CH, Oleksyn J. 2014. Temperature drives global patterns in forest biomass distribution in leaves, stems, and roots. Proceedings of the National Academy of Sciences of the United States of America, 111: 13721-13726.

Smith JE, Heath LS, Skog KE, Birdsey RA. 2006. Methods for calculating forest ecosystem and harvested carbon with standard estimates for forest types of the United States. Report No. NE-343(USDA Forest Service).

Sollins P. 1982. Input and decay of coarse woody debris in coniferous stands in western Oregon and Washington. Canadian Journal of Forest Research, 12: 18-28.

Spies TA, Franklin JF, Thomas TB. 1988. Coarse woody debris in Douglas-fir forests of western Oregon and Washington. Ecology, 69: 1689-1702.

Vogt K. 1991. Carbon budgets of temperate forest ecosystems. Tree Physiology, 9: 69-86.

Worbes M, Staschel R, Roloff A, Junk WJ. 2003. Tree ring analysis reveals age structure, dynamics and wood production of a natural forest stand in Cameroon. Forest Ecology and Management, 173: 105-123.

Woodall C, Liknes G. 2008. Relationships between forest fine and coarse woody debris carbon stocks across latitudinal gradients in the United States as an indicator of climate change effects. Ecological Indicators, 8: 686-690.

Woodall CB, Walters S, Oswalt G, Domke GM, Toney C, Gray AN. 2013. Biomass and carbon attributes of downed woody materials in forests of the United States. Forest Ecology and Management, 305: 48-59.

Wright P. 1998. Coarse woody debris in two fire regimes of the central Oregon Cascades. Master's thesis. Oregon State University, Corvallis.

Yang Y, Li P, Ding J, Zhao X, Ma W, Ji C, Fang J. 2014. Increased topsoil carbon stock across China's forests. Global Change Biology, 20: 2687-2696.

Zhang CH, Ju WM, Chen JM, Zan M, Li DQ, Zhou YL, Wang XQ. 2013. China's forest biomass carbon sink based on seven inventories from 1973 to 2008. Climatic Change, 118: 933-948.

Zhao MS, Running SW. 2010. Drought-induced reduction in global terrestrial net primary production from 2000 through 2009. Science, 329: 940-943.

Zhao X, Hu H, Shen H, Zhou DJ, Zhou LM, Myneni RB, Fang JY. 2015. Satellite-indicated long-term vegetation changes and their drivers on the Mongolian Plateau. Landscape Ecology, 30: 1599-1611.

Zheng T, Zhu J, Wang S, Fang J. 2016. When will China achieve its carbon emission peak? National Science Review, 3: 8-15.

Zhu J, Hu H, Tao S, Chi X, Li P, Jiang L, Ji C, Zhu J, Tang Z, Pan Y, Birdsey RA, He X, Fang J. 2017a. Carbon stocks and changes of dead organic matter in China's forests. Nature Communications, 8: 151.

Zhu JX, Hu XY, Yao H, Liu GH, Ji CJ, Fang JY. 2015. A significant carbon sink in temperate forests in Beijing: based on 20-year field measurements in three stands. Science China Life Sciences, 58: 1135-1141.

Zhu JX, Zhou XL, Fang WJ, Xiong XY, Zhu B, Ji CJ, Fang JY. 2017b. Plant debris and its contribution to ecosystem carbon storage in successional *Larix gmelinii* forests in northeastern China. Forests, 8: 191.

第4章　中国森林土壤碳库及其变化

土壤作为陆地生态系统的重要碳库，其动态变化对陆地生态系统碳汇有着非常重要的影响（Schlesinger，1997）。对土壤碳储量（碳库）、动态及其控制因素的研究有助于理解陆地生态系统碳循环对全球变化的响应（Johnston et al.，2004）。中国陆地具有广阔的地理范围，多样的生物群区、地形、气候和植被为研究土壤动态及其环境影响提供了独一无二的自然条件（Fang et al.，2012），然而对于中国陆地植被土壤碳库空间格局及其对气候变化响应的认识仍然存在较大不确定性。

总的来说，在估算大尺度（国家或者全球）土壤碳库及其变化时主要存在两方面的困难（Torn et al.，1997；Jobbágy and Jackson，2000）。首先，土壤监测频度的不足导致实测数据缺乏（Piao et al.，2009；Pan et al.，2011）。与具备完整序列的森林资源清查相比，土壤普查的频率较低，这使得人们几乎无法获得完整的、周期性的土壤普查数据（Hayes et al.，2012）。其次，不同土壤碳库估算方法带来的误差，限制了相关研究的开展（Pan et al.，2011）。由于缺乏系统、周期性的调查数据，人们无法获得实测森林土壤碳库的变化，而不得不通过有限的实测数据来建立经验模型再通过外推的方法来估算土壤碳库，从而产生一定的误差。过去几十年，以上两点的不足共同限制了森林土壤碳的研究。要准确评估土壤碳库的变化，不仅需要整合现有土壤普查数据，还需要在方法上进行改进和创新（Fang et al.，1996；Wu et al.，2003）。

本章包含两部分内容，分别是关于中国土壤碳库的估算和森林土壤碳库及其变化的研究，主要结果整理自 Yang 等（2007，2014）、郭兆迪（2011）的文献。

4.1　中国土壤碳储量

近些年，已有一些学者从国家尺度上对全球不同区域土壤有机碳（soil organic carbon，SOC）储量做出了估算（Post et al.，1982；Batjes，1996；Jobbágy and Jackson，2000；Bellamy et al.，2005；Liu et al.，2006）。关于中国土壤碳库的估算已有许多，最早可以追溯到 1996 年。Fang 等（1996）通过对全国 745 个土壤剖面分析计算得出中国土壤有机碳库为 185.7 Pg C，约占世界土壤碳库的 12.6%。潘根兴（1999）根据《中国土种志》（第一卷～第六卷）的基本数据，统计计算得到的中国土壤有机碳库总量约为 50 Pg C。王绍强和周成虎（1999）、王绍强等（2000）根据中国第一次和第二次土壤普查数据估算的中国陆地生态系统土壤有机碳总量分别为 100.2 Pg C 和 92.4 Pg C。于东升等（2005）基于中国 1 ∶ 100 万土壤数据库估算得出的中国土壤有机碳储量为 89.1 Pg C。由于采用的数据和估算方法的不同，不同学者研究所得结果之间存在较大差异。为了更全面准确地估算中国土壤碳储量，Yang 等（2007）以土壤普查数据为基础，结合野外调查，建立了中国不同土壤类型有机碳密度与土壤深度的关系，估算了土壤有机碳密度的空间分布，并进一步探讨了国家尺度土壤有机碳密度与环境因素的关系。本节内容主要介绍他们的研究结果（Yang et al.，2007）。

Yang 等（2007）的研究中主要采用了如下数据：①国家土壤普查数据，即第二次（1979 ～ 1985 年）全国土壤普查（全国土壤普查办公室，1993，1994a，1994b，1995a，1995b，1996，1998）。土壤普查数据一共包含 2473 个土壤剖面，提供了每个剖面土壤的分类信息、土壤容重、土壤有机质含量、土壤厚度、土壤面积、直径大于 2 mm 的石砾所占的体积百分比等信息。②野外调查数据，由于土壤普查数据中，青藏高原和西北地区的采样点较少，因此在 2001 ～ 2004 年，在这些区域新增了 270 个采样点、810 个土壤剖面。对这些采样点的土壤剖面进行分层取样（0 ～ 10 cm、10 ～ 20 cm、20 ～ 30 cm、30 ～ 50 cm、50 ～ 70 cm 及 70 ～ 100 cm）。测量了土壤干重、容重和土壤有机碳等指标，土壤有机碳的测量方法为重铬酸钾氧化法（Nelson and Sommers，1982）。③土壤分布图，中国土壤分布来自全国 1∶4 000 000 比例的全国土壤类型图（中国科学院南京土壤研究所，1998），土壤质地图为数字化全国土壤质地栅格图，栅格单元大小为 0.1° × 0.1°；某一类型某一质地的土壤分布由以上两张图叠加获取。④气候数据，选取湿度指数（humidity index，H）作为综合反映区域温度与降水情况的气候因子（Tuhkanen，1980），其计算公式为

$$H = \frac{\mathrm{MAP}}{\mathrm{MAT} + 10} \tag{4-1}$$

其中，MAT（mean annual temperature）为年均气温；MAP（mean annual precipitation）为年均降水量。湿度指数 H 为 0 ～ 20，表示该区域为干旱区域，H 为 20 ～ 40，表示半干旱半湿润区域，H 为 40 ～ 80，表示湿润区域。

4.1.1 土壤有机碳储量和空间分布

首先计算不同深度的土壤有机碳密度（soil organic carbon density，SOCD）[式（4-2）]，然后建立 SOCD 与土壤深度的回归关系 [式（4-3）]，最后利用此关系推算 1 m 深度土壤有机碳密度 [式（4-4）]，具体计算公式如下：

$$\mathrm{SOCD}_h = 0.58 \times \mathrm{BD}_h \times \mathrm{SOM}_h \times (1 - C_h)/100 \tag{4-2}$$

$$\mathrm{SOCD}(h) = a \times \exp^{b \times h} \tag{4-3}$$

$$\mathrm{SOCD} = \int_{h_1}^{h_2} \mathrm{SOCD}(h)\mathrm{d}(h) \times 10 \tag{4-4}$$

式中，h 为土壤深度（cm）；SOCD_h 指 h（cm）深度处的土壤有机碳密度（g/cm^2），土壤有机质转换为土壤有机碳的 Bemmelen 指数为 0.58（Fang et al.，1996）；BD_h、SOM_h、C_h 分别代表深度 h 的容重（g/cm^3）、土壤有机质含量（%），以及直径大于 2 mm 的石砾所占的体积百分比（%）；a 和 b 为系数；SOCD 是每种土壤类型 1 m 深的土壤有机碳密度（kg/m^2）；h_1、h_2 为不同土壤深度（cm），中国不同土壤类型计算土壤有机碳指数的详细信息见 Yang 等（2007）的文献。

除此之外，对缺少土壤容重的剖面数据，通过建立土壤有机质与容重的回归方程获得其容重信息，其关系如图 4-1 所示。

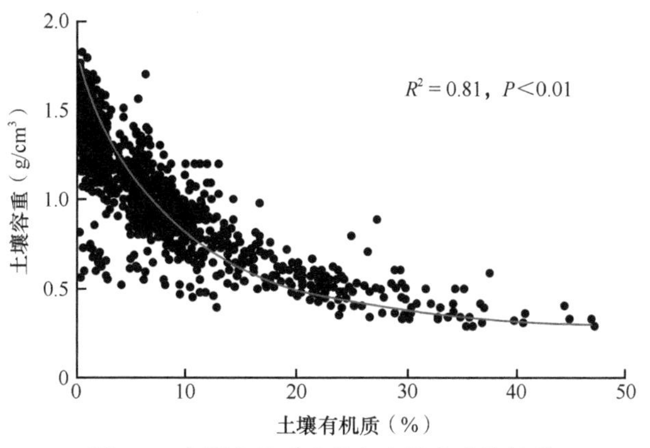

图 4-1　土壤有机质含量与土壤容重的关系

同时，本节中将 1 m 深度的土壤按照 20 cm 的间隔分为 5 层，分别计算各层有机碳含量占总量的比例。如果 0 ～ 20 cm 深土壤有机碳占 1 m 深总土壤有机碳的比例较高则说明土壤有机碳趋向于分布在表层，反之则说明土壤有机碳趋向于向下分布。本节将植被类型分为以下 5 类：森林、草原、草甸、荒漠和农田。

土壤有机碳密度在不同的土壤类型间差异极大，为 16 ～ 572 Mg C/hm^2，1 m 深度平均土壤有机碳密度为 78 Mg C/hm^2，其中 30% ～ 81% 集中储存于 0 ～ 30 cm 深的表层土壤。根据本研究的计算，中国土壤总有机碳储量为 69.1 Pg C（1 Pg =10^{15} g）。图 4-2 显示，中国土壤有机碳密度由东南向西北地区呈递减趋势。在中国北方，土壤有机碳密度由干旱地区的 16 ～ 45 Mg C/hm^2 增加到半干旱区域的 99 ～ 113 Mg C/hm^2；在中国东部，土壤有机碳密度由热带地区（78 ～ 105 Mg C/hm^2）向寒温带（127 ～ 232 Mg C/hm^2）递增。整体上，藏东南寒冷湿润区土壤有机碳储量相对较高。

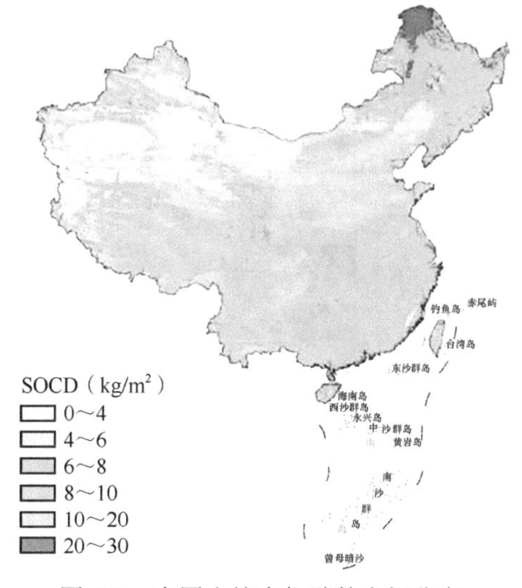

图 4-2　中国土壤有机碳的空间分布

4.1.2 土壤有机碳的垂直分布

整体而言，表层土（0 ～ 20 cm）占土壤总有机碳比例较高。如果按照湿度指数将土壤分为干旱、半干旱（或者半湿润）和湿润 3 个区域，可以发现，表层（0 ～ 20 cm）有机碳占总碳比例中干旱区显著低于半干旱（$P < 0.05$）与湿润区（$P < 0.05$），而后两者间无显著差异（$P > 0.05$）（图 4-3）；不同植被类型下，土壤有机碳具有相似的垂直分布格局，森林、草甸、草原、荒漠和农田的表层土壤有机碳占总有机碳的比例分别为 42%、48%、34%、32% 和 34%（图 4-4）。

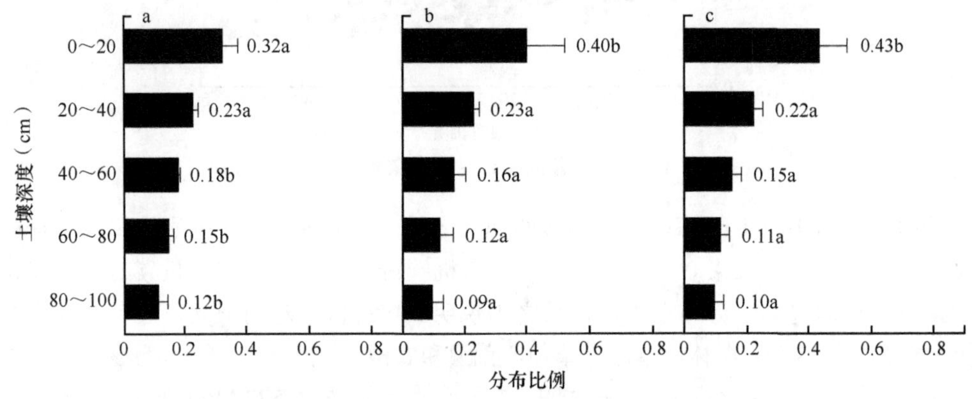

图 4-3　不同湿润区域下土壤有机碳垂直分布

a. 干旱区（$0 < H < 20$）；b. 半干旱 / 半湿润区（$20 < H < 40$）；c. 湿润区（$40 < H < 80$）；柱状图表示本层（20 cm 深度为一层）土壤有机碳含量占所有土层的比例；不同小写字母表示与同层其他区域相比，土壤有机碳含量所占比例有显著差异（Tukey test，$P < 0.05$）

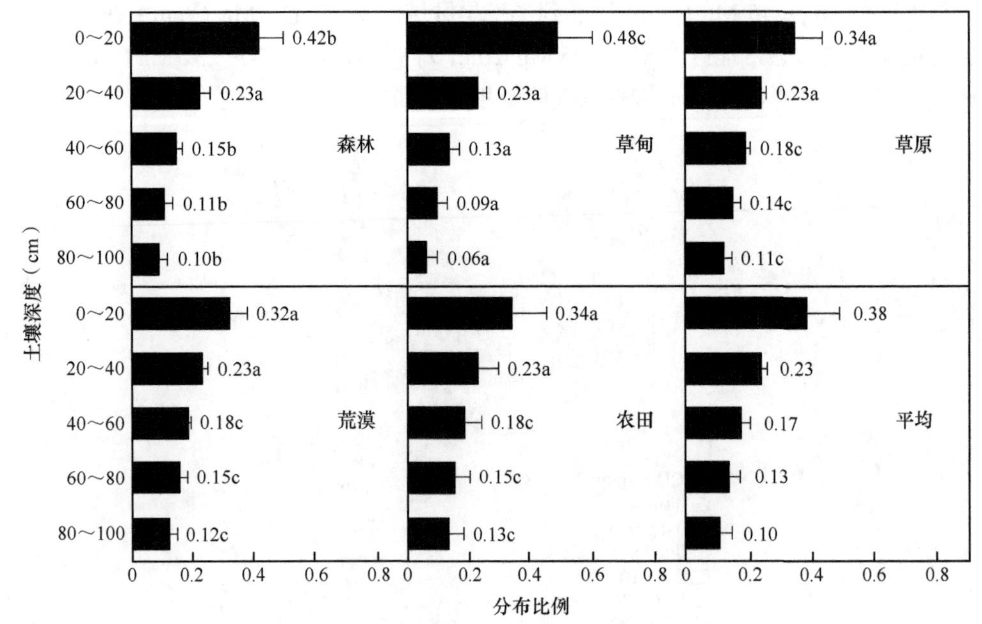

图 4-4　不同生物群区下土壤有机碳的垂直分布

柱状图表示本层（20 cm 深度为一层）土壤有机碳含量占所有土层的比例；不同小写字母表示与同层其他群区相比，土壤有机碳含量所占比例有显著差异（Tukey test，$P < 0.05$）

4.1.3　土壤有机碳与环境因子的关系

用湿度指数、植被类型和土壤质地 3 个指标与土壤有机碳储量建立回归模型，分析环境因子对土壤有机碳的影响。结果显示，3 个环境因子均对土壤有机碳含量有显著影响，3 个因子总共解释了中国土壤有机碳空间变异的 84%，解释了有机碳土壤垂直分布变异的 83.4%（表 4-1）。对于前者来说，气候因子的贡献最大，达 57.5%，对于后者植被类型的贡献最大，达 42.7%。以往研究认为，气候变化可通过影响植物生产力和残体的分解来影响土壤碳的动态（Post et al.，1982；Schimel et al.，1994；Jobbágy and Jackson，2000；Callesen et al.，2003；Wynn et al.，2006），土壤质地的改善则通过改变土壤结构和物理特征来影响土壤有机碳的固持能力（Torn et al.，1997；Buckman et al.，2004；Wynn et al.，2006），而植被生长则可以通过直接增加土壤有机碳的输入来影响土壤有机碳含量（Buckman et al.，2004）。本节中森林的有机碳密度最高（105 Mg C/hm^2），高于草原（66 Mg C/hm^2）和荒漠（26 Mg C/hm^2），这印证了上述观点。

表 4-1　环境因子对土壤有机碳密度和表层土壤有机碳比例（相对 1 m 深）变异的解释

因子	自由度	均方	解释率（%）
土壤有机碳密度			
土壤湿度	1	341.5**	57.5
生物群系	3	41.0**	20.7
黏粒含量	1	25.6*	4.3
沙粒含量	1	8.6	1.5
残差	17	5.6	16.0
0 ～ 20 cm 土层			
湿度指数	1	0.040**	36.2
生物群系	3	0.016**	42.7
黏粒含量	1	0.004	3.4
沙粒含量	1	0.001	1.1
残差	1	0.001	16.6

** 表示 $P < 0.01$，* 表示 $P < 0.05$

4.2　中国森林土壤碳密度及其变化

从气候变化的角度看，评估土壤碳库的变化对于认识生态系统对环境改变的响应十分重要（Bonan，2008；Fang et al.，2014）。近年来的研究发现，气候变暖一方面会通过促进森林植被的生长来促进生态系统的碳吸收；另一方面也可能通过加速有机质的分解而增加生态系统的碳释放（McKinley et al.，2011；Pan et al.，2011；Fang et al.，2014）。在全球变暖的背景下，人们对土壤碳库如何响应这一变化仍然不清楚。虽然一些研究发现土壤是一个显著的碳汇，但存在极大的不确定性（Fang et al.，2001，2014；Pan et al.，

2011）。例如，在全球水平上，土壤碳汇对全球森林生态系统碳汇的贡献约为 10%（Pan et al.，2011），而在欧洲森林这一值则超过 30%（Luyssaert et al.，2010）。这些不确定性限制我们对于生态系统碳循环对气候变暖反馈的理解（Luyssaert et al.，2010；Pan et al.，2011）。

本节内容采用 Yang 等（2014）的研究结果。他们以土壤普查数据和已发表文献数据为基础，利用人工神经网络（artificial neural network，ANN）模拟的方法，预测了 20 世纪 80 年代和 21 世纪头十年两个时期中国森林土壤碳密度，并分析森林土壤碳密度的变化及其与环境的关系。他们主要采用了如下数据：①文献搜集数据，21 世纪头十年的土壤碳库数据由相关文献收集而来，文献搜索平台为中国知网（CNKI，http://www.cnki.net/）和科学引文索引数据集（Web of Science，http://apps.webofknowledge.com）。搜索英文“关键词”包括“SOC”和“forest ecosystem”。搜索到的文献按照以下主题筛选：“SOC concentration/content in the surface soil layer”。所有文献必须发表于 2000 年以后，并且土壤有机碳含量是按照国标方法进行测量的（重铬酸钾氧化法）；对于控制实验，仅选择那些不做处理的“对照样地”的数据；综上，本研究共从 272 文献中获取 252 个文献数据点。②土壤普查数据，20 世纪 80 年代的土壤有机碳密度的原始数据从同时期全国土壤普查办公室发布的 249 个森林土壤剖面数据中提取（全国土壤普查办公室，1993，1994a，1994b，1995a，1995b，1996）（图 4-5）。鉴于表层土对环境变化最为敏感（Bellamy et al.，2005；Schipper et al.，2007），他们只进行表层土（0 ～ 10 cm）的数据分析。③环境因子数据，在模型预测和后期比较中都需要获取 20 世纪 80 年代（土壤普查）和 21 世纪头十年（文献收集）两个时期采样点的环境信息指标，包括地理位置、海拔、年均温（MAT）、年均降水（MAP）、均一化植被指数（NDVI）。这些指标或从土壤普查数据获取，或者从文献获取，或者从其他单独数据源计算提取而来。其中森林类

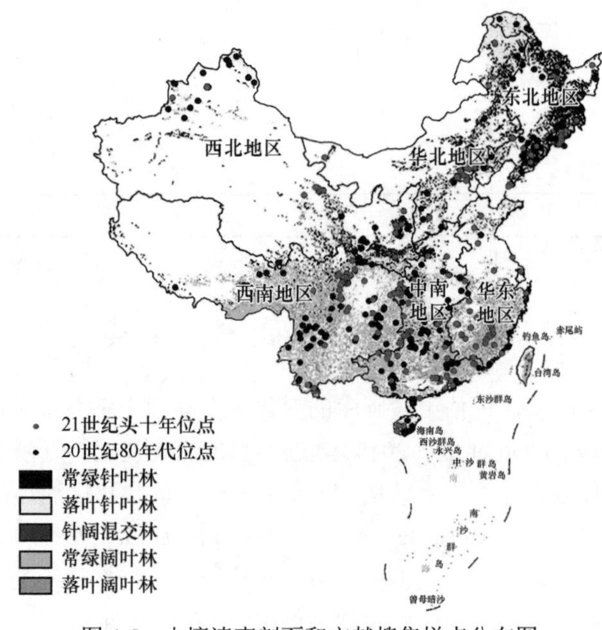

图 4-5 土壤清查剖面和文献搜集样点分布图

型以中国植被图中的森林植被覆盖范围为研究区域，所有森林分为 5 种类型：常绿阔叶林、落叶阔叶林、针阔混交林、常绿针叶林以及落叶针叶林。

4.2.1　土壤有机碳密度的预测方法

本节共获得实测土壤有机碳密度数据 501 个，其中 21 世纪头十年土壤数据来自文献收集，共计 252 个位点，20 世纪 80 年代土壤数据来自土壤普查，共计 249 个地点。本节将预测这 501 个点在不同时期的土壤有机碳密度，研究方法为人工神经网络。为了提高人工神经网络的可信度，采用交叉预测的方法，即用 20 世纪 80 年代的 249 个点数据（土壤和气候因子）建立神经网络（ANN1），预测所有 501 个点在 21 世纪头十年的值，用 21 世纪头十年的实测值建立另一个神经网络（ANN2），预测 20 世纪 80 年代所有点的土壤有机碳密度。

简单来说，ANN 的结构包括 3 个部分：输入层、暗箱层和输出层。输入层包括实测土壤数据和环境因子，暗箱层可理解为复杂计算层（图 4-6），输出层为预测值。输入层的点数据被分为三部分：训练数据（总数据的 70%，决定神经网络的数据权重）、测试数据（15%，防止过度训练）和检验数据（15%，评价神经网络的表现）（Papale and Valentini，2003）。模拟完成后，检验这三部分数据的实测值和预测值的相关性（Pearson 相关系数）以及均方根误差（root mean square error，RMSE）来判断模型总体的预测效果。也就是说，用 20 世纪 80 年代的实测值检验 ANN2 的预测效果，用 21 世纪头十年的实

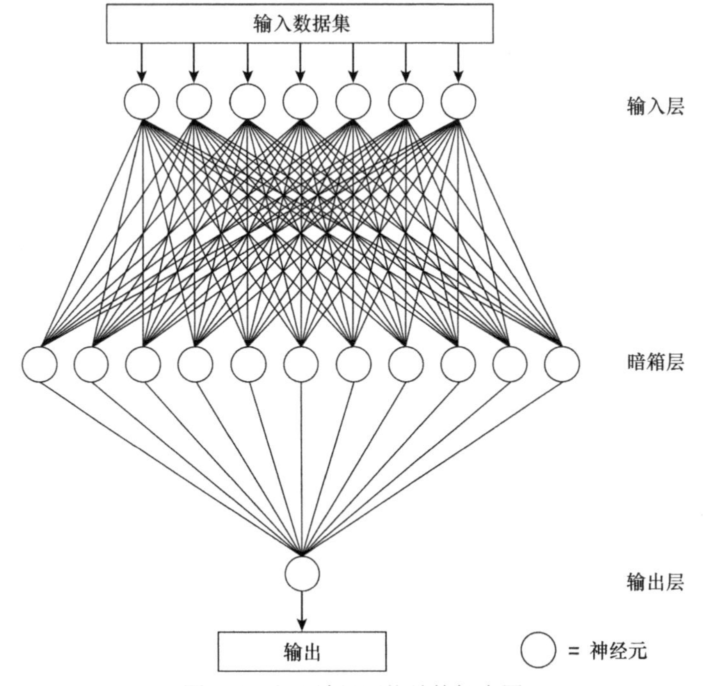

图 4-6　人工神经网络结构概念图

输入层中的环境信息指标共有 7 个，分别是经度、纬度、海拔、年均温、年均降水、均一化植被指数以及植被类型，输出层为土壤有机碳密度，暗箱和输出层中的每一个神经元都接收到了上一层多个神经元的权重信号

测数值检验 ANN1 的预测效果。人工神经网络执行了 5000 次的训练和预测程序，最后采用平均预测结果。

4.2.2 基于人工神经网络的预测

对两期土壤有机碳密度的实测数据分别与模型预测的值进行统计分析，结果显示，实测值和预测值之间呈现较好的线性正相关性（$P < 0.05$）。20 世纪 80 年代实测值中训练数据、测试数据和检验数据与预测值的相关系数分别为 0.84、0.78 和 0.77，其实测值与预测值的均方根误差（RMSE）分别为 9.1 Mg C/hm^2、12.9 Mg C/hm^2 和 11.4 Mg C/hm^2；21 世纪头十年实测值与预测值的相关性更高，三类数据的相关系数分别为 0.88、0.71 和 0.78，预测值随着实测值呈现线性增加，且均分布在 1 ∶ 1 线附近，三类数据的 RMSE 分别为 7.6 Mg C/hm^2、12.5 Mg C/hm^2 和 10.4 Mg C/hm^2（表 4-2，图 4-7）。这些结果都显示，ANN1 和 ANN2 在预测中国两期土壤有机碳密度时均具有较好的预测效果。

表 4-2 人工神经网络预测表现的统计指标

参数	20 世纪 80 年代			21 世纪头十年		
	训练数据	测试数据	检验数据	训练数据	测试数据	检验数据
样本量（个）	175	37	37	176	38	38
Pearson 相关系数	0.84	0.78	0.77	0.88	0.71	0.78
均方根误差（Mg C/hm^2）	9.1	12.9	11.4	7.6	12.5	10.4

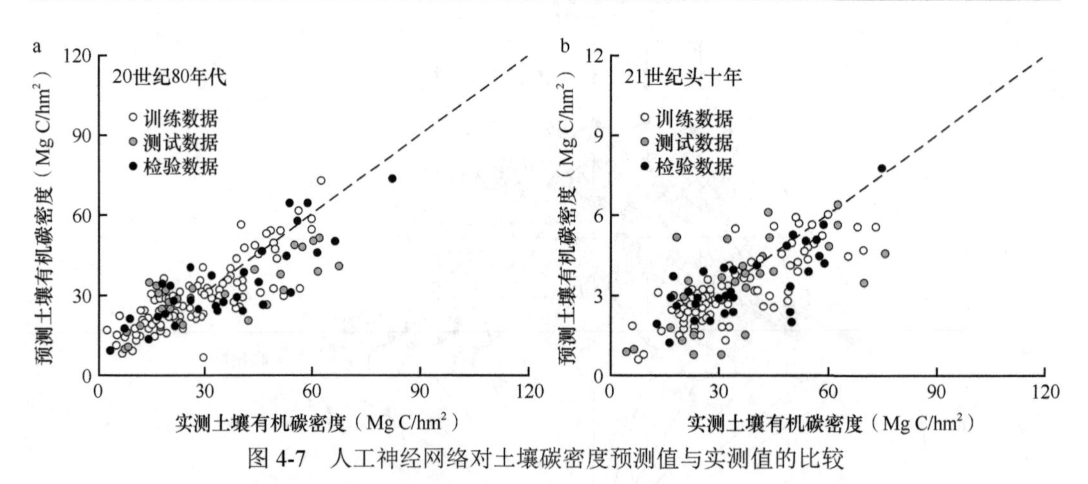

图 4-7 人工神经网络对土壤碳密度预测值与实测值的比较

4.2.3 全国森林有机碳密度的时空变化

研究发现，不同站点森林土壤有机碳密度呈现较大变化，为 –50.9 ～ 49.9 Mg C/hm^2，在过去 20 年有机碳密度平均增加 4.4 Mg C/hm^2。以两个时期的中间年份估算（1984 ～ 2006 年），过去近 20 年，中国森林土壤有机碳密度的平均增长速率为 0.2 Mg C/(hm^2 · a)。

在全国 6 个大区上，森林土壤有机碳密度的变化差异较大。在西北与华北地区，土壤有机碳密度在过去 20 年间保持稳定。在其他 4 个地区（东北、西南、中南和华东地区）

土壤有机碳密度均显著上升，这些地区也是我国森林的主要分布区。其中，华东地区的土壤有机碳密度增幅最大（7.6 Mg C/hm^2），增长速率达到 0.35 Mg C/(hm^2 · a)。在 5 个主要森林类型的分布区上，土壤有机碳密度均显著提高，但不同森林类型间的差异很大：落叶针叶林增幅最大（6.9 Mg C/hm^2），增速达到 0.31 Mg C/(hm^2 · a)，而针阔混交林增幅最小（1.5 Mg C/hm^2），增速仅为 0.07 Mg C/(hm^2 · a)（图 4-8）。

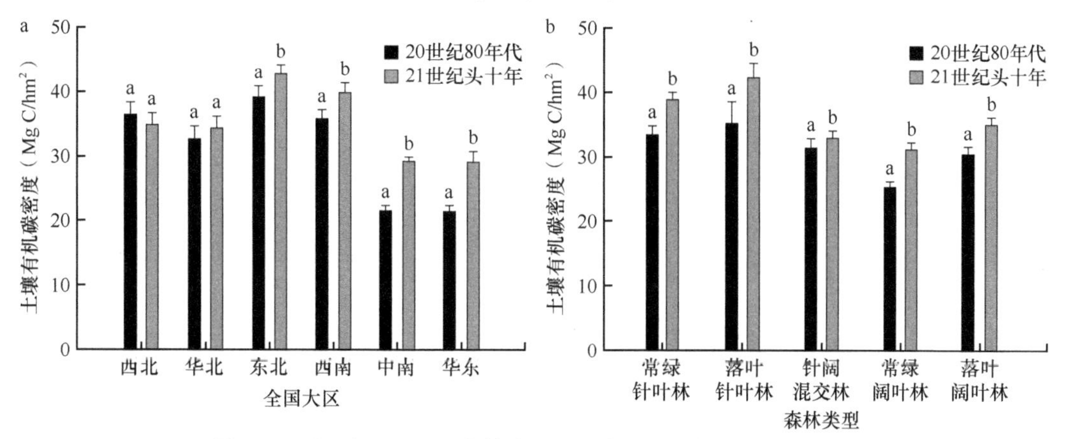

图 4-8　不同大区（a）和森林类型（b）内土壤有机碳密度的分布

不同字母表示大区和森林类型间土壤有机碳密度的差异显著性

中国森林在过去近 20 年土壤碳汇呈现增加趋势，其原因主要包含以下两点。首先，森林土壤碳密度的增加来源于林分发育过程中土壤有机碳的自然增长。全球土壤数据分析结果显示，在 97 个研究中，近 1/5 的结果表现为土壤碳密度的正增长（Yang et al.，2011）。在中国南方老龄林的研究中也发现，近 20 多年来，老龄林的土壤碳储量显著增加（Zhou et al.，2006）。全球水平的分析显示，老龄林的平均碳汇速率约为 1.3 Pg C/a（Luyssaert et al.，2008）。其次，土壤碳密度的增长可能是由于研究区内的环境变化。中国陆地生态系统正经历着 CO_2 浓度升高（Tian et al.，2011）和氮沉降增加（Liu et al.，2013）等环境变化。结合气候变暖的背景，这些环境因素都有可能促进植被的碳吸收（Tian et al.，2011）。另外，基于森林资源清查数据的研究发现，中国森林在过去几十年扮演了显著碳汇的角色［0.39 Mg C/(hm^2 · a)］（Fang et al.，2001；Pan et al.，2011），生物量的积累会增加凋落物的产量，从而增加土壤碳储量。森林土壤碳吸收占整个森林碳汇的 33.9%，这一结果与欧洲较为接近（～ 30%）（Luyssaert et al.，2010），但明显高于全球平均水平（～ 10%，Pan et al.，2011）。

4.2.4　环境对土壤有机碳密度变化的影响

如图 4-9 所示，针叶林和针阔混交林的土壤碳密度随着年均温（MAT）的升高而升高，R^2 分别为 0.11（$P < 0.05$）和 0.19（$P < 0.05$）；随着年均降水（MAP）的增加而增加，R^2 分别为 0.07（$P < 0.05$）和 0.07（$P < 0.05$）；在针叶林和针阔混交林中，土壤质地显著影响土壤有机碳（$P < 0.05$）；随着黏粒含量的增加，土壤有机碳密度呈现显著升高趋势（图 4-10）。与以上两种森林不同，对于阔叶林来说，其土壤碳密度与环境因子未呈现任何显著相关性。

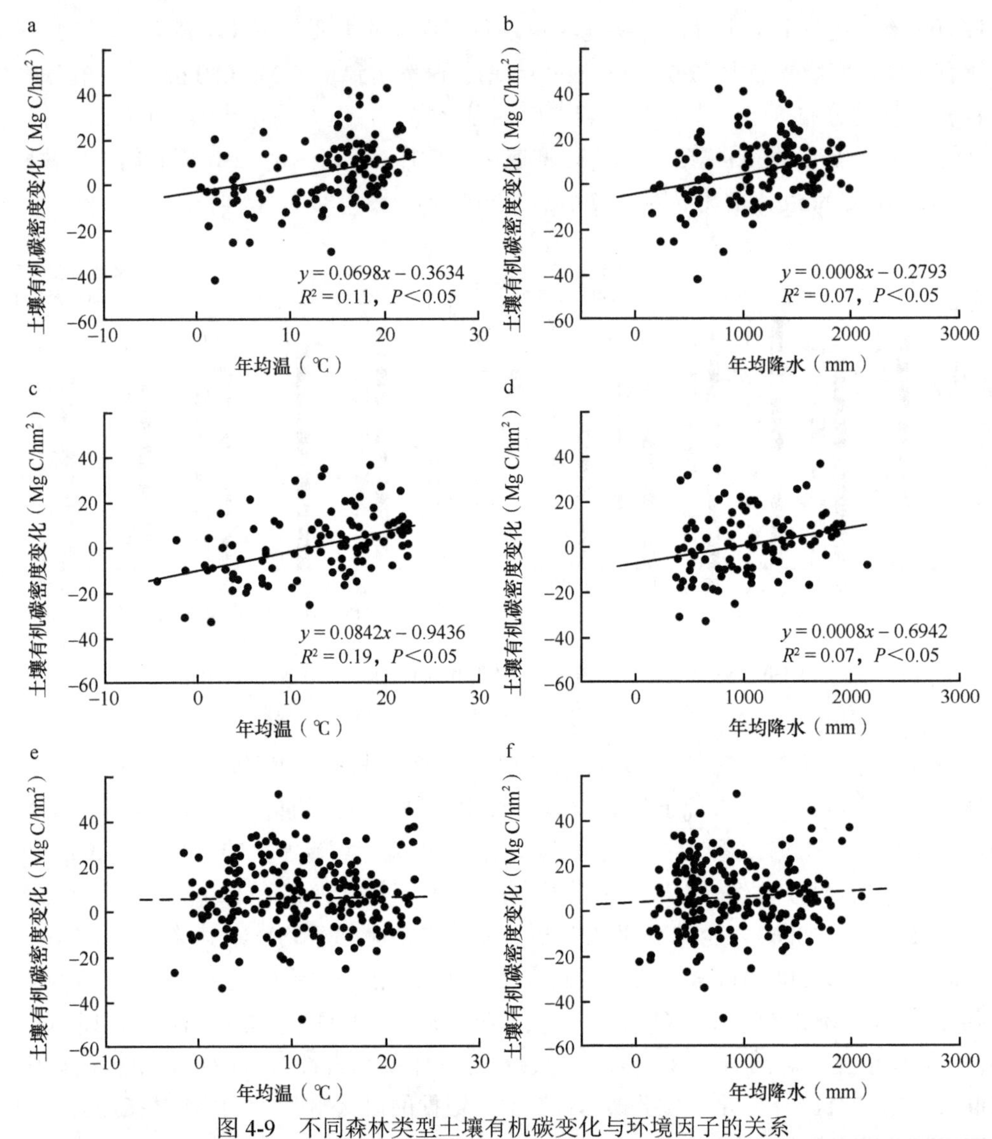

图 4-9 不同森林类型土壤有机碳变化与环境因子的关系

a 和 b 代表针叶林，c 和 d 代表针阔混交林，e 和 f 代表阔叶林，黑色实线为回归线，虚线表示无显著相关性

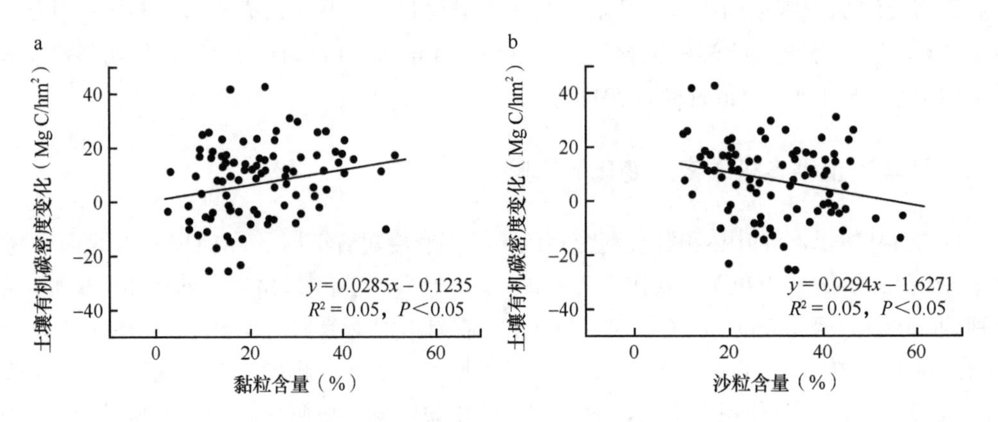

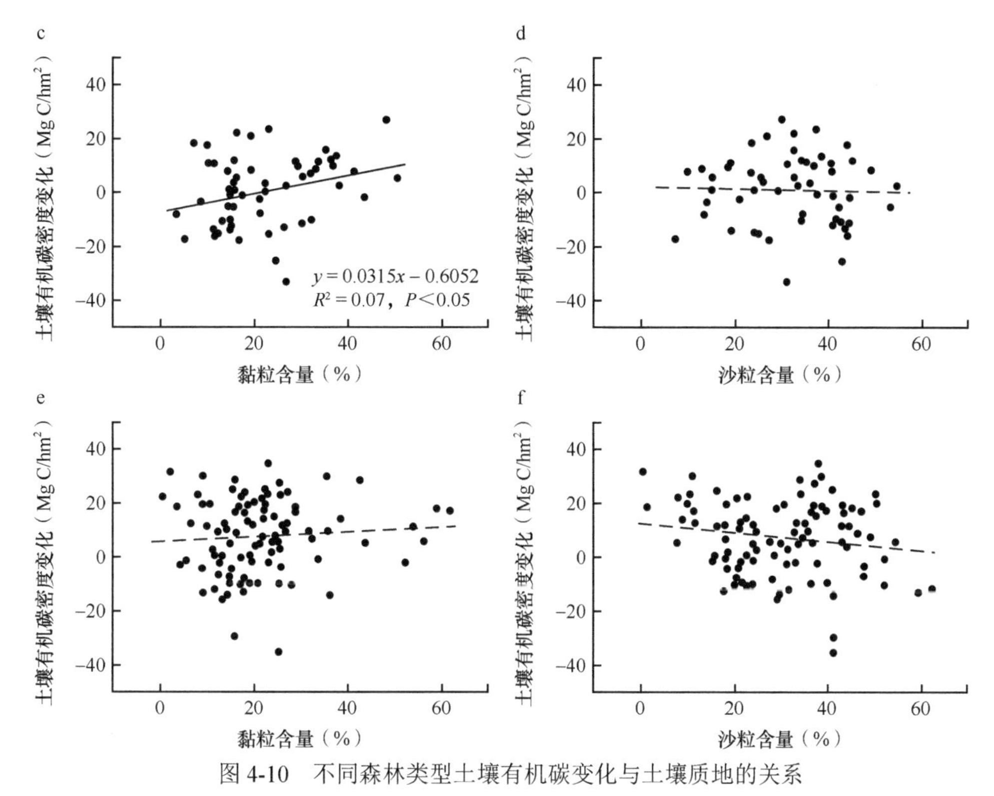

图 4-10　不同森林类型土壤有机碳变化与土壤质地的关系

a 和 b 代表针叶林，c 和 d 代表针阔混交林，e 和 f 代表阔叶林，黑色实线为回归线，虚线表示无显著相关性

针叶林和针阔混交林土壤碳库受到气候的影响，可能是气候因子和预测值存在自相关。为验证是这种交互效应导致的相关性，重新建立的输入变量中去除 MAT 和 MAP。结果显示，这两种森林类型的重新预测值与以上两个环境因子仍然呈显著正相关（$P < 0.05$），说明这一正相关并不是由 ANN 模型构建导致的。从生态学的观点来说，温度和降水的增加可以通过促进植被生长来增加土壤的碳积累（Jobbágy and Jackson，2000；Schuur，2003；Beer et al.，2010）。来自通量测量手段的证据也显示，中国森林的总生态系统生产力和净生态系统生产力与 MAT 和 MAP 均呈现显著正相关（Yu et al.，2013）。而对于阔叶林来说，土壤碳密度的变化与 MAT 和 MAP 并无显著相关关系，这可能是气候的改变同样促进了土壤有机质的分解，进而促进了 CO_2 的释放。由于阔叶树种凋落物较针叶树种更易分解（Zhang et al.，2008），因此，同样气候变化条件下，阔叶林土壤碳的积累可能更易被分解作用抵消，使得土壤碳密度变化的观测值随气候因子梯度变化不显著。

土壤质地对土壤有机质含量有显著的影响。研究表明，随着土壤发育过程的进行和土壤质地的改善，土壤有机质的含量呈现升高的趋势（Torn et al.，1997）；对青藏高原草地土壤样带的研究发现，土壤有机碳密度随着土壤黏粒含量的升高而增加（Yang et al.，2008）。以上因素都说明土壤质地对土壤有机碳密度及其变化有调控作用。该研究发现，随着土壤黏粒含量的增加，针叶林和针阔混交林的土壤有机碳密度增加。其原因可能有两个。首先黏粒含量的增加有利于减少碳的淋溶，降低微生物的降解作用，从而使土壤碳尽可能固持在土壤中（Oades，1988；Torn et al.，1997）。其次，黏粒含量通过影响土壤水肥可利用性，间接影响植被生长，进而改变森林向地下碳的输入（Oades，1988；Schimel et al.，1994；Yang et al.，2008）。

4.3 不同森林类型土壤有机碳密度及其变化

估算森林土壤碳库及其变化是研究森林生态系统碳循环不可或缺的工作。但由于土壤异质性高，且土地利用变化过程的介入，土壤碳库发生较为复杂的变化，因此，土壤碳库的估算具有很大的不确定性。本节采用我国第二次土壤普查的典型剖面数据，其中森林土壤典型剖面共 259 个。基于典型剖面数据中的有机质含量、土壤容重、砾石含量等信息，Yang 等（2007）分别计算了每个剖面的 0 ～ 30 cm、0 ～ 50 cm 和 0 ～ 100 cm 深度的土壤碳密度。将土壤剖面按照其植被覆盖进行类型划分，计算各森林类型的平均土壤碳密度（表 4-3，图 4-11）。再依据森林资源清查资料的各森林类型的面积数据，计算各森林类型的土壤碳库，进而说明我国森林土壤有机碳库在 1977 ～ 2003 年的大小及变化情况。

表 4-3　各森林资源清查时期森林土壤碳库

调查期	面积（10^4 hm^2）	0 ～ 30 cm 土壤碳库（Pg C）	0 ～ 50 cm 土壤碳库（Pg C）	0 ～ 100 cm 土壤碳库（Pg C）
		全国		
1977 ～ 1981 年	12 272.1	8.62	11.77	15.82
1984 ～ 1988 年	13 085.5	9.30	12.68	16.95
1989 ～ 1993 年	13 881.9	9.90	13.48	17.97
1994 ～ 1998 年	13 240.6	9.38	12.78	17.04
1999 ～ 2003 年	14 278.7	9.95	13.53	18.09
1977 ～ 2003 年净变化	2 006.6	1.33	1.76	2.27
		落叶针叶林		
1977 ～ 1981 年	2 159.9	2.03	2.86	3.82
1984 ～ 1988 年	2 181.1	2.05	2.89	3.85
1989 ～ 1993 年	2 334.0	2.19	3.09	4.12
1994 ～ 1998	2 131.4	2.00	2.82	3.77
1999 ～ 2003 年	1 826.2	1.71	2.42	3.23
1977 ～ 2003 年净变化	–333.7	–0.32	–0.44	–0.59
		常绿针叶林		
1977 ～ 1981 年	831.9	0.56	0.77	1.03
1984 ～ 1988 年	1 048.3	0.70	0.97	1.30
1989 ～ 1993 年	1 106.7	0.74	1.03	1.37
1994 ～ 1998 年	1 025.2	0.69	0.95	1.27
1999 ～ 2003 年	1 144.0	0.77	1.06	1.42
1977 ～ 2003 年净变化	312.1	0.21	0.29	0.39

续表

调查期	面积（10^4 hm^2）	0 ～ 30 cm 土壤碳库（Pg C）	0 ～ 50 cm 土壤碳库（Pg C）	0 ～ 100 cm 土壤碳库（Pg C）
		落叶阔叶林		
1977 ～ 1981 年	2 409.1	1.78	2.37	3.07
1984 ～ 1988 年	3 768.4	2.78	3.71	4.81
1989 ～ 1993 年	4 101.6	3.03	4.04	5.23
1994 ～ 1998 年	3 693.5	2.72	3.63	4.71
1999 ～ 2003 年	3 824.2	2.82	3.76	4.88
1977 ～ 2003 年净变化	1 415.1	1.04	1.39	1.81
		针阔混交林		
1977 ～ 1981 年	3 674.8	2.30	3.09	4.10
1984 ～ 1988 年	3 438.3	2.15	2.89	3.84
1989 ～ 1993 年	4 132.2	2.58	3.48	4.61
1994 ～ 1998 年	4 239.4	2.65	3.57	4.73
1999 ～ 2003 年	4 528.4	2.83	3.81	5.06
1977 ～ 2003 年净变化	853.6	0.53	0.72	0.96
		常绿阔叶林		
1977 ～ 1981 年	3 196.4	1.96	2.67	3.80
1984 ～ 1988 年	2 649.3	1.62	2.21	3.15
1989 ～ 1993 年	2 207.4	1.35	1.85	2.62
1994 ～ 1998 年	2 151.0	1.32	1.80	2.56
1999 ～ 2003 年	2 955.9	1.81	2.47	3.51
1977 ～ 2003 年净变化	–240.5	–0.15	–0.20	–0.29

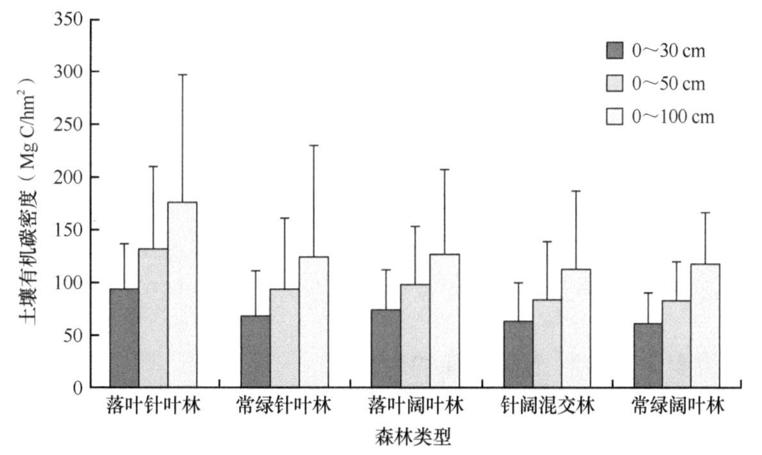

图 4-11　我国各森林类型的土壤有机碳密度（误差线表示标准差）

4.3.1 不同森林类型土壤有机碳密度

总体上，森林土壤碳密度随纬度的增加而增加。例如，0 ～ 30 cm 深的土壤碳密度，落叶针叶林最高（93.9 Mg C/hm^2），常绿阔叶林最低（61.3 Mg C/hm^2），其他森林类型介于中间（62.5 ～ 73.8 Mg C/hm^2）。所有森林类型 0 ～ 30 cm 的土壤碳均占 1 m 深土壤总碳的一半以上，比例为 52% ～ 58%，而 0 ～ 50 cm 深的土壤碳均占 1 m 深土壤总碳的 70% ～ 75%（图 4-11）。

4.3.2 不同时期地带性森林土壤碳库

依据各森林类型的平均土壤碳密度和森林面积求得各调查期森林土壤碳库（表 4-3，图 4-12）。由于森林面积的增加，由此得到的森林土壤碳库也随之增大，0 ～ 100 cm 森林土壤碳库由 1977 ～ 1981 年的 15.82 Pg C 增加到 1999 ～ 2003 年的 18.09 Pg C，净增加 2.27 Pg C。

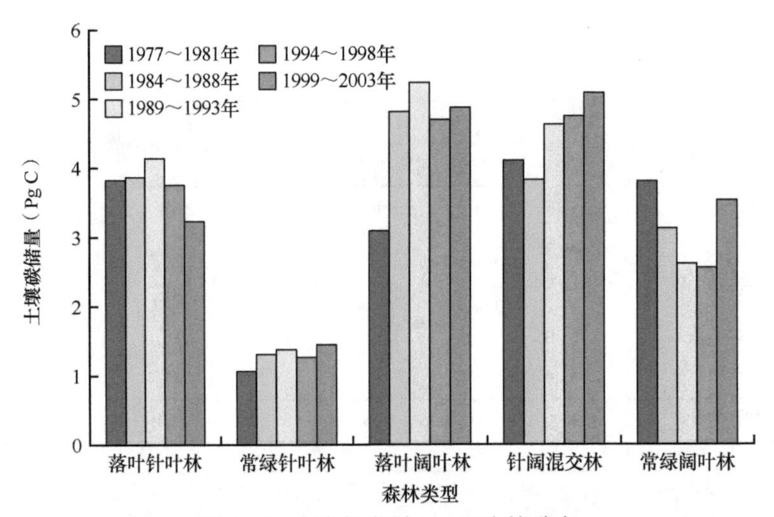

图 4-12 各森林类型 1 m 深土壤碳库

在最后一期全国森林土壤碳库中，以 1 m 深土壤为例，最大的是落叶阔叶林（4.88 Pg C）和针阔混交林（5.06 Pg C），其次是落叶针叶林（3.23 Pg C）和常绿阔叶林（3.51 Pg C），最小的是常绿针叶林（1.42 Pg C）。1977 ～ 2003 年土壤碳库增加量最大的是落叶阔叶林 1.81 Pg C，其次是针阔混交林 0.96 Pg C，再次是常绿针叶林 0.39 Pg C，而常绿阔叶林和落叶针叶林土壤碳库均减小，减小量分别为 0.29 Pg C 和 0.59 Pg C。

4.3.3 土地利用变化对森林土壤碳库的影响

上述森林的土壤碳库是通过平均土壤碳密度和森林面积估算得到的，因此得到的土壤碳库变化与森林面积的变化成比例。然而，森林面积的增加实际是由其他土地利用类型转变为森林来实现的，在土地利用变化过程中，土壤碳库的变化与土地利用变化前后的土地利用类型有关，准确的估算需要采用土地利用变化之后的土壤碳库减去土地利用变化之前的土壤碳库。所以，前述估算的森林土壤碳库偏大。

本节采用式（4-5）粗略估算土地利用变化前后森林土壤碳库的变化。

$$SOC_{j+1} = SOC_j + (A_{j+1} - A_j) \times SOCD \times \theta \tag{4-5}$$

式中，SOC_j 和 SOC_{j+1} 表示前后两个时期森林土壤总碳库；A_j 和 A_{j+1} 表示前后两个时期森林面积；SOCD 表示森林土壤平均碳密度；θ 代表土地利用变化中森林土壤碳密度恢复系数。

以 1977 ～ 1981 年清查期全国森林土壤碳库和平均碳密度作为初始值，假设森林土壤碳密度不变，根据刘纪远等（2004）归纳的耕地与草地转化为林地的土壤恢复系数，较为保守地设定 θ 为 0.8。但当森林面积减少时，直接从原有森林土壤碳库减去这部分森林的土壤碳库。依据上述方法，重新估算的各时期森林土壤碳库见表 4-4。在 1977 ～ 2003 年，森林土壤碳库由 15.82 Pg C 增加到 17.73 Pg C，净增加量为 1.91 Pg C。净增加量比未考虑土地利用变化时的结果（2.27 Pg C）低 16%，1999 ～ 2003 年清查期森林土壤碳库比未考虑土地利用变化时的结果（18.09 Pg C）低 2%。考虑土地利用变化的估算结果相对而言更加合理，但由于土地利用情况复杂，只简单地采用恢复系数 0.8，可能也会使估算结果存在很大的不确定性。

表 4-4　基于土地利用变化的森林土壤碳库估算结果

时期	面积（10^4 hm^2）	面积净增加（10^4 hm^2）	0 ～ 30 cm 土壤碳库（Pg C）	0 ～ 50 cm 土壤碳库（Pg C）	0 ～ 100 cm 土壤碳库（Pg C）
1977 ～ 1981 年	12 272.1		8.62	11.77	15.82
1984 ～ 1988 年	13 085.5	813.4	9.08	12.39	16.66
1989 ～ 1993 年	13 881.9	796.4	9.52	13.00	17.48
1994 ～ 1998 年	13 240.6	−641.3	9.07	12.39	16.66
1999 ～ 2003 年	14 278.7	1 038.1	9.66	13.18	17.73
1977 ～ 2003 年净变化	2 006.6		1.04	1.41	1.91

4.4　小　　结

在气候变暖的背景下，研究土壤有机碳储量及其变化有助于增加人们对森林土壤碳动态及其气候反馈的认识。首先，利用土壤普查和野外土壤剖面数据，建立了土壤有机碳密度和土壤深度的关系，估算了我国土壤有机碳密度的空间分布格局。研究发现我国土壤有机碳密度在不同土壤类型中为 16 ～ 572 Mg C/hm^2，1 m 深度平均土壤有机碳密度为 78 Mg C/hm^2，其中 30% ～ 81% 集中储存于 0 ～ 30 cm 深的表层土壤。中国土壤有机碳储量为 69.1 Pg C，中国土壤有机碳由东南向西北地区呈递减趋势。

环境条件对中国土壤有机碳的空间分布有显著影响。用湿度指数、植被类型和土壤质地与土壤有机碳密度建立回归模型，3 个因子对土壤有机碳密度有显著影响，总共解释了中国土壤有机碳空间变异的 84%，其中气候因子的贡献最大（57.5%）。

基于不同来源的实测土壤有机碳数据以及环境指标，使用人工神经网络模型模拟中国森林土壤有机碳密度在 20 世纪 80 年代和 21 世纪头十年两个时期的变化。结果表明，中国森林土壤有机碳密度为 –50.9 ～ 49.9 Mg C/hm^2，在过去 20 年间森林土壤有机碳密度平均增加 4.4 Mg C/hm^2，土壤有机碳密度平均增长速率为 0.2 Mg C/(hm^2 · a)，森林土壤表现为显著的碳汇。

参考文献

郭兆迪 . 2011, 中国森林生物量碳库及生态系统碳收支的研究 . 北京 : 北京大学博士学位论文 .

刘纪远 , 王绍强 , 陈镜明 , 刘明亮 , 庄大方 . 2004. 1990 ～ 2000 年中国土壤碳氮蓄积量与土地利用变化 . 地理学报 , 59: 483-496.

潘根兴 . 1999. 中国土壤有机碳和无机碳库量研究 . 科技通报 , 15: 330-332.

全国土壤普查办公室 . 1993. 中国土种志 第一卷 . 北京 : 中国农业出版社 .

全国土壤普查办公室 . 1994a. 中国土种志 第二卷 . 北京 : 中国农业出版社 .

全国土壤普查办公室 . 1994b. 中国土种志 第三卷 . 北京 : 中国农业出版社 .

全国土壤普查办公室 . 1995a. 中国土种志 第四卷 . 北京 : 中国农业出版社 .

全国土壤普查办公室 . 1995b. 中国土种志 第五卷 . 北京 : 中国农业出版社 .

全国土壤普查办公室 . 1996. 中国土种志 第六卷 . 北京 : 中国农业出版社 .

全国土壤普查办公室 . 1998. 中国土壤 . 北京 : 中国农业出版社 .

王绍强 , 周成虎 . 1999. 中国陆地土壤有机碳库的估算 . 地理研究 , 18: 349-356.

王绍强 , 周成虎 , 李克让 , 朱松丽 , 黄方红 . 2000. 中国土壤有机碳库及空间分布特征分析 . 地理学报 , 55: 533-544.

于东升 , 史学正 , 孙维侠 , 王洪杰 , 刘庆花 , 赵永存 . 2005. 基于 1 ∶ 100 万土壤数据库的中国土壤有机碳密度及储量研究 . 应用生态学报 , 16: 2279-2283.

中国科学院南京土壤研究所 . 1998. 中国 1 ∶ 400 万土壤图 (首次方案). 北京 : 科学出版社 .

Batjes NH. 1996. Total carbon and nitrogen in the soils of the world. European Journal of Soil Science, 47: 151-163.

Beer C, Reichstein M, Tomelleri E, Ciais P, Jung M, Carvalhais N, Rödenbeck C, Arain MA, Baldocchi D, Bonan GB, Bondeau A, Cescatti A, Lasslop G, Lindroth A, Lomas M, Luyssaert S, Margolis H, Oleson KW, Roupsard O, Veenendaal E, Viovy N, Williams C, Woodward FI, Papale D. 2010. Terrestrial gross carbon dioxide uptake: global distribution and covariation with climate. Science, 329: 834-838.

Bellamy PH, Loveland PJ, Bradley RI, Lark RM, Kirk GJD. 2005. Carbon losses from all soils across England and Wales 1978-2003. Nature, 437: 245-248.

Bonan GB. 2008. Forests and climate change: Forcings, feedbacks, and the climate benefits of forests. Science, 320: 1444-1449.

Buckman HO, Brady NC, Weil RR. 2004. Nature and Properties of Soil. New York: Prentice-Hall Press.

Callesen I, Liski J, Raulund-rasmussen K, Olsson MT, Tan-Strand L, Vesterdal L, Westman CJ. 2003. Soil carbon stores in Nordic well-drained forest soils relationships with climate and texture class. Global Change Biology, 9: 358-370.

Fang J, Chen A, Peng C, Zhao S, Ci L. 2001. Changes in forest biomass carbon storage in China between 1949 and 1998. Science, 292: 2320-2322.

Fang J, Guo Z, Hu H, Kato T, Muraoka H, Son Y. 2014. Forest biomass carbon sinks in east Asia, with special reference to the relative contributions of forest expansion and forest growth. Global Change Biology, 20: 2019-2030.

Fang J, Liu G, Xu S. 1996. Soil carbon pool in China and its global significance. Journal of Environmental

Sciences, 8: 249-254.

Fang J, Shen Z, Tang Z, Wang X, Wang Z, Feng J, Liu Y, Qiao X, Wu X, Zheng C. 2012. Forest community survey and the structural characteristics of forests in China. Ecography, 35: 1059-1071.

Hayes DJ, Turner DP, Stinson G, McGuire D, Wei Y, West TO, Heath LS, Jong BD, McConkey BG, Birdsey RA, Kurz WA, Jacobson AR, Huntzinger DN, Pan Y, Post WM, Cook RB. 2012. Reconciling estimates of the contemporary North American carbon balance among terrestrial biosphere models, atmospheric inversions, and a new approach for estimating net ecosystem exchange from inventory-based data. Global Change Biology, 18: 1282-1299.

Jobbágy EG, Jackson RB. 2000. The vertical distribution of soil organic carbon and its relation to climate and vegetation. Ecological Applications, 10: 423-436.

Johnston CA, Groffman P, Breshears DD, Cardon ZG, Currie W, Emanuel W, Gaudinski J, Jackson RB, Lajtha K, Nadelhoffer K. 2004. Carbon cycling in soil. Frontiers in Ecology and the Environment, 2: 522-528.

Liu Q, Shi X, Weindorf DC, Yu D, Zhao Y, Sun W, Wang H. 2006. Soil organic carbon storage of paddy soils in China using the 1 ∶ 1 000 000 soil database and their implications for C sequestration. Global Biogeochemical Cycles, 20: GB3024.

Liu XJ, Zhang Y, Han WX, et al. 2013. Enhanced nitrogen deposition over China. Nature, 494: 459-462.

Luyssaert S, Ciais P, Piao S, Schulze ED, Jung M, Zaehle S, Schelhaas MJ, Reichstein M, Churkina G, Papale D. 2010. The European carbon balance. Part 3: forests. Global Change Biology, 16: 1429-1450.

Luyssaert S, Schulze ED, Börner A, Knohl A, Hessenmöller D, Law BE, Ciais P, Grace J. 2008. Old-growth forests as global carbon sinks. Nature, 455: 213-215.

McKinley DC, Ryan MG, Birdsey RA, Giardina CP, Harmon ME, Heath LS, Houghton RA, Jackson RB, Morrison JF, Murray BC, Pataki DE, Skog KE. 2011. A synthesis of current knowledge on forests and carbon storage in the United States. Ecological Applications, 21: 1902-1924.

Nelson DW, Sommers LE. 1983. Total carbon, organic carbon, and organic matter. *In*: Page AL. Methods of soil analysis, Part Z: Ⅱ. Chemical and Microbidogical Properties. Second Edition. American Society of Agronomy, Inc. Madison.

Oades JM. 1988. The retention of organic matter in soils. Biogeochemistry, 5: 35-70.

Pan Y, Birdsey RA, Fang J, Houghton R, Kauppi PE, Kurz WA, Phillips OL, Shvidenko A, Lewis SL, Canadell JG, Ciais P, Jackson RB, Pacala SW, McGuire AD, Piao S, Rautiainen A, Sitch S, Hayes D. 2011. A large and persistent carbon sink in the world's forests. Science, 333: 988-993.

Papale D, Valentini R. 2003. A new assessment of European forests carbon exchanges by eddy fluxes and artificial neural network spatialization. Global Change Biology, 9: 525-535.

Piao S, Fang J, Ciais P, Peylin P, Huang Y, Sitch S, Wang T. 2009. The carbon balance of terrestrial ecosystems in China. Nature, 458: 1009-1013.

Post WM, Emanuel WR, Zinke PJ, Stangenberger AG. 1982. Soil carbon pools and world life zones. Nature, 298: 156-159.

Schimel DS, Braswell BH, Holland EA, McKeown R, Ojima DS, Painter TH, Parton WJ, Townsend AR. 1994. Climatic, edaphic, and biotic controls over storage and turnover of carbon in soils. Global Biogeochemical Cycles, 8: 279-293.

Schipper LA, Baisden T, Parfitt RL, Ross C, Claydon JJ, Arnold G. 2007. Large losses of soil C and N from soil profiles under pasture in New Zealand during the past 20 years. Global Change Biology, 13: 1138-1144.

Schlesinger WH. 1997. Biogeochemistry: An Analysis of Global Change. San Diego: Academic Press.

Schuur EAG. 2003. Productivity and global climate revisited: the sensitivity of tropical forest growth to precipitation. Ecology, 84: 1165-1170.

Tian HQ, Melillo J, Lu C, Kicklighter D, Liu M, Ren W, Xu X, Chen G, Zhang C, Pan S, Liu J, Running S. 2011. China's terrestrial carbon balance: contribution from multiple global change factors. Global Biogeochemical Cycles, 25: GB1007.

Torn MS, Trumbore SE, Chadwick OA, Vitousek PM, Hendricks DM. 1997. Mineral control of soil organic carbon storage and turnover. Nature, 389: 170-173.

Tuhkanen S. 1980. Climatic parameters and indices in plant geography. Acta Phytogeographica Suecica 67.—Almquist and Wiksell International: Uppsala: 105.

Wang S, Huang M, Shao X, Mickler RA, Li K, Ji J. 2004. Vertical distribution of soil organic carbon in China. Environmental Management, 33: S200-S209.

Wu H, Guo Z, Peng C. 2003. Distribution and storage of soil organic carbon in China. Global Biogeochemical Cycles, 17: GB1048.

Wynn J, Bird M, Vellen L, Grand-Clement E, Carter J, Berry SL. 2006. Continental-scale measurement of the soil organic carbon pool with climatic, edaphic, and biotic controls. Global Biogeochemical Cycles, 20: GB1007.

Xu X, Ren W, Chen G, Lu C, Tian H, Pan S, Melillo J, Zhang C, Liu M. 2011. China's terrestrial carbon balance: contribution from multiple global change factors. Global Biogeochemical Cycles, 25: GB1007.

Yang Y, Fang J, Tang Y, Ji C, Zheng C, He J, Zhu B. 2008. Storage, patterns and controls of soil organic carbon in the Tibetan grasslands. Global Change Biology, 14: 1592-1599.

Yang Y, Li P, Ding J, Zhao X, Ma W, Ji C, Fang J. 2014. Increased topsoil carbon stock across China's forests. Global Change Biology, 20: 2687-2696.

Yang Y, Luo Y, Finzi AC. 2011. Carbon and nitrogen dynamics during forest stand development: a global synthesis. New Phytologist, 190: 977-989.

Yang Y, Mohammat A, Feng J, Zhou R, Fang J. 2007. Storage, patterns and environmental controls of soil organic carbon in China. Biogeochemistry, 84: 131-141.

Yu G, Zhu X, Fu Y, He H, Wang Q, Wen X, Li X, Zhang L, Zhang L, Su W, Li S, Sun X, Zhang Y, Zhang J, Yan J, Wang H, Zhou G, Jia B, Xiang W, Li Y, Zhao L, Wang Y, Shi P, Chen S, Xin X, Zhao F, Wang Y, Tong C, Yu G. 2013. Spatial patterns and climate drivers of carbon fluxes in terrestrial ecosystems of China. Global Change Biology, 19: 798-810.

Zhang D, Hui D, Luo Y, Zhou G. 2008. Rates of litter decomposition in terrestrial ecosystems: global patterns and controlling factors. Journal of Plant Ecology, 1(2): 85-93.

Zhou G, Liu S, Li Z, Zhang D, Tang X, Zhou C, Yan J, Mo J. 2006. Old-growth forests can accumulate carbon in soils. Science, 314: 1417.

第 5 章　中国森林生态系统碳收支及生物量碳库的未来预测

森林生态系统碳收支（或碳循环）是指森林生态系统与外界 CO_2 的交换循环情况，主要包括从外界吸收碳的过程（植物的光合作用，即收入），以及向外界释放碳的过程（生态系统的呼吸作用，即支出）。如果该系统收入大于支出（从外界净吸收 CO_2），就是碳汇（carbon sink），如果支出大于收入（向外界净释放 CO_2），则是碳源（carbon source）。

按照尺度的差异，森林碳收支的研究可以分为生态系统尺度（李意德等，1998；Hamilton et al.，2002；方精云等，2007；Zhu et al.，2015）、区域尺度或全球尺度（Olson et al.，1983；Dixon et al.，1994；Goodale et al.，2002；Piao et al.，2009；Pan et al.，2011）。森林生态系统的碳储量研究多数仅关注生态系统某一个组分的碳储量及其变化，如生物量碳储量、土壤碳储量、凋落物和木质残体碳储量等，尤以生物量碳储量（即前文所述生物量碳库）及其碳汇的研究广受关注（Whittaker and Likens，1973；Brown and Lugo，1982；Fang et al.，1998，2001，2003，2005，2006，2014）。与生物量碳库相比，森林土壤拥有更大的碳库（Lal，1999；Watson and Noble，2001；Pan et al.，2011）。但土壤具有较大的空间异质性，对土壤碳储量及其变化量的估算存在很大的不确定性。科研工作者采用诸多方法对样地尺度、区域尺度和全球尺度土壤碳储量及其通量进行了估算，如长期观测（Zhou et al.，2006；Schrumpf et al.，2014；Prietzel et al.，2016）、区域比较（Lettens et al.，2005；Yang et al.，2014）、模型模拟（Todd-Brown et al.，2013）以及整合分析（Chen et al.，2015）等。森林生态系统的整体碳收支不是由单一组分所决定的，而是各个组分共同作用的结果。因此，除了森林生物量碳库和土壤碳库对碳循环起着重要作用外，森林的凋落物和木质残体也是碳循环的重要组成部分，影响着森林的碳源、碳汇功能（Harmon et al.，1986；IPCC，2014）。

第 2 ～ 4 章分别介绍了中国森林生物量、凋落物和木质残体、土壤的碳收支研究工作（Fang et al.，2001，2014；Guo et al.，2013；Yang et al.，2014；Zhu et al.，2017）。本章将对森林生态系统所有碳组分进行梳理，汇总构建中国森林生态系统全组分碳收支模式。在此基础上，根据我国森林发展规划（中国可持续发展林业战略研究项目组，2002），分别基于生物量密度 - 面积频度方法、生物量密度与林龄的关系和龄级面积转移矩阵，预测 2050 年我国森林生物量碳汇潜力。

本章主要来自第 2 ～ 4 章的结果和本团队成员 Xu 等（2010）、Hu 等（2015）的前期研究。

5.1 森林砍伐量及其变化

活立木是指林地中生长着的林木，森林调查统计林木株数时，活立木还包括疏林地和散生木的立木。枯损量（mortality）是指在调查期间，因各种自然原因而死亡的林木材积。如果将森林砍伐的部分也计入，那么森林实际固碳量将更大。生长量除了生物量净增加的部分和被采伐的部分，还有一部分通过枯损以枯立木、倒木和凋落物的形式进入植物残体碳库（详见第 3 章）。

1984 ～ 1988 年、1989 ～ 1993 年、1994 ～ 1998 年和 1999 ～ 2003 年四期森林资源清查数据提供了各省（区）的林木蓄积年均净消耗量，即活立木年均采伐蓄积量，以及各省（区）的林木蓄积年均枯损消耗量，即包括活立木年均枯立和枯倒两部分的蓄积量，本节基于该数据估算了这四期的活立木被采伐及枯损部分的生物量碳库（未包含凋落物部分）。

此外，1994 ～ 1998 年和 1999 ～ 2003 年两期森林资源清查数据还提供了各省（区）林分的林木蓄积年均净消耗量和年均枯损消耗量，在此基础上，计算了后两期林分的总消耗量（包含采伐量与枯损量）。因此，可以计算林分总消耗量占活立木总消耗量的比例、采伐量与枯损量的比例，进而推算前两期林分的总消耗量以及各期林分的采伐量和枯损量（表 5-1）。

表 5-1 各时期林分采伐量和枯损量推算结果及相关比例系数

时期	活立木砍伐量（Tg C/a）	活立木枯损量（Tg C/a）	林分采伐量（Tg C/a）	林分枯损量（Tg C/a）	林分/总消耗[a]（%）	砍伐/总消耗[b]（%）	枯损/总消耗[c]（%）
1984 ～ 1988 年	198.2	16.2	151.8	12.4	76.6	92.4	7.6
1989 ～ 1993 年	185.9	20.9	142.4	16.0	76.6	89.9	10.1
1994 ～ 1998 年	214.9	20.2	160.1	15.0	74.5	91.4	8.6
1999 ～ 2003 年	212.5	32.9	167.2	25.9	78.7	86.6	13.4

注：a. 1984 ～ 1988 年和 1989 ～ 1993 年两期的比例则采用最后两期的平均值。b. 采用活立木采伐量与活立木总消耗量的比值，近似替代林分采伐量与林分总消耗量的比值。c. 采用活立木枯损量与活立木总消耗量的比值，近似替代林分枯损量与林分总消耗量的比值

结果表明，林分年均采伐量在 142.4 ～ 167.2 Tg C/a 波动，平均为 155.3 Tg C/a，采伐量比早期略有增加。林分枯损量在 12.4 ～ 25.9 Tg C/a 波动，与早期相比，1999 ～ 2003 年年均枯损量翻了一番。

5.2 我国森林的碳收支

测定森林的所有组分，包括森林生物量、土壤、凋落物和木质残体的碳储量及其变化，是估算森林生态系统碳收支的直接途径。本书的第 2 章、第 3 章和第 4 章分别介绍了中国森林生物量、植物残体和土壤的碳库及其变化。本节通过整合这些内容，对中国森林生态系统碳收支进行系统评估。

自 20 世纪 70 年代以来，中国实施了大规模的人工造林、防护林项目（如“三北”和长江中下游地区等重点防护林体系建设工程、天然林资源保护工程、退耕还林工程），使中国森林近几十年来发挥着重要的碳汇作用（Fang et al.，1998，2001，2014；刘国华等，2000，Piao et al.，2009，2011；Guo et al.，2013）。Fang 等（2001）报道了 20 世纪后半叶（1949～1998 年）我国森林生物量的碳储量及其变化，计算出其间生物量碳汇为 21 Tg C/a。进入 21 世纪后，我国森林生物量碳汇增长迅速，达 115 Tg C/a（Pan et al.，2011）。

5.2.1 不同森林类型碳储量及其变化

将森林各组分碳储量及其变化的结果进行梳理（表 5-2），结果表明，20 年间，我国森林生态系统碳储量（土壤碳储量仅计算到表层 10 cm）由 20 世纪 80 年代的 9.9 Pg C 增加到 21 世纪头十年的 12.9 Pg C，其间大气中约 3 Pg C（相当于 11 Pg CO_2）被森林生态系统吸收，碳汇速率为 151.9 Tg C/a。在森林所有碳组分中，生物量的贡献率最高（77.1 Tg C/a，50.8%），表层土壤（10 cm）碳汇速率也达到了 67.2 Tg C/a，占所有组分碳汇的 44.3%。中国森林木质残体和凋落物的碳汇速率分别为 3.9 Tg C/a 和 2.8 Tg C/a，二者的碳汇贡献率仅为 4.4%。

表 5-2　不同森林类型碳库及其变化量　（单位：Tg C）

碳组分	时期	常绿阔叶林	落叶阔叶林	针叶林	针阔混交林	总计
植被生物量	20 世纪 80 年代	982	1 400.1	1 800	702.6	4 884.7
	21 世纪头十年	1 901	1 576.9	1 793.6	1 155.5	6 427
	变化量	919	176.8	–6.4	452.9	1 542.3
木质残体	20 世纪 80 年代	98.9	94.3	79.3	73.5	346.0
	21 世纪头十年	171.3	98.3	86.9	90.4	446.9
	变化量	72.4	4.0	7.6	16.9	100.9
凋落物	20 世纪 80 年代	73.5	136.5	102.5	122.0	434.5
	21 世纪头十年	123.5	137.6	105.8	142.1	509.0
	变化量	50.0	1.1	3.3	20.1	74.5
土壤	20 世纪 80 年代	671.8	1 154.9	1 114.2	1 088	4 028.9
	21 世纪头十年	1 398.9	1 332.5	1 369	1 266.8	5 367.7
	变化量	727.1	177.6	254.8	178.8	1 338.3
总计	20 世纪 80 年代	1 826.2	2 785.8	3 096.0	1 986.1	9 694.1
	21 世纪头十年	3 594.7	3 145.3	3 355.3	2 654.8	12 750.1
	变化量	1 768.5	359.5	259.3	668.7	3 056.0

此外，不同类型的森林生态系统的碳汇差异很大（表 5-2）。常绿阔叶林（88.4 Tg C/a）的碳汇高于其他类型，占全国森林总碳汇（151.9 Tg C/a）的 58.2%（图 5-1a）。值得注意的是，其森林生物量在 20 世纪 80 年代为 982.0 Tg C，仅占全国森林总生物量的 20.1%（表 5-1）。20 年来，我国常绿阔叶林的生物量碳储量增幅超过 1 倍，而常绿阔叶林的总

碳储量增幅也接近 1 倍（96.8%）。

相比常绿阔叶林在固碳方面的突出贡献，其他森林类型略显逊色。20 年间，落叶阔叶林、针叶林和针阔混交林的年均固碳速率分别为 18.0 Tg C/a、13.0 Tg C/a 和 33.4 Tg C/a。为了更直观地探讨碳汇变化的情况，本节计算了相对碳汇，即以碳汇量除以初始年的碳库。以全国森林生态系统的相对碳汇 1.5%/a 为参考，常绿阔叶林的相对碳汇达 4.8%/a，远高于全国平均值。针阔混交林的相对碳汇（1.7%/a）略高于全国平均值，但落叶阔叶林（0.6%/a）和针叶林（0.4%/a）的相对碳汇较全国水平却相去甚远（图 5-1b）。

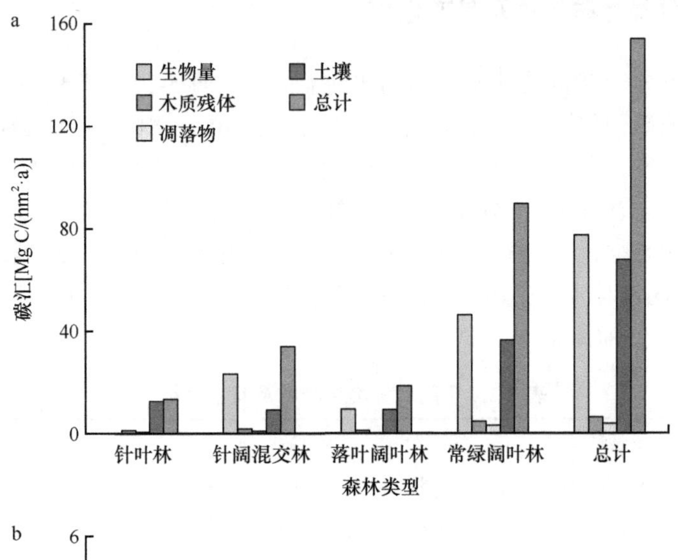

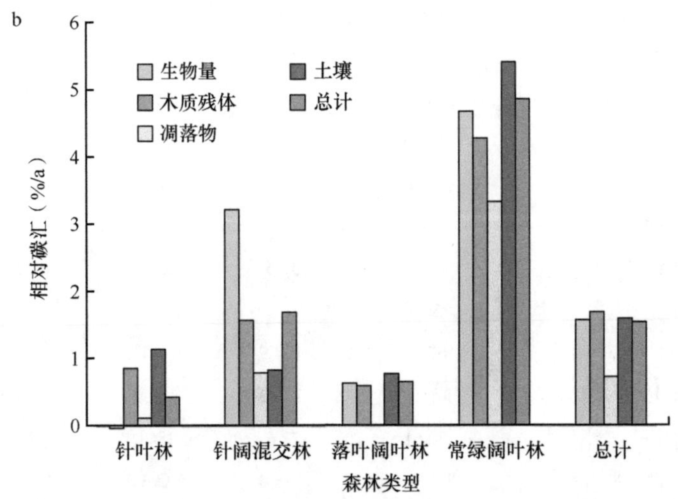

图 5-1 不同植被类型森林的绝对（a）和相对（b）碳汇

5.2.2 森林碳储量及其变化的区域格局

我国森林生态系统碳储量存在明显的地理差异（图 5-2）。以 21 世纪头十年的数据为例，我国森林生态系统的总碳储量为 12.9 Pg C，其中超过 1/3 存储在西南地区。而东北地区森林总碳储量仅次于西南地区，位居全国第二。两个地区的森林总碳储量之和占全国森林总碳储量的 55.6%。西北和华东地区森林碳储量相对较低，分别为 0.8 Pg C（6.5%）

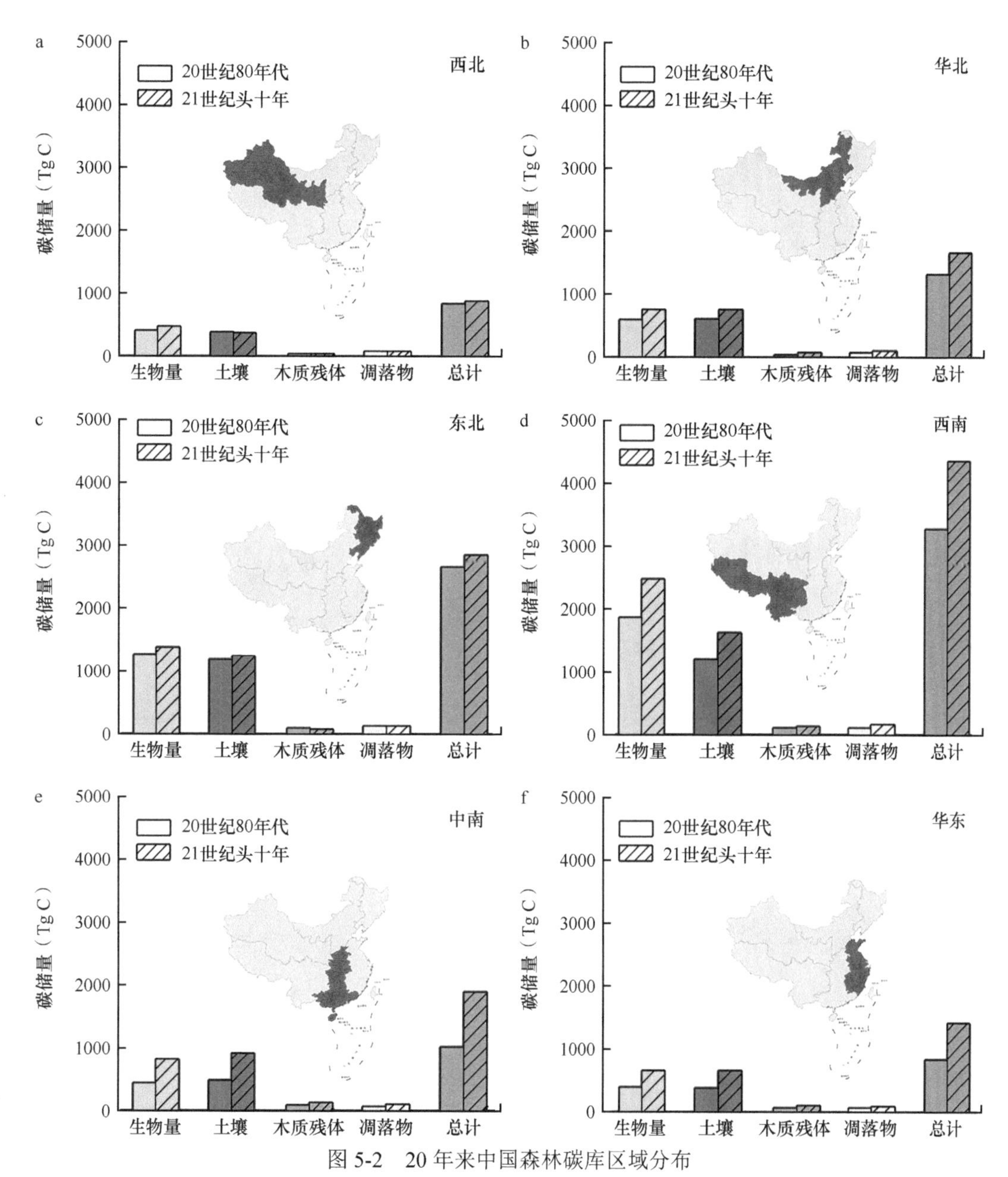

图 5-2　20 年来中国森林碳库区域分布

其中，中国地图中红色代表柱状图所表示的区域，我国森林划分为 6 个区域：a. 西北（甘肃，宁夏，青海，山西，新疆）；b. 华北（河北，内蒙古，山西，北京，天津）；c. 东北（黑龙江，吉林，辽宁）；d. 西南［贵州，四川（含重庆），云南，西藏］；e. 中南（广东，广西，海南，河南，湖北，湖南）；f. 华东（安徽，福建，江苏，江西，山东，浙江，上海）。不包括港澳台

和 1.4 Pg C（10.9%）。

此外，中国森林生态系统的碳汇速率存在明显的区域差异（图 5-3）。西北、华北和东北地区的森林生态系统碳汇之和仅为 27.1 Tg C/a，占全国森林总碳汇（151.9 Tg C/a）的 17.8%。西南、中南和华东地区森林总碳汇分别为 53.9 Tg C/a、41.9 Tg C/a 和 28.1 Tg C/a，分别占全国总碳汇的 35.5%、27.6% 和 18.5%（数据和比例经过四舍五入，保留了有效小数）。

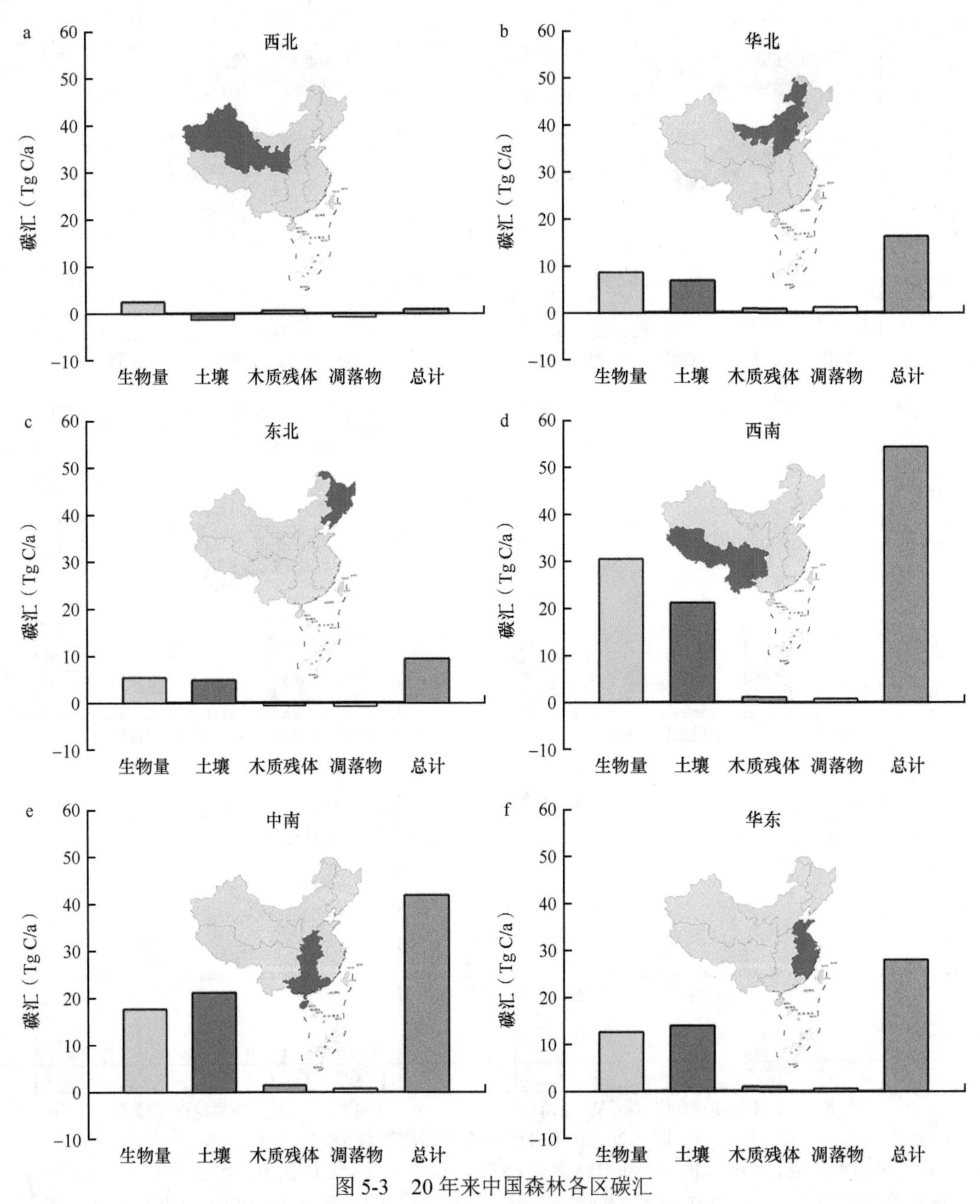

图 5-3　20 年来中国森林各区碳汇

其中，中国地图中红色代表该柱状图所表示的区域，我国森林划分为 6 个区域：a. 西北（甘肃，宁夏，青海，山西，新疆）；b. 华北（河北，内蒙古，山西，北京，天津）；c. 东北（黑龙江，吉林，辽宁）；d. 西南［贵州，四川（含重庆），云南，西藏］；e. 中南（广东，广西，海南，河南，湖北，湖南）；f. 华东（安徽，福建，江苏，江西，山东，浙江，上海）。不包括港澳台

基于此，对中国森林在 20 世纪 80 年代至 21 世纪头十年的碳收支进行了评估，结果表明中国森林为一个明显的碳汇（306.5 Tg C/a）。20 年来，中国森林固定了 6.13 Pg C，相当于抵消了中国同时期因化石燃料燃烧排放 CO_2 总量的 31.8%（图 5-4）。

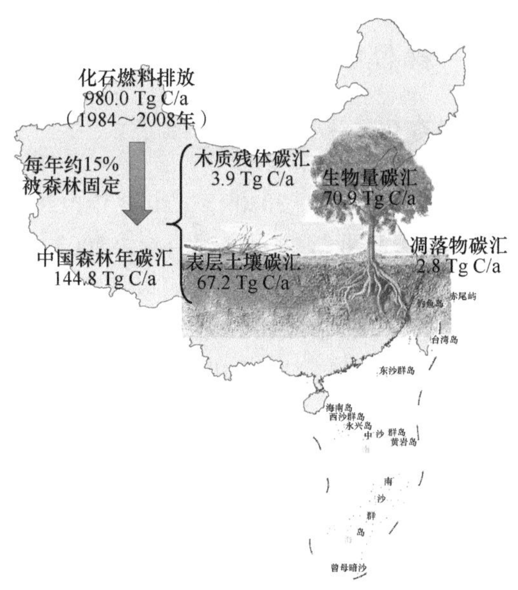

图 5-4　近 20 年中国森林碳汇模式图

为了与其他国家或地区进行比较，本节仅计算森林生物量、土壤、木质残体和凋落物的碳汇，并未考虑采伐部分（harvest）（IPCC，2014）。由此，依据 1984 ～ 1988 年和 2004 ～ 2008 年两期森林资源清查的面积平均值 146.6 Mhm^2，计算得到其间中国森林单位面积碳汇为 1.05 Mg C/(hm^2·a)。虽然略低于 Pan 等（2011）的估计值[1.36 Mg C/(hm^2·a)，1990 ～ 2007 年]，但仍高于全球其他国家或地区森林生态系统单位面积碳汇（表 5-3）。此外，中国森林现阶段具有林龄小、平均碳密度低和人工林面积大的特点，因此未来中国森林增汇仍然具备巨大的潜力。

表 5-3　全球主要国家和地区森林单位面积碳汇的比较［根据 Pan 等（2011）整理得到］

国家 / 地区	单位面积碳汇［Mg C/(hm^2 · a)］
中国（本书）[a]	1.05
中国	1.36
澳大利亚	0.27
俄罗斯	0.89
加拿大	–0.05
美国 [b]	0.68
欧洲 [c]	–0.27
全球	–0.10

注：a. 不包括中国香港、澳门、台湾和三沙地区；b. 仅包含美国本土和阿拉斯加东南部；c. 不包括俄罗斯

5.3 森林生物量碳库的未来预测

5.3.1 我国森林面积的未来变化

我国森林发展规划提出了2010年、2020年、2030年、2050年各阶段性的森林覆盖率发展目标（中国可持续发展林业战略研究项目组，2002），分别为20.4%、23.5%、25.5%和28.4%。以国土面积960.27 Mhm^2 为基准，可以推算未来我国各阶段的森林面积，其中2040年采用前后两期数据的平均值（Xu et al.，2010）。此外，本章研究对象是森林中的林分，不包括经济林和竹林，因此，需要从森林总面积中计算出林分的面积。首先需要扣除国家特别规定的灌木林面积，然后以1977～2003年森林资源清查数据中林分占总森林面积的平均比例（87.5%）为标准，推算未来各阶段林分的面积，相邻两期的差值即为两期之间林分的新增面积。具体结果见表5-4。

表5-4 规划的未来中国森林面积（Xu et al.，2010）

年份	覆盖率（%）	森林总面积（10^4 hm^2）	林分面积（10^4 hm^2）	林分新增面积（10^4 hm^2）
2000年	18.2	17 490.9	14 278.7	
2010年	20.4	19 568.4	16 213.0	1 934.3
2020年	23.5	22 528.9	18 714.0	2 501.0
2030年	25.5	24 503.3	20 382.0	1 668.0
2040年	27.0	25 865.0	21 532.3	1 150.3
2050年	28.4	27 226.6	22 682.6	1 150.3

注：覆盖率数据引自中国可持续发展林业战略研究项目组（2002）

5.3.2 基于生物量密度-面积频度方法的预测

森林碳储量的增长由森林扩张和森林生长共同导致，一定时期内碳储量的变化包含森林面积与森林生物量碳密度变化（Kauppi et al.，2006；Waggoner，2008）。Kauppi等（2006）和Waggoner（2008）提出“森林恒等式”（forest identity）的概念，用森林面积和生物量碳密度变化速率的加和近似来表示森林碳库的变化速率，通过比较森林面积与生物量碳密度对森林碳汇的相对贡献，可以分析一定时期内森林碳汇的主要驱动机制（Kauppi et al.，2006；Waggoner，2008；Fang et al.，2014）（详见第6章）。依据该方法，中国森林的固碳潜力来源于两方面：森林面积的增加和森林生长的加速。

（1）森林面积的增加

按照中国林业的中长期发展规划，从20世纪90年代末期开始，中国的森林面积将会大幅度增加。按照当时的标准（郁闭度为0.3），我国森林成林面积为106 Mhm^2，约占国土面积的11%，全国森林植被的平均碳密度为44.9 Mg C/hm^2（Fang et al.，2001）。如果按照林业发展规划，到2050年我国成林的覆盖率达到20%，成林的总面积将增加到192 Mhm^2。假定森林植被的平均碳密度保持不变，则我国森林（成林）植被的碳储量将由1999～2003年的5.86 Pg C增加到8.62 Pg C，净增加2.76 Pg C。如果再考虑森林其他碳组分的积累，这个数值将更大。

（2）森林生长的加速

目前中国的森林多为林龄小、碳密度较低的人工林和次生林。如图 5-5 所示，在中南、华中和华东等广大地区，森林生物量的平均碳密度大多低于 25 Mg C/hm^2，远低于全国（45 Mg C/hm^2）（Fang et al.，2001）和全球中高纬度地区（43 Mg C/hm^2）（Myneni et al.，2001）的平均值。

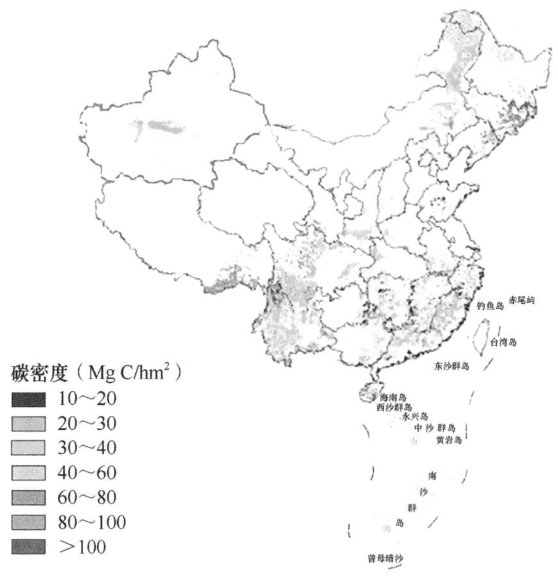

图 5-5　过去 20 年（20 世纪 80 年代至 21 世纪头十年）来我国森林生物量的平均碳密度分布图

据估算，新中国成立初期，我国森林生物量的平均碳密度约为 50 Mg C/hm^2（Fang et al.，2001），当时的森林应以成熟林为主。如果以该值为参考，那么目前我国的森林离成熟状态还相差很远，还具有很大的生长空间。根据 1994 ～ 1998 年的森林资源统计资料，我国 65.8% 的森林生物量平均碳密度低于 50 Mg C/hm^2（图 5-6）。如果假定我国成熟林的平均碳密度为 50 Mg C/hm^2，那么可以计算得出，这些森林恢复到该水平，将可固定大气中 1.61 Pg C。

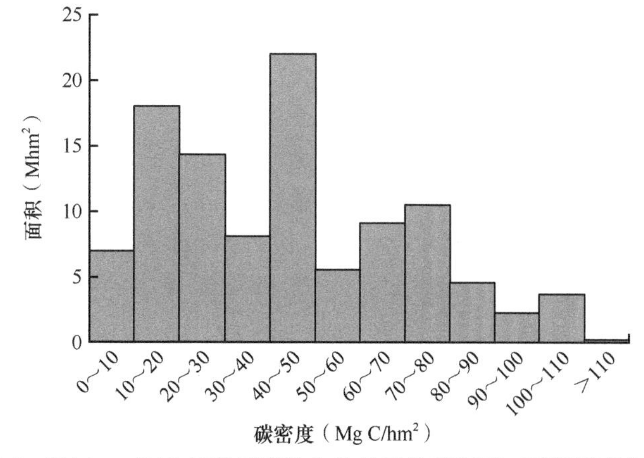

图 5-6　1994 ～ 1998 年我国森林生物量平均碳密度 - 面积频度分布图

换言之，即便是我国森林面积不再增加，仅通过森林恢复和再生长，也将吸收大量的 CO_2。如果考虑未来的几十年，我国森林成林面积将增加到国土面积的 20%，那么我国森林吸收碳的能力将会更大。这些都说明我国森林具有巨大的固碳潜力，可以吸收大量的 CO_2。

5.3.3 基于林龄 - 生物量密度方法的预测

（1）建立生物量密度与林龄的关系

通常，森林生物量密度随着林龄的增长而增加，与林龄有着密切关系。为建立各森林类型的林龄与生物量密度的关系，首先需确立森林资源清查资料中各森林类型各龄级的林龄取值。我国的森林资源清查按照幼龄林、中龄林、近熟林、成熟林和过熟林 5 个龄级进行统计，本部分依据该龄级划分标准（林业部资源和林政管理司，1996），结合各森林类型的分布范围和特点，从而确定各森林类型林龄的主要分段方法，并且以林龄段的中值代表该龄级内森林的平均林龄（徐冰，2011）。

本书在第 2 章估算了 1977 ～ 2003 年各期的林分生物量。由于 1994 年之前的各期数据均是通过标准换算关系获得的，因此本章选择 1994 年之后的数据，即以 1994 ～ 1998 年和 1999 ～ 2003 年两期林分各优势树种各龄级的生物量为依据，建立各个优势树种生物量与林龄的关系（Xu et al.，2010）。依据树木生长的一般规律，采用逻辑斯谛生长曲线［式（5-1）］，分别对 36 种森林类型的生物量密度与林龄关系进行拟合。

$$B = \frac{w}{1 + k\mathrm{e}^{-at}} \tag{5-1}$$

式中，B 为生物量密度（Mg C/hm^2）；t 为林龄（a）；w、k、a 为常数。各树种生物量碳密度和林龄的拟合曲线参数见表 5-5，图 5-7 显示了面积最大的 4 个森林类型生物量碳密度与林龄的逻辑斯谛曲线关系。结果显示，各优势树种的逻辑斯谛曲线拟合效果均较好，其中 30 个 R^2 均大于 0.8，其中 24 个树种的 R^2 大于 0.9。

假设第 6 次森林资源清查（1999 ～ 2003 年）的森林面积数据代表 2000 年各类森林各林龄组的面积分布情况，并且在未来 50 年中没有森林的成片砍伐和死亡，那么这部分现有森林在未来某一年的生物量碳库大小可以通过式（5-2）计算：

$$C_{\Delta t} = \sum_{i=1}^{36}\sum_{j=1}^{5} cA_{ij}B_{ij} = \sum_{i=1}^{36}\sum_{j=1}^{5} cA_{ij}\frac{w_i}{1 + k_i\mathrm{e}^{-a_i(t_{ij}+\Delta t)}} \tag{5-2}$$

式中，$C_{\Delta t}$ 为现有森林在 Δt 年后的总碳库；i、j 分别为森林类型和林龄组的编号；c 为碳转换系数，本文取 0.5；A_{ij} 为第 i 个森林类型第 j 个林龄组现有森林的面积；B_{ij} 为第 i 个森林类型第 j 个林龄组的生物量密度；w_i、k_i、a_i 为第 i 个森林类型生物量密度与林龄逻辑斯谛曲线的常数；t_{ij} 为第 i 个森林类型第 j 个林龄组目前的平均林龄；Δt 为预测年距 2000 年的时间跨度。

使用逻辑斯谛曲线［式（5-1），表 5-5］分别推算 1984 ～ 1988 年、1989 ～ 1993 年、1994 ～ 1998 年、1999 ～ 2003 年的生物量碳库来检验估算的准确性，结果显示，与第 2 章的估算结果比较接近，误差仅为 –2.1% ～ 3.6%（Xu et al.，2010）。

表 5-5　各树种生物量密度与林龄的逻辑斯谛曲线拟合参数（Xu et al.，2010）

编号	优势树种	w	k	a	R^2
1	红松	218.56	7.9541	0.0360	0.950
2	冷杉	357.50	4.3454	0.0211	0.920
3	云杉	274.47	5.7382	0.0295	0.983
4	铁杉	203.06	4.8039	0.0201	0.963
5	柏木	155.72	10.5681	0.0443	0.912
6	落叶松	130.20	2.6594	0.0696	0.981
7	樟子松	201.71	10.8787	0.1059	0.930
8	赤松	49.14	2.3436	0.0985	0.665
9	黑松	60.00	3.3600	0.0823	0.655
10	油松	87.98	12.2360	0.1144	0.977
11	华山松	91.06	3.2828	0.0678	0.873
12	油杉	67.22	0.6470	0.0238	0.765
13	马尾松	81.67	2.1735	0.0522	0.996
14	云南松	147.88	5.3342	0.0736	0.731
15	思茅松	95.71	2.0674	0.0878	0.832
16	高山松	162.21	3.6259	0.0578	0.966
17	杉木	69.61	2.4369	0.0963	0.963
18	柳杉	111.63	2.5125	0.1113	0.939
19	水杉	140.00	12.3200	0.2046	0.577
20	水、胡、黄	212.83	8.0670	0.0607	0.994
21	樟树	120.00	5.4000	0.0566	0.394
22	楠木	206.99	9.1857	0.0615	0.900
23	栎类	197.09	8.4907	0.0422	0.992
24	桦木	163.34	7.4789	0.0516	0.990
25	硬阔类	160.99	10.3130	0.0492	0.990
26	椴树类	266.71	7.8232	0.0586	0.957
27	檫木	210.00	24.9900	0.1708	0.878
28	桉树	89.87	7.1493	0.1432	0.898
29	木麻黄	156.02	6.4432	0.0698	0.804
30	杨树	70.76	1.4920	0.1434	0.934
31	桐类	110.42	4.0946	0.0505	0.876
32	软阔类	132.24	5.2755	0.1302	0.956
33	杂木	199.15	20.7297	0.3534	0.975
34	针叶混交	158.94	20.8042	0.1017	0.949
35	针阔混交	290.96	8.5774	0.0560	0.993
36	阔叶混交	237.57	12.2721	0.1677	0.980

水、胡、黄分别指水曲柳、胡桃楸、黄波罗

（2）现有森林和新造林生物量碳库的预测

本小节可以分为两个部分：已有森林生物量碳的预测（假设面积不发生变化）和新增森林生物量碳的预测（新增森林面积）。

以 1999 ～ 2003 年第六次森林资源清查数据，即森林各类型各龄级面积作为 2000 年森林各类型各龄级面积，以此为初始值。假设到 2050 年之前没有森林的皆伐和成片死亡，则这部分现有森林各龄级在未来某一年的生物量碳密度可以通过林龄（图 5-7）和式（5-1）推算出来。将生物量碳密度乘以相应的森林面积，再乘以碳转换系数 0.5，即可得到这部分森林在未来某一年的生物量碳库大小。

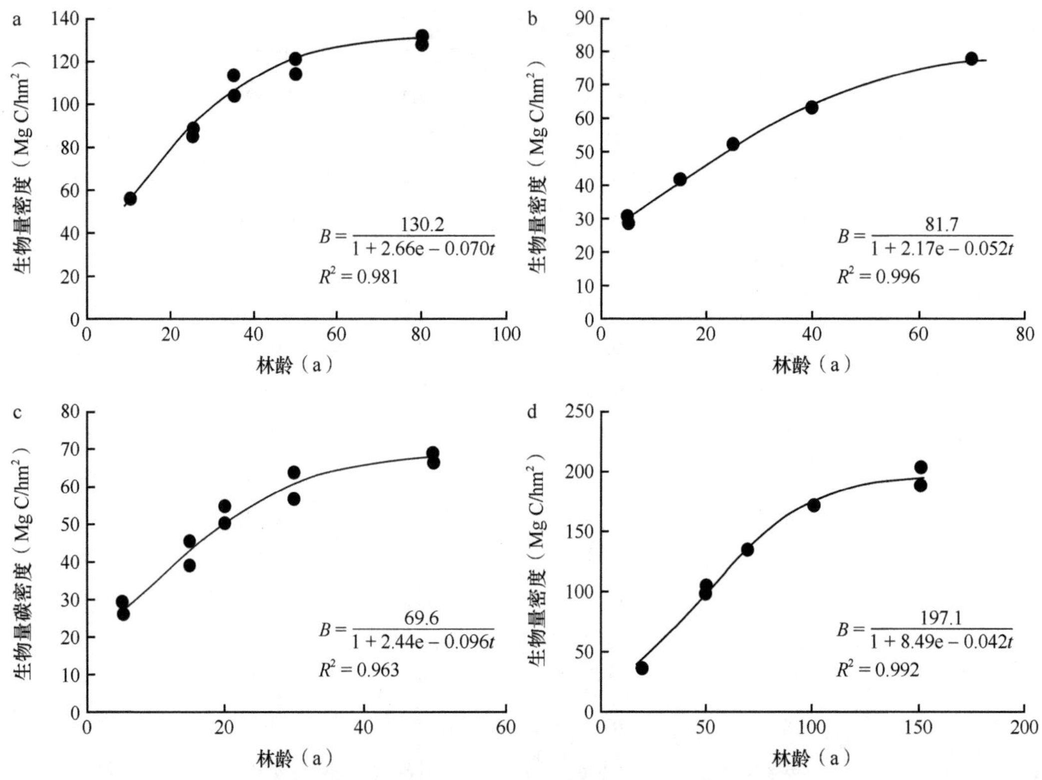

图 5-7 4 个主要森林类型生物量密度随林龄变化的逻辑斯谛曲线关系（Xu et al.，2010）

a. 落叶松；b. 马尾松；c. 杉木；d. 栎类

对于未来新增林分生物量的估算，方法与现有森林的估算方法相同，但需明确新增的森林林分面积在各树种中的分配比例。为此，假设未来森林面积增加量即为新造林面积，且假设新造林各树种比例与现有人工林中各树种的面积比例相等，从而估算未来新造林中各树种林分的面积（Xu et al.，2010）。

值得注意的是，1999 ～ 2003 年第六次森林资源清查资料并没有直接给出人工林中各树种的面积，仅给出了人工林面积中前三位树种的具体面积和前十位树种总面积在人工林中所占的比例，因此，需要依据林分总体中各树种的面积比例关系，估算人工林中其他各树种的面积，获得人工林所有树种的面积比例关系，作为新造林面积的分配比例。

基于此结合推算出的未来各个时期的林龄大小，利用上述逻辑斯谛方程推算出新造林的生物量密度，进而求得新造林的生物量及其碳库。

将估算的现有森林林分生物量碳库和新造森林林分的生物量碳库相加，即为未来中国森林林分生物量总碳库。

（3）中国森林总碳库的预测

现有森林 2000 ～ 2050 年生物量碳库预测：如表 5-6 所示，2050 年现有林分生物量碳库将增长至约 10.23 Pg C，与 1999 ～ 2003 年森林资源清查时的生物量碳库（5.86 Pg C）相比，净增加 4.37 Pg C，年均碳汇为 87.4 Tg C/a；林分生物量碳密度从 41.1 Mg C/hm^2 增长至 2050 年的 71.7 Mg C/hm^2，代表了较高的碳密度水平。

新增森林 2050 年碳库预测：如表 5-6 所示，2050 年新增森林的生物量碳库将达 2.86 Pg C 左右，年均碳汇大小为 57.1 Tg C/a，且新增森林的平均碳密度将达到 34.0 Mg C/hm^2（Xu et al.，2010）。

现有森林和新增森林生物量碳库之和为森林生物量总碳库（表 5-6，图 5-8）。到 2050 年中国森林林分生物量总碳库将达到约 13.09 Pg C，与 1999 ～ 2003 年第六次森林资源调查时相比，净增加 7.23 Pg C，年均碳汇为 144.6 Tg C/a，并且中国森林林分平均生物量碳密度也由 41.1 Mg C/hm^2 增加到 57.7 Mg C/hm^2（Xu ct al.，2010），达到了美国森林的平均生物量碳密度水平（57.2 Mg C/hm^2）（Birdsey and Heath，1995）。

表 5-6　基于生物量密度与林龄关系预测的未来中国森林生物量碳库

年份	现有森林		新增森林		合计	
	碳库（Tg C）	碳密度（Mg C/hm^2）	碳库（Tg C）	碳密度（Mg C/hm^2）	碳库（Tg C）	碳密度（Mg C/hm^2）
2000 年	5 862.5	41.1	—	—	5 862.5	41.1
2010 年	7 385.0	51.7	303.7	15.7	7 688.6	47.4
2020 年	8 536.5	59.8	880.3	19.8	9 416.8	50.3
2030 年	9 299.9	65.1	1 538.5	25.2	10 838.4	53.2
2040 年	9 839.3	68.9	2 196.9	30.3	12 036.2	55.9
2050 年	10 234.7	71.7	2 855.6	34.0	13 090.3	57.7
2000 ～ 2050 年碳汇（Tg C）	4 372.3		2 855.6		7 227.9	
年均碳汇（Tg C/a）	87.4		57.1		144.6	

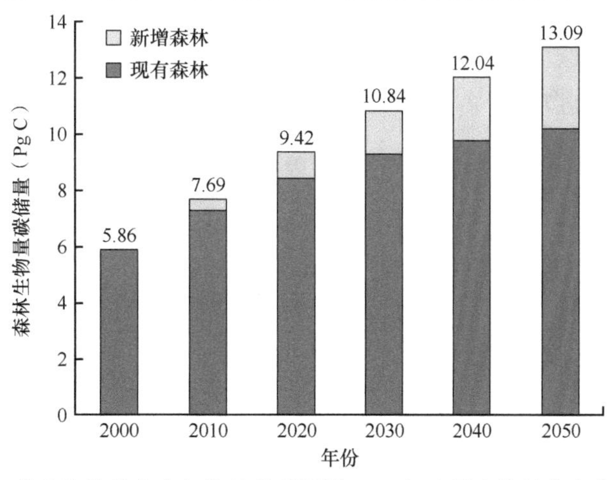

图 5-8　基于生物量密度与林龄关系预测 2050 年中国森林林分生物量碳库

需要指出的是，该研究方法的一些基本假设会带来一定的不确定性。影响预则结果精度的因素主要有如下几方面。

首先，预测的前提条件是森林没有皆伐和成片死亡，已有森林均按平均生长方程自然生长。然而，实际上森林生长过程中的砍伐或死亡，将会导致低生物量密度的幼龄林替代高生物量密度的成熟林，这样即使森林面积仍按规划增长，对森林总碳库的估算结果也会偏大。例如，根据第六次森林资源清查（1999 ～ 2003 年）的结果，中国森林林分的年均总消耗量为 $3.7 \times 10^8\ m^3$，枯损量约为 $7.2 \times 10^7\ m^3$。如果未来中国森林仍保持同样的枯损量，根据目前森林蓄积量与碳储量的关系，未来 50 年中国森林将损失 1.75 Pg C 左右，那么 2000 ～ 2050 年的生物量碳汇预测值将由 7.23 Pg C 减小到 5.48 Pg C。

其次，新增森林面积在不同森林类型间的分配也是预测结果的误差来源之一。本部分假定同一类型间的造林比例不变（来源于较近一期清查数据），但随着中国林业的发展和森林覆盖率的提高，新增森林的面积比例肯定发生变化。

再次，气候变化、大气 CO_2 浓度升高和氮沉降等因素也可能影响森林生物量密度的积累过程。

最后，中国可持续发展林业战略研究项目组给出的林业发展目标能否实现，将直接影响本部分的预测结果。这些不确定性都有待日后的进一步研究。

5.3.4 基于龄级面积转移矩阵方法的预测

（1）假设和矩阵估计

森林资源清查资料中将各树种林分划分为 5 个龄级：幼龄林、中龄林、近熟林、成熟林和过熟林。为了预测未来森林林分的生物量碳库，本部分假设：相邻两期森林资源清查期间，某一龄级的林分向其下一龄级转移的面积比例不随时间变化。例如，前一期清查时的幼龄林生长到后一期清查时，一部分会转变成中龄林，还有一部分仍处于幼龄林阶段，那么，假定其转移到中龄林的面积比例是固定的。基于该假设，本部分利用 1994 ～ 1998 年、1999 ～ 2003 年、2004 ～ 2008 年三期的森林资源清查数据，以各省林分面积做重复样本，建立龄级间的面积转移方程，求算各龄级转移比例。由此可以得到相邻两个清查期各龄级的转移矩阵，由该转移矩阵即可推算到 2050 年森林各龄级的面积情况。

此外，假设各龄级内的生物量密度不变（以 2004 ～ 2008 年的碳密度为准），进而预测到 2050 年的森林生物量。龄级面积比例转移方程的形式如下：

$$\begin{pmatrix} S_{幼} \\ S_{中} \\ S_{近} \\ S_{成} \\ S_{过} \end{pmatrix}_{t+1期} = \begin{pmatrix} a_{10} & a_{11} & 0 & 0 & 0 & 0 \\ 0 & a_{21} & a_{22} & 0 & 0 & 0 \\ 0 & 0 & a_{32} & a_{33} & 0 & 0 \\ 0 & 0 & 0 & a_{43} & a_{44} & 0 \\ 0 & 0 & 0 & 0 & a_{54} & a_{55} \end{pmatrix} \begin{pmatrix} S_{总} \\ S_{幼} \\ S_{中} \\ S_{近} \\ S_{成} \\ S_{过} \end{pmatrix}_{t期} \tag{5-3}$$

式中，$S_{幼}$、$S_{中}$、$S_{近}$、$S_{成}$、$S_{过}$分别代表 5 个龄级的面积；$S_{总}$代表 5 个龄级的总面积；下角标（t 期和 t+1 期）表示森林资源清查的时期。a_{ij} 表示两期之间的第 j 龄级向第 i 龄级转移的比例系数。由于森林资源清查每 5 年进行一次，某一龄级的林分只能向其相邻的下一龄级转化，不会跨龄级转移。因此，矩阵中不相邻的龄级之间转化系数为零。此外，在求解转移矩阵方程时，假定新造林面积与森林总面积正相关，其比例系数为 a_{10}，但在预测未来森林各龄级面积时，a_{10} 是由新造林面积决定的。由于某一龄级的森林生长到下一清查期时，除了本龄级剩余部分和转化为下一龄级的部分，还有一部分死亡或被砍伐。因此，矩阵中各系数都是 0 ～ 1 的数值，同列系数加和小于等于 1。

由于西藏自治区林龄集中在近熟林、成熟林、过熟林（面积占 83%），而幼龄林和中龄林比例非常小（仅占 17%），前后两期龄级间的转化与其他省（区）差异显著，因此，在求算全国森林龄级面积转移矩阵时，没有包含西藏的数据，而采用其他 29 个省（区）的数据作为重复样本。

Bootstrap 是蒙特卡罗抽样的一种。当对预测量无法通过统计它的分布给出置信区间时，这种重抽样的方法可以给出预测量在一定置信区间的数值估计。Bootstrap 方法的具体操作是对原始数据进行重抽样，一般是有放回的抽取等量的样本，用新抽取的样本来进行某种参数估计和数值预测。由于每次抽样的样本不同，因此多次抽样能够给出多个参数估计和预测结果。根据这些估计和预测值，即可得到参数和预测值的频度分布，进而得到其均值和置信区间。

本研究采用 Bootstrap 方法对原有的 29 个省（区）的数据进行重抽样，每次抽样都是有放回地抽取 29 个样本［因此会有重复的省（区）数据］，然后拟合各龄级面积转移矩阵，并由得到的转移矩阵对未来森林生物量碳库进行预测。如此重复 1000 次，则得到 1000 个预测结果，根据这 1000 个预测值的分布，可以给出预测值的均值和方差估计。

（2）转移矩阵的参数估计

利用 1994 ～ 2008 年的森林资源清查数据，采用 Bootstrap 方法得到我国林分各龄级面积转移矩阵均值（表 5-7）。

表 5-7　利用 Bootstrap 方法得到的各龄级面积转移矩阵参数估计（均值）

龄级	幼龄林	中龄林	近熟林	成熟林	过熟林
幼龄林	0.8557	0	0	0	0
中龄林	0.1442	0.9205	0	0	0
近熟林	0	0	0.9541	0	0
成熟林	0	0	0.0447	0.9821	0
过熟林	0	0	0	0.0144	0.9992
死亡或采伐	0.0002	0.0003	0.0013	0.0036	0.0008

结果显示，对于所有的龄级阶段来说，低龄级森林转移至高龄级的概率非常低，转移概率随着龄级的升高而降低（表 5-7），幼龄林到中龄林的转移概率为 14.42%，成熟林到过熟林的转移概率为 1.44%。其中，成熟林的采伐或死亡概率最大（0.36%），其后分别是近熟林（0.13%）、过熟林（0.08%）、中龄林（0.03%）和幼龄林（0.02%）。

（3）未来 45 年中国森林生物量碳储量和碳汇

基于得到的转移矩阵（表 5-7），结合森林面积发展规划目标，可以算出未来我国森林林分的林龄结构，进而得到我国未来森林林分生物量碳汇潜力（表 5-8）。其中，新造林的面积比例初始值为2004～2008年森林资源清查期间的新造林比例，而未来新造林面积由森林发展规划计算的结果决定。

表5-8 利用转移矩阵法预测2005～2050年中国森林林分生物量碳库

年份	生物量碳库（Pg C）	生物量碳密度（Mg C/hm^2）	碳汇（Tg C/a）
2005年*	6.43	41.3	—
2010年	6.71（6.60～6.84）	42.3（41.7～43.1）	57.2（35.4～82.6）
2020年	7.63（7.31～8.00）	41.8（40.0～43.8）	92.0（70.7～115.9）
2030年	8.46（7.91～9.08）	42.6（39.8～45.7）	83.1（60.1～108.0）
2040年	9.22（8.44～10.08）	44.0（40.3～48.1）	75.5（52.8～100.1）
2050年	9.97（8.98～11.07）	45.2（40.7～50.2）	75.5（53.8～99.5）
2005～2050年			78.8（56.7～103.3）

注：预测的上限和下限为95%置信区间

* 表示2004～2008年清查数据，来自Guo等（2013）的文献

结果显示：按照估算，得益于森林面积和密度的增长，我国森林林分生物量碳库将由2005年的6.43 Pg C增加到2050年的9.97 Pg C（95%置信区间：8.98～11.07 Pg C），增加了55.1%（39.7%～72.3%）。因此，2005～2050年的45年，我国森林林分生物量碳库将吸收3.55 Pg C（95%置信区间：2.55～4.65 Pg C），年均碳汇将达到78.8 Tg C/a（95%置信区间：56.7～103.3 Tg C/a），最小碳汇为57.2 Tg C/a（35.4～82.6 Tg C/a，2005～2010年），最大碳汇为92.0 Tg C/a（70.7～115.9 Tg C/a，2010～2020年）。

从林龄的结果来看（图5-9），幼龄林在总林分中占有较大面积，随着时间的推移其面积比例不断下降，由2005年的33.8%下降至2050年的22.8%。同期来看，近熟林的比例却在增长，由2005年的14.8%上升至2050年的24.3%。由此，单位面积生物量碳密度由2005年的41.3 Mg C/hm^{2}上升至2050年的45.2 Mg C/hm^2（95%置信区间：40.7～50.2 Mg C/hm^2）。值得注意的是，虽然中国森林的平均碳密度较低（41.8 Mg C/hm^2），但

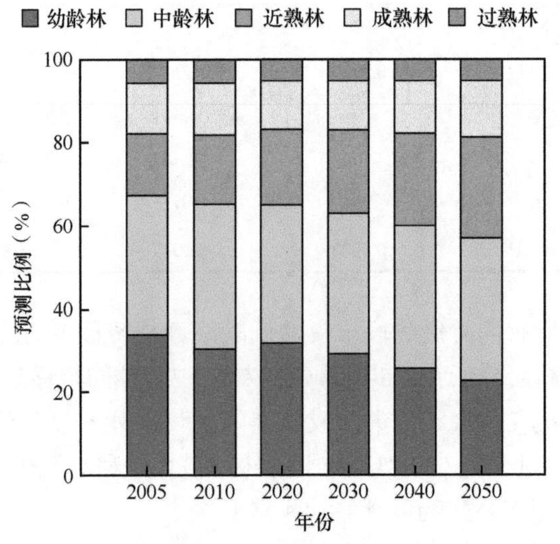

图5-9 转移矩阵对中国森林林龄结构的预测

是 2010 ～ 2020 年森林面积的快速扩张（24 Mhm^2），也将使得中国森林固持更多的碳。这些结果预示，未来中国森林巨大的碳汇潜力将对减缓 CO_2 排放起到积极作用。

5.4 小　结

本章通过整合第 2 章、第 3 章和第 4 章中关于中国森林植被生物量、植物残体和土壤的碳储量及其变化的结果，对中国森林生态系统碳收支进行系统评估，并对不同森林类型碳储量及其变化，以及其区域格局进行了探讨。结果表明，不同类型的森林生态系统的碳储量变化差异很大，常绿阔叶林各组分的碳汇均高于其他森林类型。我国森林生态系统碳储量及碳汇存在明显的地理差异。从 20 世纪 80 年代到 21 世纪头十年，中国森林为一个明显的碳汇（306.5 Tg C/a）。20 年来，中国森林固定了 6.13 Pg C，相当于抵消了中国同时期因化石燃料燃烧排放 CO_2 总量的 31.8%。通过与其他国家比较，发现中国森林现阶段具有林龄小、平均碳密度低和人工林面积大的特点，因此未来中国森林增汇仍然具备巨大的潜力。

在此基础上，本章分别基于生物量密度 - 面积频度方法、林龄 - 生物量密度法和龄级面积转移矩阵，预测了到 2050 年我国森林林分生物量碳库及其变化。其中，生物量密度 - 面积频度方法估算结果表明，假定森林植被的平均碳密度保持不变，则我国森林（成林）植被的碳储量将增加到 8.62 Pg C；林龄 - 生物量密度法预测的 2050 年中国森林林分生物量总碳库将达到 13.09 Pg C；龄级面积转移矩阵法预测我国森林林分生物量碳库将达到 9.97 Pg C。

可见，不论是碳库还是碳密度，林龄 - 生物量密度法得到的结果都高于生物量密度 - 面积频度法和龄级面积转移矩阵法的结果。这主要是基于生物量密度与林龄关系的方法在预测过程中，假设没有森林的皆伐和成片死亡，已有的森林全部按照平均生物量密度状况自然生长，但实际上森林在生长过程必然存在一定的消耗，这一过程会减少森林生物量碳库。因此基于生物量密度与林龄关系的估算结果可能有所高估，但可以说，该方法估算了最理想状态下中国森林的碳汇潜力。

综上所述，到 2050 年我国森林林分生物量碳库应该为 8.62 ～ 13.09 Pg C，与 1999 ～ 2003 年碳库相比，净增加 2.76 ～ 7.13 Pg C。

IPCC（2007）报告指出 1995 ～ 2005 年全球森林将吸收 60 ～ 87 Pg C，相当于化石燃料燃烧排放 CO_2 量的 12% ～ 15%。随着近几年来中国 CO_2 排放量急剧增加，目前已成为世界上年排放 CO_2 量最多的国家，且随着经济的发展，中国的 CO_2 排放量还会继续增加（Canadell et al.，2007）。如果 2000 ～ 2050 年中国化石燃料燃烧排放 CO_2 的最佳可能范围是 101.5 ～ 141.0 Pg C（姜克隽等，2009），届时中国森林将抵消化石燃料燃烧排放 CO_2 量的 0.74% ～ 7.17%，如果按照国家配额（方精云等，2018）22 Pg C 计算，则最高可抵消 22.7%。

因此，应该做好人工造林、森林管理和保护工作，切实贯彻相关林业政策与规划，使中国森林的碳汇潜力得到充分发挥，以便有效减缓 CO_2 排放。

参考文献

方精云, 郭兆迪, 朴世龙, 陈安平. 2007. 1981 ～ 2000 年中国陆地植被碳汇的估算. 中国科学 D 辑 : 地球科学, 37: 804-812.

方精云, 朱江玲, 王少鹏, 岳超, 郑天立. 2018. 中国及全球碳排放——兼论碳排放与社会发展的关系. 北京 : 科学出版社.

郭兆迪, 胡会峰, 李品, 李怒云, 方精云. 2013. 1977 ～ 2008 年中国森林生物量碳汇的时空变化. 中国科学 : 生命科学, 43: 421-431.

国家林业局. 2009. 中国森林资源报告——第七次全国森林资源清查. 北京 : 中国林业出版社.

国家林业局森林资源管理司. 2005. 全国森林资源统计 (1999—2003). 北京 : 中国林业出版社.

姜克隽, 胡秀莲, 庄幸, 刘强. 2009. 中国 2050 年低碳发展情景和低碳发展之路. 见 : 2050 中国能源和碳排放研究课题组. 2050 中国能源和碳排放报告. 北京 : 科学出版社 : 753-819.

李意德, 吴仲民, 曾庆波, 周光益, 陈步峰, 方精云. 1998. 尖峰岭热带山地雨林生态系统碳平衡的初步研究. 生态学报, 18: 371-378.

林业部资源和林政管理司. 1996. 当代中国森林资源概况 : 1949—1993. 北京 : 中国林业出版社.

刘国华, 傅伯杰, 方精云. 2000. 中国森林碳动态及其对全球碳平衡的贡献. 生态学报, 20: 733-740.

徐冰. 2011. 全球陆地生态系统碳平衡 : 基于实测数据的分析. 北京 : 北京大学硕士学位论文.

中国可持续发展林业战略研究项目组. 2002. 中国可持续发展林业战略研究总论. 北京 : 中国林业出版社.

Birdsey RA, Heath LS. 1995. Carbon changes in U.S. forests. *In*: Joyce LA. Productivity of America's Forest and Climate Change. USDA Forest Service General Technical Report/ RMGTR-271: 56-70.

Boden TA, Marland G, Andres RJ. 2009. Global, Regional, and National Fossil-Fuel CO_2 Emissions. Carbon Dioxide Information Analysis Center, Oak Ridge National Laboratory, U.S. Department of Energy, Oak Ridge, Tennessee, USA.

Brown S, Lugo AE. 1982. The storage and production of organic matter in tropical forests and their role in the global carbon cycle. Biotropica, 14: 161-187.

Canadell JG, Le Quéré C, Raupach MR, Field CB, Buitenhuis ET, Ciais P, Conway TJ, Gillett NP, Houghton RA, Marland G. 2007. Contributions to accelerating atmospheric CO_2 growth from economic activity, carbon intensity, and efficiency of natural sinks. Proceedings of the National Academy of Sciences of the United States of America, 104: 18866-18870.

Chen LY, Smith P, Yang YH. 2015. How has soil carbon stock changed over recent decades? Global Change Biology, 21: 3197-3199.

Dixon RK, Brown S, Houghton RA, Trexier MC, Wisniewski J. 1994. Carbon pools and flux of global forest ecosystems. Science, 263: 185-190.

Fang JY, Brown S, Tang YH, Nabuurs GJ, Wang XP. 2006. Overestimated biomass carbon pools of the northern mid- and high latitude forests. Climatic Change, 74: 355-368.

Fang JY, Chen AP, Peng CH, Zhao SQ, Ci LJ. 2001. Changes in forest biomass carbon storage in China between 1949 and 1998. Science, 292: 2320-2322.

Fang JY, Guo ZD, Hu HF, Kato T, Muraoka H, Son Y. 2014. Forest biomass carbon sinks in East Asia, with special reference to the relative contributions of forest expansion and forest growth. Global Change Biology, 20: 2019-2030.

Fang JY, Guo ZD, Piao SL, Chen AP. 2007. Terrestrial vegetation carbon sinks in China, 1981-2000. Science in China Series D: Earth Sciences, 50: 1341-1350.

Fang JY, Oikawa T, Kato T, Mo WH. 2005. Biomass carbon accumulation by Japan's forests from 1947 to 1995. Global Biogeochemical Cycles, 19: GB2004.

Fang JY, Piao SL, Field CB, Pan YD, Guo QH, Zhou LM, Peng CH, Tao S. 2003. Increasing net primary production in China from 1982 to 1999. Frontiers in Ecology and the Environment, 1: 293-297.

Fang JY, Wang GG, Liu GH, Xu SL. 1998. Forest biomass of China: an estimate based on the biomass-volume relationship. Ecological Applications, 8: 1084-1091.

Goodale CL, Apps MJ, Birdsey RA, Field CB, Heath LS, Houghton RA, Jenkins JC, Kohlmaier GH, Kurz W, Liu S, Nabuurs GJ, Nillon S, Shvidenko AZ. 2002. Forest carbon sinks in the northern Hemisphere. Ecological Applications, 12: 891-899.

Guo ZD, Fang JY, Pan YD, Birdsey R. 2010. Inventory-based estimates of forest biomass carbon stocks in China: a comparison of three methods. Forest Ecology and Management, 259: 1225-1231.

Guo ZD, Hu HF, Li P, Li NY, Fang JY. 2013. Spatio-temporal changes in biomass carbon sinks in China's forests from 1977 to 2008. Science China Life Sciences, 56: 661-671.

Hamilton JG, DeLucia EH, George K, Naidu SL, Finzi AC, Schlesinger WH. 2002. Forest carbon balance under elevated CO_2. Oecologia, 131: 250-260.

Harmon ME, Franklin JF, Swanson FJ, Pollins P, Gregory SV, Lattin JD, Anderson NH, Cline SP, Aumen NG, Sedell JR, Lienkaemper GW, Cromack Jr K, Cummins KW. 1986. Ecology of coarse woody debris in temperate ecosystems. Advances in Ecological Research, 15: 132-302.

Hu HF, Wang SP, Guo ZD, Xu B, Fang JY. 2015. The stage-classified matrix models project a significant increase in biomass carbon stocks in China's forests between 2005 and 2050. Scientific Reports, 5: 11203.

IPCC. 2007. Climate Change 2007: The Physical Science Basis. Contribution of Working Group I to the Fourth Assessment Report of the Intergovernmental Panel on Climate Change. Cambridge: Cambridge University Press.

IPCC. 2014. Climate Change 2014: Impacts, Adaptation, and Vulnerability. Part A: Global and Sectoral Aspects. Contribution of Working Group Ⅱ to the Fifth Assessment Report of the Intergovernmental Panel on Climate Change. Cambridge: Cambridge University Press.

Kauppi PE, Ausubel JH, Fang JY, Mather AS, Sedjo RA, Waggoner PE. 2006. Returning forests analyzed with the forest identity. Proceedings of the National Academy of Sciences of the Untied States of America, 103: 17574-17579.

Lal R. 1999. World soils and the greenhouse effect. IGBP Global Change Newsletter, 37: 4-5.

Lettens S, Van Orshoven J, van Wesemael B, De Vos B, Muys B. 2005. Stocks and fluxes of soil organic carbon for landscape units in Belgium derived from heterogeneous data sets for 1990 and 2000. Geoderma, 127: 11-23.

Myneni RB, Dong J, Tucker CJ, Kaufmann RK, Kauppi PE, Liski J, Zhou L, Alexeyev V. 2001. A large carbon sink in the woody biomass of Northern forests. Proceedings of the National Academy of Sciences of the United States of America, 98: 14784-14789.

Olson J, Watts J, Allison L. 1983. Carbon in live vegetation of major world ecosystems. Publication No. 1997. ORNL-5862. Oak Ridge National Laboratory, Oak Ridge, Tennessee, USA.

Pan YD, Birdsey B, Fang JY, Houghton R, Kauppi PE, Kurz WA, Phillips OL, Shvidenko A, Lewis SL, Canadell JG, Ciais P, Jackson RB, Pacala SW, McGuire AD, Piao S, Rautiainen A, Sitch S, Hayers D. 2011. A large and persistent carbon sink in the world's forests. Science, 333: 988-993.

Piao SL, Fang JY, Ciais P, Peylin P, Huang Y, Sitch S, Wang T. 2009. The carbon balance of terrestrial ecosystems in China. Nature, 458: 1009.

Piao SL, Wang XH, Ciais P, Zhu B, Wang T, Liu J. 2011. Change in satellite derived vegetation growth trend in temperate and boreal Eurasia from 1982 to 2006. Global Change Biology, 17: 3228-3239.

Prietzel J, Zimmermann L, Schubert A, Christophel D. 2016. Organic matter losses in German Alps forest soils since the 1970s most likely caused by warming. Nature Geoscience, 9: 543-548.

Schrumpf M, Kaiser K, Schulze E. 2014. Soil organic carbon and total nitrogen gains in an old growth deciduous forest in Germany. PLoS One, 9: e89364.

Todd-Brown K, Randerson J, Post W, Hoffman FM, Tarnocai C, Schuur EAG, Allison SD. 2013. Causes of variation in soil carbon simulations from CMIP5 Earth system models and comparison with observations. Biogeosciences, 10: 1717-1736.

Waggoner P. 2008. Using the forest identity to grasp and comprehend the swelling mass of forest statistics. International Forestry Review, 10: 689-694.

Watson RT, Noble IR. 2001. Carbon and the science-policy nexus: the Kyoto challenge. *In*: Steffen W, Jager J, Carson D, Bredshaw C. Challenges of a Changing Earth. Proceedings of the Global Change Open Science Conference. Berlin: Springer: 57-64.

Whittaker R, Likens G. 1973. Carbon in the biota. *In*: Woodwell GM, Pecan EV. Carbon and the Biosphere. Technical Information Center, Office of Information Services, US Atomic Energy Commission, Springfield, VA, USA: 281-302.

Xu B, Guo ZD, Piao SL, Fang JY. 2010. Biomass carbon stocks in China's forests between 2000 and 2050: a prediction based on forest biomass-age relationships. Science China Life Sciences, 53: 776-783.

Yang YH, Li P, Ding JZ, Zhao X, Ma WH, Ji CJ, Fang JY. 2014. Increased topsoil carbon stock across China's forests. Global Change Biology, 20: 2687-2696.

Zhou G, Liu S, Li Z, Zhang D, Tang X, Zhou C, Yan J, Mo J. 2006. Old-growth forests can accumulate carbon in soils. Science, 314: 1417.

Zhu JX, Hu HF, Tao SL, Chi XL, Li P, Jiang L, Ji CJ, Zhu JL, Tang ZY, Pan YD, Birdsey RA, He XH, Fang JY. 2017. Carbon stocks and changes of dead organic matter in China's forests. Nature Communications, 8: 1-10.

Zhu JX, Hu XY, Yao H, Liu GH, Ji CJ, Fang JY. 2015. A significant carbon sink in temperate forests in Beijing: based on 20-year field measurements in three stands. Science China Life Sciences, 58: 1135-1141.

第 6 章　森林生物量碳库变化的宏观驱动因素

本书旨在对本研究团队过去 20 多年来关于中国森林碳收支的研究进行归纳和总结。通过第 5 章对森林生态系统全组分碳库及其收支的论述，证实中国森林生态系统是一个显著且巨大的大气 CO_2 汇。植被恢复和气候变化导致的植被生长速率增加被认为是陆地碳汇的两个主要因素。同时，气候变化对植被生长的影响存在正负两种不同的观点。因此，辨识气候变化对植被生长的影响及其对碳汇的相对贡献成为全球变化领域中广泛关注的问题，阐明这一问题对制定相关的植被管理和气候变化政策意义重大。

本章使用大范围和长时间尺度森林资源清查数据资料，介绍一种概念模型及其计算体系，以及森林面积变化和森林生长变化对森林碳源 / 汇相对贡献的定量方法。本章结果主要来源于 Shi 等（2011）、Guo 等（2013）、Fang 等（2014a，2014b）、Li 等（2016）的文献。

6.1　森林恒等式及其应用

6.1.1　森林生长的基本属性特征

面积（area）、蓄积量（stem volume）、生物量（biomass）和碳储量（carbon storage）是森林的 4 个重要属性，研究森林变化实际上不外乎研究这 4 个基本属性及其可能衍生出来的属性（如蓄积量密度、生物量密度、碳密度和生物量转化因子等）的变化。

森林面积反映一个国家或地区的森林覆被情况，是森林在某区域相对重要性的首要指标，森林面积的变化率则体现了森林和其他土地利用类型对土地需求方面的动态（Landmann et al.，2007）。分析森林面积的变化，对于森林管理部门和国土部门制定森林及土地利用政策具有重要的参考价值。

森林蓄积量是指一定森林面积上存在着的各种活立木树干部分的总材积。蓄积量一方面反映了森林资源的丰富程度，与提供木材的能力息息相关，是一个国家或地区森林资源总规模和水平的基本指标之一；另一方面森林蓄积量也是估算生物量和碳储量的基础（Fang et al.，1998；Fang and Wang，2001；Pan et al.，2004）。

森林生物量是指群落在一定时间内积累的有机物总量，通常用单位面积或单位时间积累的平均质量或能量来表示。生物量反映了森林生态系统的生产力，是森林生态系统结构和功能的最直接表现。森林总生物量乘以生物含碳量就是森林生物量碳储量或森林生物量碳库。

生物量碳转换系数是指单位生物量的碳储量。一般认为，该系数约为 0.5（Birdsey，1992），然而也有一些研究采用 0.45，个别研究则根据森林类别的不同采用不同的碳转换系数（张萍，2009）。陈遐林（2003）研究发现，中国乔木树种平均含碳率均大于 0.45，若以 0.45 作为碳转换系数，会导致生物量碳库的低估。因此本研究采用 0.5 作为森林生物量碳转换系数。

6.1.2 森林恒等式及森林各生长属性变化率的计算

“森林恒等式”（forest identity）是指森林碳库（或者生物量）的变化恒等于表达森林碳库的各个属性的变化之和。在已有研究中，虽然人们已经认识到森林碳储量与森林各属性特征紧密联系，森林固碳能力（森林碳汇）同时受多个属性因子变化的影响（Brown and Gaston，1995；Fang et al.，2001；Houghton et al.，2007；Pan et al.，2011），但受方法的限制，在评估大尺度森林碳库变化时，人们仍无法定量表达这些属性变化对森林固碳能力的影响。例如，森林面积的变化和单位面积蓄积量的变化都会导致总蓄积量变化；生物量的变化则受面积、蓄积量和生物量转化因子（单位蓄积量的生物量）三方面变化的综合影响，如何分离各个因素对碳汇的贡献，需要方法上的创新。

基于此，方精云与其合作者提出“森林恒等式”的概念，用森林面积、蓄积量、生物量和碳储量等森林碳属性的变化速率来表示森林总材积或森林碳库的变化（Kauppi et al.，2006；Waggoner，2008）。根据森林恒等式，对于任一森林，有

$$Q = A \times D \times B \times C$$

$$\frac{\mathrm{d}\ln Q}{\mathrm{d}t} = \frac{\mathrm{d}\ln A}{\mathrm{d}t} + \frac{\mathrm{d}\ln D}{\mathrm{d}t} + \frac{\mathrm{d}\ln B}{\mathrm{d}t} + \frac{\mathrm{d}\ln C}{\mathrm{d}t} \tag{6-1}$$

令 $q \approx \frac{\mathrm{d}\ln Q}{\mathrm{d}t}, a \approx \frac{\mathrm{d}\ln A}{\mathrm{d}t}, b \approx \frac{\mathrm{d}\ln D}{\mathrm{d}t}, d \approx \frac{\mathrm{d}\ln B}{\mathrm{d}t}, c \approx \frac{\mathrm{d}\ln C}{\mathrm{d}t}$

则，
$$q = a + d + b + c \tag{6-2}$$

相似地，
$$v = a + d \tag{6-3}$$

$$m = a + d + b \tag{6-4}$$

式中，Q、A、D、B、C、v 和 m 分别代表一个国家或地区的森林碳储量、森林面积、单位面积的蓄积量、单位蓄积量的生物量、生物量中的碳比例、蓄积量和生物量；小写的 q、a、d、b、c、v 和 m 分别代表其对应的相对年变化率。

该公式把森林固碳能力与森林面积、蓄积量、生物量和生物量的碳比例巧妙地融合在一个等式中。通过该分解方法，可以使森林各属性的变化更为清楚，实现森林碳汇的定量表达，厘清森林变化的具体原因。

6.1.3 全国尺度森林生长属性的变化

在过去的几十年间，中国经历了大范围的人工造林和再造林实践活动（Carle et al.，2002，Wang et al.，2007），截至 21 世纪第一个十年，中国森林的覆盖面积已经达到 195.4×10^6 hm^2（国家林业局，2009）。中国森林类型广泛，覆盖范围从热带到寒温带。因此，全面评估中国森林资源的变化对于澄清区域和全球森林变化都很重要。本章介绍应用森林恒等式的方法，结合森林资源清查数据对过去 30 年中国森林面积和密度变化进行介绍。

根据森林恒等式［式（6-2）］$q = a + d + b + c$，森林碳库的变化率等于森林属性（森林面积、蓄积量密度、生物量转换因子以及含碳量）的变化率之和。某一森林生长属性与时间的关系可以写成：

$$y = \text{slope} \cdot x + \text{intercept} \tag{6-5}$$

式中，y 代表省级或者国家水平上的森林生长属性指标；slope 为斜率；intercept 为截距；x 代表森林资源清查时期的中间年份，分别为 1979 年（1977 ～ 1981 年）、1986 年（1984 ～ 1988 年）、1991 年（1989 ～ 1993 年）、1996 年（1994 ～ 1998 年）和 2001 年（1999 ～ 2003 年）。某一森林生长属性的相对年均变化率为 RR（%/a），由式（6-6）计算而来：

$$\text{RR}(\%/\text{a}) = \left\{\frac{5 \times \text{slope}}{\left[y_1 + y_2 + y_3 + y_4 + y_5\right]}\right\} \times 100 \tag{6-6}$$

式中，slope 为式（6-5）的回归系数；y 分别代表 5 期森林资源清查数据中的某一生长属性的值；在本研究中，RR 即代表森林恒等式［式（6-2）］中的 a、d、b、c。利用 1977 ～ 2003 年的森林资源清查数据和连续生物量转换因子法，计算了不同时期中国森林的面积（A）、蓄积量密度（D）以及生物量碳库（Q）。结果显示，在研究时期内，中国森林的生物量碳库由最初的 4.70 Pg C 增加至 5.86 Pg C（1 Pg = 10^{15} g）。研究期间，森林面积（a）、蓄积量密度（d）、生物量转换因子（b）和生物含碳量（c）的年平均变化率分别为 0.51%、0.44%、–0.10% 和 0（表 6-1）。利用森林恒等式，中国森林生物量碳的年均增长率为 0.85%（= 0.51% + 0.44% – 0.10% + 0），年均碳吸收量相当于 43.8 Tg。全国尺度的森林生物量的增加可能主要归功于 20 个世纪 80 年代中国国家尺度上开展的造林项目，包括河流保护林工程、天然林保护项目以及退耕还林项目等（FAO，2001；Wang et al.，2007）。另外，从气候变化的角度讲，生长季的延长也可能会促进森林的生长（Fang et al.，2003，2004；Piao et al.，2006）。虽然有研究认为 CO_2 浓度升高以及氮沉降都会促进森林的生长，但目前在中国仍缺少这样的证据。

表 6-1　中国森林的面积、蓄积量密度、生物量转换因子（BEF）和生物量碳库及其变化率（1977 ～ 2003 年）

调查期	面积（10^4 hm^2）	蓄积量（m^3/hm^2）	BEF（Mg/m^3）	碳库（Pg C）
1977 ～ 1981 年	12 300.2	77.29	0.988	4.70
1984 ～ 1988 年	13 127.2	73.38	1.010	4.86
1989 ～ 1993 年	13 926.6	76.87	0.997	5.33
1994 ～ 1998 年	12 919.9	78.06	0.996	5.02
1999 ～ 2003 年	14 280.3	84.73	0.969	5.86
变化率	0.51（%/a）	0.44（%/a）	–0.10（%/a）	0.85（%/a）

6.1.4　省（区）尺度森林生长属性的变化

（1）森林蓄积量的变化（v）

由森林恒等式可知，森林蓄积量的变化率是森林面积与蓄积量密度变化率之和。在研究时期内，中国大部分省份的森林面积都有所上升，有 8 个省（区）出现下降，分别是宁夏（–2.9%）、甘肃（–0.84%）、西藏（–0.64%）、吉林（–0.35%）、黑龙江（–0.34%）、陕西（–0.23%）、内蒙古（–0.22%）以及山东（–0.10%）（图 6-1）。在森林面积增加的 22 个省（区）中，5 个省（区）的年均增长比例低于 1.0%，12 个省（区）的增长比例为 1.0% ～ 2.0%，5 个省（区）的森林面积增长比例超过 2.0%（图 6-1）。这些结果显示，造林和在造林已经在中国 73.3%（22/30）的省级行政单位中发生，造林使得全国 16.7%（5/30）的省份森林面积发生较快增长。

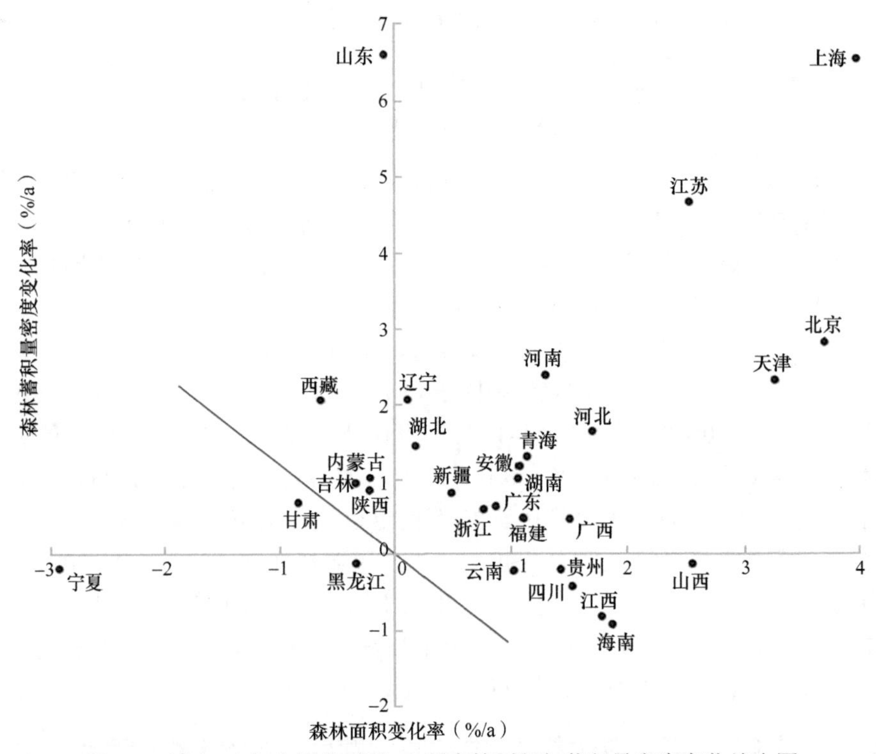

图 6-1　过去 30 年中国省（区）水平森林面积与蓄积量密度变化综合图

研究时期内，中国大部分省份的森林蓄积量密度都有所增加，有 8 个省（区）的森林密度发生了下降，分别是海南（–0.94%）、江西（–0.83%）、四川（–0.44%）、云南（–0.23%）、贵州（–0.21%）、宁夏（–0.18%）、山西（–0.14%）以及黑龙江（–0.13%）（图 6-1）。其中森林密度的年均变化率有 9 个省（区）小于 1.0%，5 个省（区）为 1.0% ～ 2.0%，8 个省（区）的森林密度增加超过 2.0%。

将面积与蓄积量密度变化速率显示在一张二维图中，可以更加直观地判断研究时期内省级水平森林蓄积量的变化率。如图 6-1 所示，如果省（区）数值点落在 $a = -d$ 以上，则说明森林蓄积量在过去一段时间为正增长；如果落在 $a = -d$ 以下，则表明森林蓄积量为负增长。综合面积和蓄积量密度的变化率，在 1977 ～ 2003 年，绝大部分省（区）森林蓄积量为正增长，仅有甘肃、黑龙江和宁夏 3 个省（区）森林蓄积量为负增长。

（2）生物量（m）或者碳吸收能力（q）的变化

根据森林恒等式，生物量（m）的变化随着森林面积（a）和蓄积量密度（d）的变化而变化，同时也受生物量转换因子（b）变化的影响。本研究中，生物量含碳量取固定值 0.5，因此，生物量的变化率（m）就等于森林的碳吸收能力（q）。图 6-2 展示了面积、蓄积量密度和生物量转换因子变化率对生物量变化的贡献。

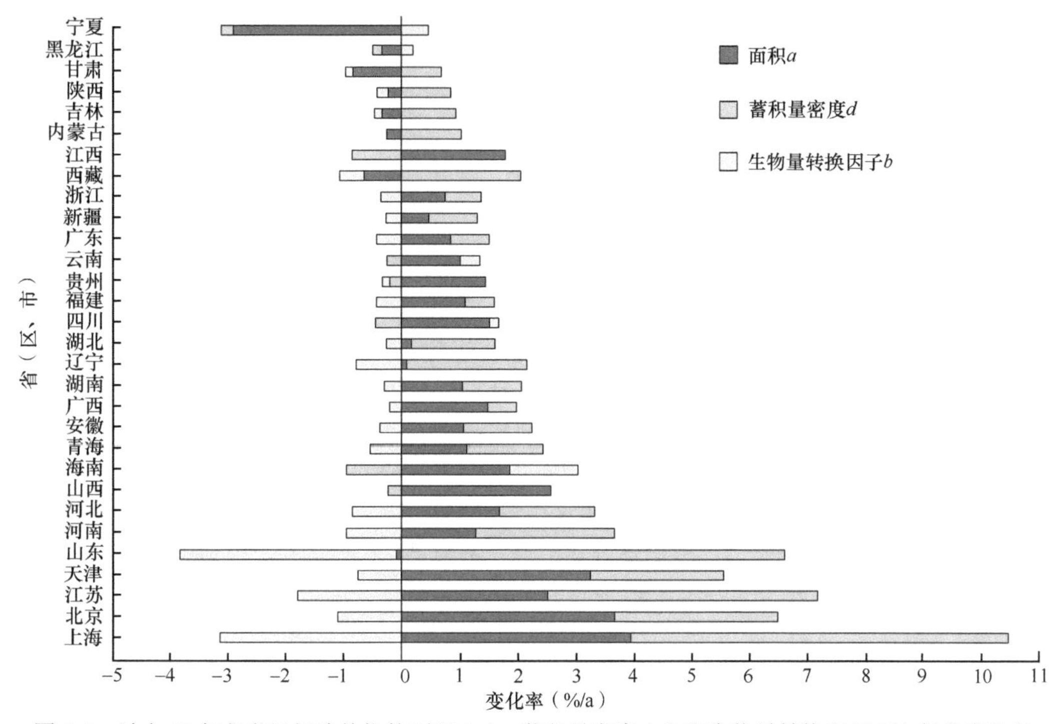

图 6-2　过去 30 年各省级行政单位的面积（a）、蓄积量密度（d）和生物量转换因子（b）年均变化率

整体看来，b 对森林碳汇具有相反的作用，生物量变化率与 a 和 b 在同一方向（图 6-2）。特别要指出的是，在研究时期内，27 个省（区）的森林表现为碳汇，有 3 个省（区）的森林表现为碳源，分别是宁夏、黑龙江和甘肃。通过建立蓄积量密度变化率与生物量转换因子的关系发现，二者有较好的线性负相关（$b = -0.49d$，$R^2 = 0.91$）（图 6-3）。

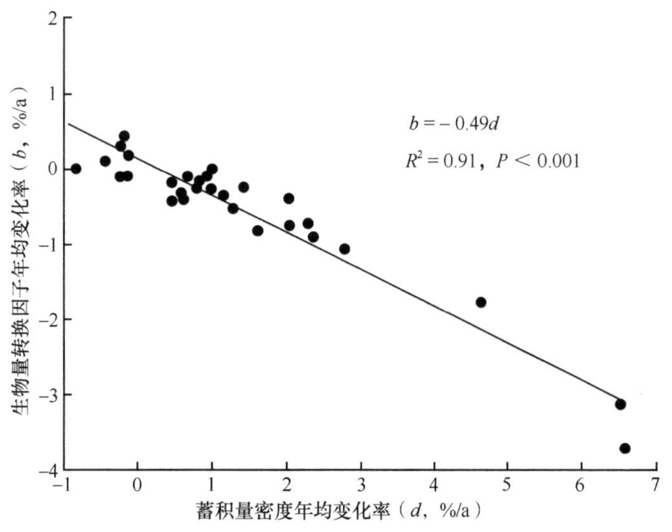

图 6-3　蓄积量密度年均变化率（d）与生物量转换因子变化率（b）之间的关系

整体看来，全国各省（区）森林面积和蓄积量密度都有所升高，但在一些省（区）也发生了森林退化（包括蓄积量密度或者面积呈现负增长）。从地理分布上可以看出，发生森林面积退化的省份主要分布于干旱区，而森林蓄积量密度减小的省份主要位于西南碳储量相对较高的区域。由此看来，气候条件和老龄林的自然退化可能是导致这些区域森林面积或者蓄积量密度下降的原因。而对于东北地区来说，森林采伐和森林火灾都有可能造成这一地区的森林退化（Wang et al.，2002；Fang et al.，2004）。

6.2 森林面积与生物量密度变化对中国森林碳汇的相对贡献

6.2.1 森林碳汇的驱动机制

一定时期内森林碳储量的增加（森林碳汇）是森林扩张（面积增加）和森林再生长（生物量密度增长）共同作用的结果（Kauppi et al.，2006；Waggoner，2008；Fang et al.，2014a）。评估二者森林碳汇的相对贡献有助于认识区域森林碳汇的驱动机制，对制定应对气候变化的森林管理政策有重要意义（Watson et al.，2000；Fang et al.，2001；Janssens et al.，2003；Nabuurs et al.，2003；Birdsey et al.，2006；McKinley et al.，2011）。本部分在 Fang 等（2014a）的基础上，应用森林恒等式，对近 30 年来中国森林生物量碳汇的驱动机制进行分析，探讨近 30 年来面积与密度变化对中国森林碳汇的相对贡献及其时空差异。

6.2.2 面积与密度变化相对贡献的分离方法

采用 6 期全国森林资源清查数据，即 1977 ～ 1981 年、1984 ～ 1988 年、1989 ～ 1993 年、1994 ～ 1998 年、1999 ～ 2003 年和 2004 ～ 2008 年。本研究中“森林”特指“林分”，并不包括经济林和竹林。由于清查数据中缺少台湾、香港、澳门的详细数据，因此本研究计算结果不包含这些地区。林分生物量的计算采用连续 BEF 法，详见第 2 章。

根据森林恒等式

$$M = A \times D$$

森林恒等式可简化为

$$m = a + d \tag{6-7}$$

式中，M、A 和 D 分别代表国家或大区水平上的生物量碳库（Tg C）、森林面积（hm^2）和生物量碳密度（Mg C/hm^2）；a、d 和 m 表示这些指标在一定时间内的变化率。

森林生物量碳储量、森林面积和生物量碳密度的变化率（m、a 和 d，Change rate）可以近似根据式（6-7）获得：

$$\text{Change rate}\ (\%/\text{a}) \approx \left[\frac{2(X_2 - X_1)}{(X_1 + X_2)(t_2 - t_1)}\right] \times 100 \tag{6-8}$$

式中，X_1 和 X_2 分别代表不同森林资源清查时期（t_1 和 t_2）森林生物量碳储量（M）、森林面积（A）或者生物量碳密度（D）的值；用两期数值之和做分母是为了使生长变化更加稳定；相应地，分子为两期数值之差的两倍。

因此，对一定时期内的森林碳汇而言，面积增长（Ra，%）和密度增长（Rd，%）的相对贡献可以由式（6-8）计算而来：

$$\mathrm{Ra}\,(\%) = \frac{a}{m} \times 100,\ \mathrm{Rd}\,(\%) = \frac{d}{m} \times 100 \tag{6-9}$$

6.2.3　森林面积与生物量密度对森林碳汇的相对贡献

在过去约 30 年（1977 ～ 2008 年），总林分、人工林和天然林在国家尺度上都表现为明显碳汇（表 6-2，图 6-4）。过去 30 年中国的人工林碳储量增加了约 817.6 Tg C（表 6-3），无论是全国尺度还是大区尺度，森林面积的扩张都是我国人工林碳汇的主要贡献因素。在全国尺度，人工林面积的平均变化率为 3.81%/a，对其碳汇的相对贡献达到 62.2%；不同大区中，人工林面积的贡献亦超过密度，占据主要地位，在森林碳储量最大的西南地区，面积增长对碳汇的贡献达到 78.2%，显著高于其他大区（图 6-4）。与人工林相反，虽然过去近 30 年，天然林碳储量为 892.1 Tg C（表 6-4），但森林密度增长对碳汇的贡献超过面积（64.0% vs. 39.6%），是天然林碳储量增长的主要原因；在各大区之间，天然林碳储量变化的主要驱动因素并不像人工林那样一致（图 6-4）。在西南和华中地区，面积的增长速率超过密度，是森林碳汇的主要贡献地区。在华东地区，天然林密度在过去近 30 年降低了 0.49%（$d = 0.02\%/\mathrm{a}$），天然林面积增长对天然林碳汇的相对贡献达到 104.4%。与上面的情形相反，华北和西北地区，天然林密度的增长都是森林碳汇的绝对主导因素。在东北地区，天然林面积的下降速率（$a = -0.27\%/\mathrm{a}$）超过了密度的增长速率（$d = 0.24\%/\mathrm{a}$），面积的下降是该地区天然林碳流失的主要原因。

表 6-2　全国及六大区全部森林面积、生物量碳储量、碳密度和碳汇变化（1977 ～ 2008 年）

调查期	全国	华北	东北	华东	中南	西南	西北
面积（10^4 hm^2）							
1977 ～ 1981 年	12 350.3	1 849.1	2 953.9	1 525.9	2 173.3	2 939.3	908.8
1984 ～ 1988 年	13 169.1	1 899.8	3 054.2	1 723.2	2 142.3	3 333.0	1 016.6
1989 ～ 1993 年	13 971.5	1 997.1	3 130.5	1 904.2	2 446.0	3 532.6	961.2
1994 ～ 1998 年	13 240.6	1 761.0	2 769.8	1 903.9	2 498.8	3 409.7	897.4
1999 ～ 2003 年	14 278.7	2 003.3	2 826.3	2 026.7	2 720.0	3 802.2	900.3
2004 ～ 2008 年	15 559.0	2 182.9	3 000.7	2 232.6	3 087.3	4 059.2	996.3
1977 ～ 2008 年净变化	3 208.7	333.8	46.8	706.7	914.0	1 119.9	87.5
碳储量（Tg C）							
1977 ～ 1981 年	4 717.4	556.7	1 249.9	384.5	456.4	1 719.7	350.2
1984 ～ 1988 年	4 884.8	593.6	1 256.4	377.0	428.0	1 857.3	372.6
1989 ～ 1993 年	5 402.3	629.3	1 308.7	428.8	505.4	2 151.5	378.5
1994 ～ 1998 年	5 387.9	621.3	1 257.1	435.2	545.5	2 145.4	383.5
1999 ～ 2003 年	5 862.5	701.1	1 272.8	515.7	653.0	2 326.6	393.4
2004 ～ 2008 年	6 427.1	760.1	1 362.2	632.8	779.3	2 465.3	427.4
1977 ～ 2008 年净变化	1 709.7	203.4	112.3	248.3	322.9	745.6	77.2

续表

调查期	全国	华北	东北	华东	中南	西南	西北
碳密度（Mg C/hm²）							
1977～1981年	38.2	30.1	42.3	25.2	21.0	58.5	38.5
1984～1988年	37.1	31.2	41.1	21.9	20.0	55.7	36.6
1989～1993年	38.7	31.5	41.8	22.5	20.7	60.9	39.4
1994～1998年	40.7	35.3	45.4	22.9	21.8	62.9	42.7
1999～2003年	41.1	35.0	45.0	25.4	24.0	61.2	43.7
2004～2008年	41.3	34.8	45.4	28.3	25.2	60.7	42.9
1977～2008年净变化	3.1	4.7	3.1	3.1	4.2	2.2	4.4
碳汇（Tg C/a）							
1981～1988年	23.9	5.3	0.9	−1.1	−4.1	19.6	3.2
1988～1993年	103.5	7.2	10.5	10.4	15.5	58.8	1.2
1993～1998年	−2.9	−1.6	−10.3	1.3	8.0	−1.2	1.0
1998～2003年	94.9	16.0	3.1	16.1	21.5	36.2	2.0
2004～2008年	112.9	11.8	17.9	23.4	25.3	27.8	6.8
1981～2008年净变化	89.0	6.5	17.0	24.5	29.4	8.2	3.6

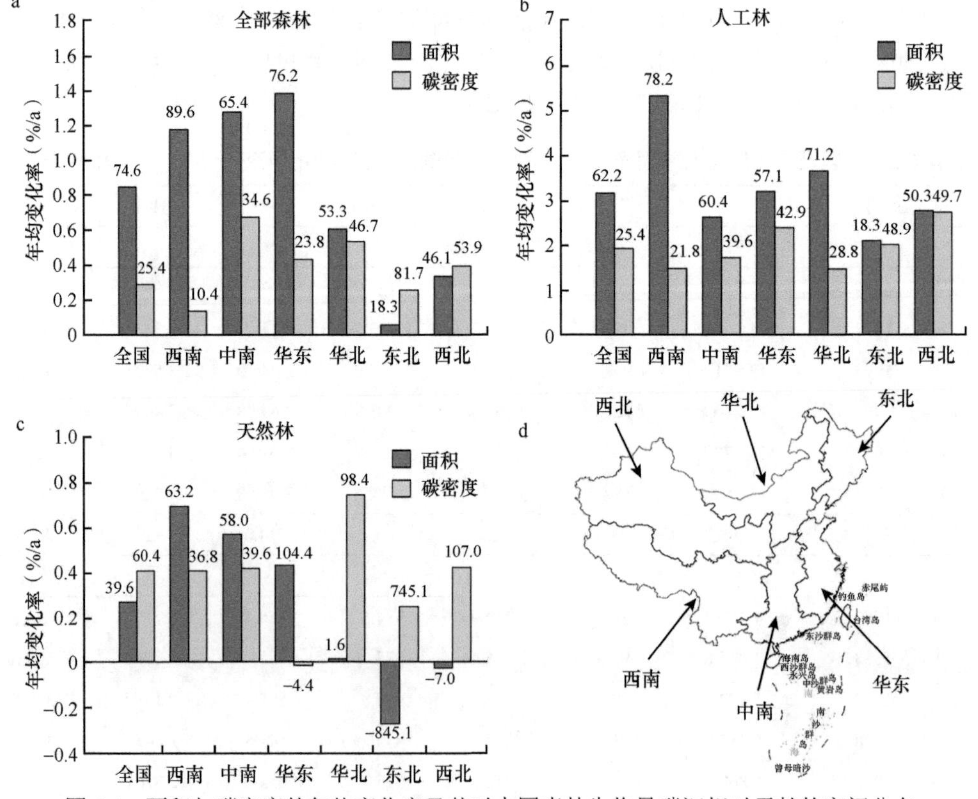

图 6-4　面积与碳密度的年均变化率及其对中国森林生物量碳汇相对贡献的空间分布

a. 全部森林；b. 人工林；c. 天然林；d. 中国森林被分为6个区域。图柱上数字为二者的相对贡献率（%）

表 6-3　全国及六大区人工林森林面积、生物量碳储量、碳密度和碳汇变化（1977 ～ 2008 年）

调查期	全国	华北	东北	华东	中南	西南	西北
面积（10^4 hm^2）							
1977 ～ 1981 年	1595.2	166.2	298.2	365.4	586.1	101.9	77.3
1984 ～ 1988 年	2347.2	244.7	497.8	583.0	595.9	277.1	148.7
1989 ～ 1993 年	2675.2	308.7	456.8	680.8	761.9	339.1	127.9
1994 ～ 1998 年	2914.4	309.5	474.4	717.5	878.5	396.7	137.9
1999 ～ 2003 年	3229.4	386.2	461.9	769.2	976.3	495.9	139.8
2004 ～ 2008 年	3999.9	494.4	536.6	928.8	1235.8	633.3	170.9
1977 ～ 2008 年净变化	2404.7	328.2	238.4	563.4	649.7	531.4	93.6
碳储量（Tg C）							
1977 ～ 1981 年	249.5	23.5	57.1	52.2	88.2	18.5	10.1
1984 ～ 1988 年	418.0	41.4	105.7	105.0	96.5	47.1	22.3
1989 ～ 1993 年	525.8	55.6	105.5	136.0	138.1	62.1	28.4
1994 ～ 1998 年	642.4	63.0	130.7	153.2	171.0	87.3	37.2
1999 ～ 2003 年	836.1	82.5	150.3	203.7	231.0	130.8	37.7
2004 ～ 2008 年	1067.1	104.8	179.9	261.4	299.0	173.0	49.1
1977 ～ 2008 年净变化	817.6	81.3	122.8	209.2	210.8	154.5	39.0
碳密度（Mg C/hm^2）							
1977 ～ 1981 年	15.6	14.1	19.1	14.3	15.0	18.1	13.1
1984 ～ 1988 年	17.8	16.9	21.2	18.0	16.2	17.0	15.0
1989 ～ 1993 年	19.7	18.0	23.1	20.0	18.1	18.3	22.2
1994 ～ 1998 年	22.0	20.4	27.5	21.4	19.5	22.0	27.0
1999 ～ 2003 年	25.9	21.4	32.5	26.5	23.7	26.4	27.0
2004 ～ 2008 年	26.7	21.2	33.5	28.1	24.2	27.3	28.7
1977 ～ 2008 年净变化	11.0	7.1	14.4	13.8	9.2	9.2	15.6
碳汇（Tg C/a）							
1981 ～ 1988 年	24.1	2.6	6.9	7.5	1.2	4.1	1.7
1988 ～ 1993 年	21.6	2.8	0.0	6.2	8.3	3.0	1.2
1993 ～ 1998 年	23.3	1.5	5.0	3.4	6.6	5.0	1.7
1998 ～ 2003 年	38.7	3.9	3.9	10.1	12.0	8.7	0.1
2004 ～ 2008 年	46.2	4.5	5.9	11.5	13.6	8.4	2.3
1981 ～ 2008 年净变化	22.1	1.9	–1.0	4.0	12.4	4.3	0.6

表 6-4　全国及六大区天然林森林面积、生物量碳储量、碳密度和碳汇变化（1977～2008 年）

调查期	全国	华北	东北	华东	中南	西南	西北
面积（10^4 hm^2）							
1977～1981 年	10 755.0	1 682.8	2 655.6	1 160.5	1 587.2	2 837.3	831.5
1984～1988 年	10 822.0	1 655.1	2 556.5	1 140.3	1 546.4	3 055.9	867.9
1989～1993 年	11 296.2	1 688.3	2 673.6	1 223.3	1 684.1	3 193.5	833.3
1994～1998 年	10 326.1	1 451.6	2 295.5	1 186.4	1 620.3	3 012.9	759.5
1999～2003 年	11 049.3	1 617.0	2 364.4	1 257.5	1 743.7	3 306.2	760.4
2004～2008 年	11 559.1	1 688.5	2 464.1	1 303.8	1 851.5	3 425.9	825.4
1977～2008 年净变化	804.1	5.7	−191.5	143.3	264.3	588.6	−6.1
碳储量（Tg C）							
1977～1981 年	4 467.8	533.2	1 192.8	332.3	368.2	1 701.2	340.0
1984～1988 年	4 466.8	552.2	1 150.8	272.0	331.5	1 810.2	350.3
1989～1993 年	4 876.5	573.7	1 203.2	292.8	367.3	2 089.4	350.0
1994～1998 年	4 745.5	558.3	1 126.4	282.0	374.5	2 058.0	346.3
1999～2003 年	5 026.4	618.6	1 122.5	311.9	422.0	2 195.7	355.7
2004～2008 年	5 360.0	655.3	1 182.3	371.5	480.3	2 292.3	378.3
1977～2008 年净变化	892.1	122.1	−10.5	39.2	112.1	591.1	38.3
碳密度（Mg C/hm^2）							
1977～1981 年	41.5	31.7	44.9	28.6	23.2	60.0	40.9
1984～1988 年	41.3	33.4	45.0	23.9	21.4	59.2	40.4
1989～1993 年	43.2	34.0	45.0	23.9	21.8	65.4	42.0
1994～1998 年	46.0	38.5	49.1	23.8	23.1	68.3	45.6
1999～2003 年	45.5	38.3	47.5	24.8	24.2	66.4	46.8
2004～2008 年	46.4	38.8	48.0	28.5	25.9	66.9	45.8
1977～2008 年净变化	4.9	7.1	3.1	−0.1	2.7	6.9	4.9
碳汇（Tg C/a）							
1981～1988 年	−0.1	2.7	−6.0	−8.6	−5.3	15.6	1.5
1988～1993 年	81.9	4.3	10.5	4.2	7.2	55.8	0.0
1993～1998 年	−26.2	−3.1	−15.4	−2.2	1.4	−6.3	−0.7
1998～2003 年	56.2	12.1	−0.8	6.0	9.5	27.5	1.9
2004～2008 年	66.7	7.3	12.0	11.9	11.7	19.3	4.5
1981～2008 年净变化	66.8	4.6	6.0	20.5	17.0	3.7	3.0

自 20 世纪 70 年代开始，得益于我国大范围的人工造林和再造林，中国人工林的面积由 20 世纪 70 年代的 1.695×10^7 hm^2 增加到 21 世纪头十年的 2.405×10^7 hm^2（Fang et al.，2001；Li，2004；FAO，2006；Wang et al.，2007），显示着年轻森林的再生长也将持续对森林碳汇有贡献作用（Guo et al.，2010；Xu et al.，2010）。与人工林不同，我国天

然林面积增长对森林碳汇的贡献低于密度生长；在一些大区，森林面积甚至出现负增长，这可能与天然林的长期采伐有关。另外，不同的大区之间，管理政策、采伐情况和气候变化因素的差异都会影响天然林的生长状况和面积变化（Fang et al.，2004；Du et al.，2014）。例如，过去 30 多年，中国华南和西南地区气候呈现变干、变热的趋势，而北方区域的植被则因为湿润化增强经历着更长的生长季，导致密度增加（Peng et al.，2011）。这些因素使得面积和密度对天然林碳汇的相对贡献在空间上并无一致的趋势。

在全国尺度上，通过连续计算两期森林资源清查之间面积和密度变化对碳汇的贡献，可以发现二者的时间动态变化。对于人工林来说，面积的最快增长速率出现在 20 世纪 80 年代，达到 5.45%/a，之后呈现下降趋势，直至 21 世纪初。与此同时，人工林的森林碳密度呈现缓慢但持续的增长过程。人工林平均密度在 1998 ～ 2003 年达到峰值，之后迅速下降。与面积和密度属性特征的变化率相对应，二者对碳汇的相对贡献也呈现规律性变化：20 世纪 80 年代初至 21 世纪初，森林面积增长的相对贡献呈现下降趋势，而密度的相对贡献则呈上升趋势；进入 21 世纪，由于人工林面积增长迎来一个新高峰，其对人工林碳汇的相对贡献再次升高。与人工林相比，天然林面积或密度的相对贡献在时间上变化不规律：在过去近 30 年，全国水平天然林面积的相对贡献大体呈现下降趋势，且在大部分统计时期内（除 1988 ～ 1993 年），天然林面积的增长对森林碳汇的相对贡献都超过森林碳密度变化（图 6-5）。

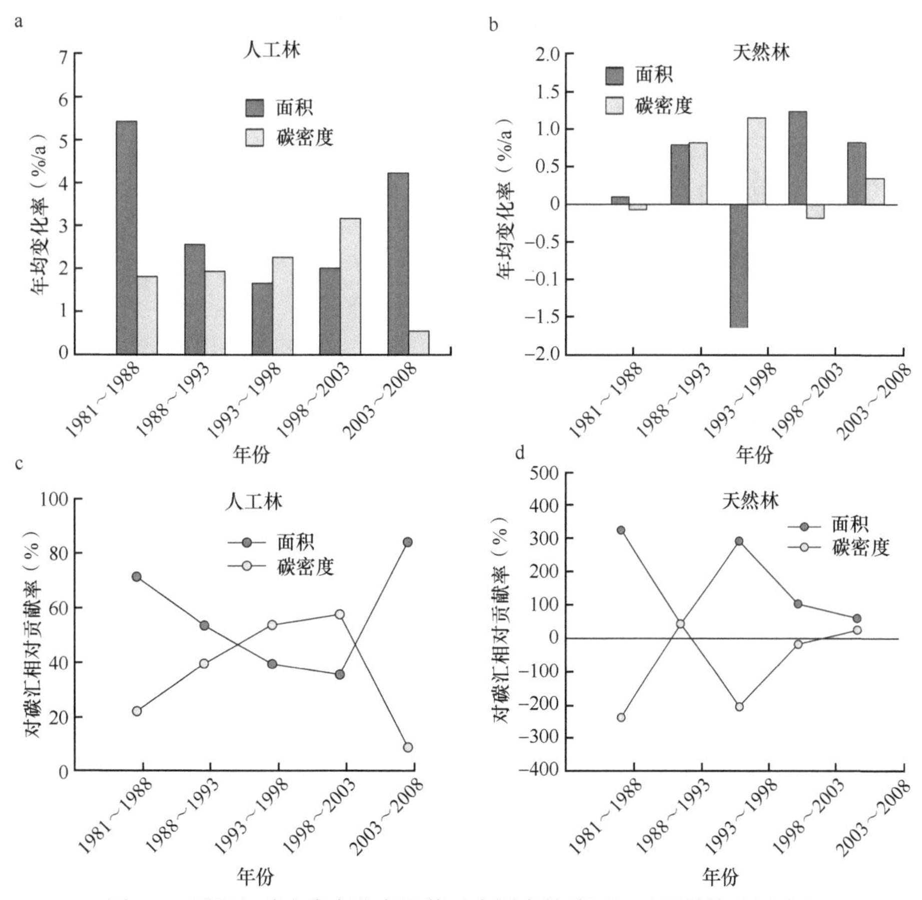

图 6-5　面积与碳密度变化率及其对中国森林碳汇相对贡献的时间动态

众所周知，森林面积扩张和森林生长与再造林和毁林的强度直接相关，因此林业管理政策和林业工程的实施对森林碳吸收有重要影响。对于人工林和天然林来说，不同的林业政策和不同强度的林业管理方式都会导致森林碳吸收的程度不同。在人工林中，面积增长对碳汇的相对贡献表现为逐渐下降后急速上升的趋势，这一现象与我国人工造林的实施阶段紧密相关（Brown et al.，1997；Fang et al.，2001；Birdsey et al.，2006；Kauppi et al.，2006）。中国国家尺度的大范围人工造林开始于 20 世纪 70 年代，在 20 世纪 80 年代达到顶峰，其间的造林项目以防护林为主，目的主要是抵抗恶劣天气、改善环境（Li，2004；Wang et al.，2007）；中国的第二个造林高峰开始于 21 世纪初，包括六大林业工程，即天然林保护工程（2000 年）、“三北”和长江中下游地区等重点防护林体系建设工程（2001 年）、野生动植物保护及自然保护区建设工程（2001 年）、退耕还林还草工程（2002 年）、重点地区以速生丰产用材林为主的林业建设工程（2002 年）以及京津风沙源治理工程（2002 年）。与第一阶段相比，第二阶段覆盖了全国 97% 的县域，造林目标更加多样化（Lei，2005；Liu，2006；Wang et al.，2007）。快速集中的造林可以在短期内增加森林的面积，使得面积变化在区域碳汇贡献中占据主导地位；从长时间尺度看，一旦造林减缓或者林业工程完成，在相对较适宜的自然环境下，通过科学有效的管理，森林再生长将会对森林碳汇产生较大贡献。

我国的天然林虽然具有较大的碳储量，但同时自身长期面临森林退化的压力，尤其是原材料采伐和土地利用变化（如农田开垦）引起的林地减少等（Li，2004；Lei，2005）。另外，一些极端天气和森林火灾也会导致天然林的退化（Shi et al.，2011）。这些因素都会导致森林面积和密度的增速在不同清查期内出现较大波动，致使二者对森林碳汇的贡献在时间上并无明显规律。特别需要指出的是，由于全国范围内天然林保护工程的实施，自 1998 年以来，中国的天然林一直呈现出稳定的碳汇，森林再生长对碳汇的相对贡献逐渐升高。

6.2.4 中国与日本、韩国森林碳汇驱动因素的比较

在过去的几十年间，东亚地区经历了广泛的造林与再造林运动，主要国家（中国、日本、韩国）森林碳储量从 20 世纪 70 年代到 21 世纪头十年均有不同程度的增加（Fang et al.，2014a）。本部分利用森林恒等式概念，通过比较森林面积与密度的相对贡献，探讨了东亚三国森林碳汇驱动机制的差异。

对于全体林分来说，中国的森林碳汇主要由面积增长贡献，而日本、韩国主要由密度增长贡献。中国森林面积和密度在过去的平均变化率分别为 0.264%/a 和 0.175%/a，面积扩张对森林碳汇的贡献达到 60%。而日本和韩国的共同特点是，森林面积变化微弱而森林密度均呈现显著增长，近 40 年来森林密度增长对这两个国家森林碳汇的贡献分别达到 101.5% 和 98.6%（图 6-6a），远远超过面积增长的贡献。对中国和日本两国不同森林类型（人工林和天然林）的碳汇机制进一步研究发现，在中国，面积扩张是人工林碳汇的主要驱动机制，而密度增长是天然林碳汇的主要驱动机制；对于日本来说，不管是人工林还是天然林，密度增长对森林碳汇的相对贡献都占据绝对主导地位（图 6-6b）。

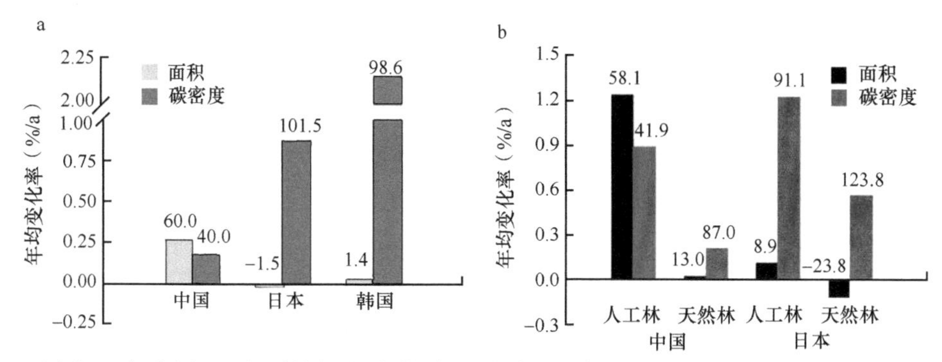

图 6-6　过去 40 年中国、日本、韩国三国森林面积、密度平均变化速率（a）及其对碳汇的相对贡献（b）

由以上分析可知，过去近 40 年，中国森林碳储量的增加主要来自森林面积的扩张，而日、韩两国的森林碳汇主要为森林密度的增加，这一差异主要受到两个因素的影响：森林年龄结构和生长条件。由于韩国的相关数据不可用，现以中国、日本为例进行分析：首先，中国、日本两国的森林（尤其是人工林）林龄有着明显的差异。日本的人工造林始于 20 世纪 50 年代（Japan Agency of Forestry，2000），而中国普遍始于 20 世纪 70 年代末（Fang et al.，2001；Xiao，2005）。日本的森林比中国森林林龄平均高出 20 年，这意味着当中国森林处于幼龄林或者中龄林阶段时，日本森林已经处于中 - 近熟林的年龄阶段。年龄结构的差异使得中国森林的平均碳密度低于日本森林，从而在密度增长上不占优势。其次，中国、日本两国森林的生长条件可能存在明显差异（Kira，1991；Fang et al.，2005，2010）。中国主要受大陆性气候影响，而日本处于典型的海洋性气候区，充足的雨水和温暖的气候都会促进森林生长。不同国家生长季的 NDVI 数据也显示，近 30 年来日本的 NDVI 平均值明显高于中国，这也是其生长条件较好的间接反映（Fang et al.，2014a）。

6.3　森林生物学生长与环境变化引起的生长对碳汇贡献的区分

在变化的环境下，森林的生长包括树木自身的生物学生长和环境变化导致的生长的改变（Caspersen et al.，2000；Schimel et al.，2000；Joos et al.，2002；Vetter et al.，2005；Albani et al.，2006）。如何区分两类生长对碳汇的贡献一直是学术界长期无法解决的问题（Canadell et al.，2007；McMahon et al.，2010；Shevliakova et al.，2013）。Fang 等（2014b）建立了一种巧妙的方法，并利用具有完整龄级结构数据的日本森林资源清查资料成功地解决了这一问题（图 6-7）。本部分将对其方法和结果作简要介绍。

6.3.1　分离两种生长对碳汇贡献的方法

（1）环境变化促进生长的计算

在国家或区域尺度，如果某一特定的森林类型在不同时期内具有相似的管理措施，处于相对稳定的环境条件（如二氧化碳浓度、氮沉降、气候条件等）下，并且森林处于相对均衡的状态，那么同一龄级的森林应该具有相同的生物量密度（也就是说，

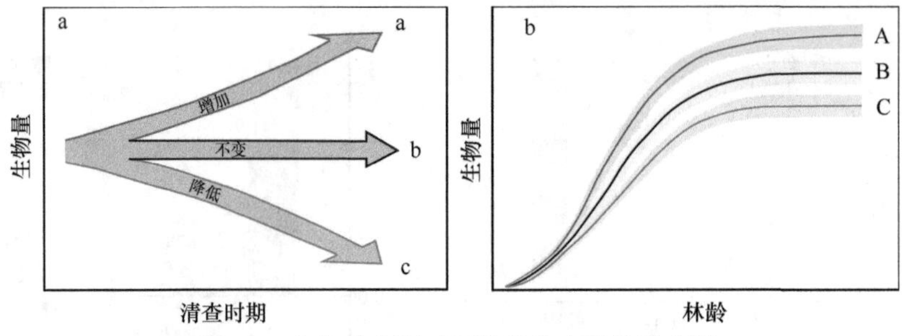

图 6-7　生物量密度对环境变化响应的模式图

左图：特定林龄等级下，环境变化可能导致：a- 环境促进生长，b- 环境对生长无影响，c- 环境抑制生长。该方法的假设是，随着时间的推移，在管理措施相似的情况下，年龄相似的林分将具有相似的生物量，林分生物量变化的任何差异都是环境变化的结果。箭头方向代表趋势，并不一定表示生物量密度的单调变化。右图：环境变化可能导致在某个清查期中林分生物量密度随不同的林龄所发生的变化：A- 促进生长，B- 没有影响，C- 抑制生长。阴影部分代表不同年龄段的增长波动

$\partial\rho/\partial t = 0$）。在这个前提下，如果不同时期下森林密度 ρ 发生了改变，那么应该是环境变化导致的。随着环境的改变，森林生物量密度有可能出现增加、降低或者不变的情况（图 6-7）。可以通过比较同一龄级森林在不同森林资源清查期内的生物量密度来监测环境变化是否影响了森林生长。如果将这一分析应用在所有的龄级中，就能够获得环境变化引起森林生长的情况。

式（6-10）用于计算给定龄级下生物量密度对环境的响应（1980 ～ 2005 年共 6 次森林资源清查）。

$$\mathrm{GEPA}_i = \sum_{j=1}^{5}(\mathrm{BD}_{ij} - \mathrm{BD}_{i(j-1)}) \tag{6-10}$$

式中，GEPA_i（growth enhancement per area for an age class）指在 1980 ～ 2005 年 i 龄级的森林由于环境变化引起的生物量密度的变化；BD_{ij}（biomass density）指的是 i 龄级的森林在 j 清查期的生物量密度，$i = 1, 2, 3, \cdots, n$，代表龄级为 5, 10, 15, …, 5n；$j = 1, 2, 3, 4, 5$，代表森林资源清查年份分别为 1985 年、1990 年、1995 年、2000 年、2005 年。

对于所有林龄的某一森林类型，环境变化引起的平均生物量密度变化可按如下公式计算：

$$\mathrm{GEPA} = \frac{1}{n}\sum_{i=1}^{n}\mathrm{GEPA}_i = \frac{1}{n}\sum_{i=1}^{n}\sum_{j=1}^{5}(\mathrm{BD}_{ij} - \mathrm{BD}_{i(j-1)}) \tag{6-11}$$

对某种特定森林类型来说，环境变化总的生长促进作用（total growth enhancement，TGE）按照如下公式计算：

$$\mathrm{TGE} = \sum_{i=1}^{n}\sum_{j=1}^{5}(\mathrm{BD}_{ij} - \mathrm{BD}_{i(j-1)}) \times \frac{1}{2}(A_{ij} + A_{i(j-1)}) \tag{6-12}$$

式中，BD_{ij} 和 A_{ij} 分别代表特定类型 i 龄级的森林在 j 清查期的生物量密度和森林面积；BD_{i0} 和 A_{i0} 分别代表 i 龄级的森林在 1980 年的生物量密度和森林面积。

（2）环境变化促进生长对总碳汇的相对贡献

某一类型森林 1980 ～ 2005 年的生物量净增量（net biomass increase，NBI）为 NB_{2005}−NB_{1980}，那么，环境变化促进生长的相对贡献（R_{ge}，%）等于 TGE 占 NBI 的比例。另外，单位面积内环境变化对所有龄级生长的相对贡献（R_{gepa}），用单位面积环境变化引起的所有龄级树种平均生物量增量（GEPA）除以单位面积的森林生物量净增量（average net biomass increase per area across all age classes，NBIPA）表示。

6.3.2　环境变化对人工林碳汇的贡献

应用以上方法，对 1980 ～ 2005 年 6 次森林资源清查的日本 4 种主要人工林不同龄级的生物量密度进行了计算。结果显示，除年幼森林之外，大部分龄级的森林生物量密度在过去都发生了明显的增长，这说明过去 25 年环境变化确实促进了大部分人工林的生长。不同森林类型对环境的影响有所差异，环境对森林生长的促进作用受林龄的影响也十分明显。进一步研究发现，环境促进生长对总生长的相对贡献（R_{gepa}）因林型的不同而有所差异，其中日本落叶松（*Larix leptolepis*）最大，环境对生长的促进作用达 21.6%；最小的是日本柳杉（*Cryptomeria japonica*）人工林，促进作用为 8.4%（表 6-5）。研究发现，通过建立环境因素与研究指标的关系，环境变化（CO_2 浓度升高，氮沉降增加、温度和降水的改变）大都显著促进了生长（Fang et al.，2014b）。

表 6-5　环境变化对日本 4 种人工林生物量积累的相对贡献（1980 ～ 2005 年）

森林类型	NBIPA（Mg C/hm^2）	GEPA（Mg C/hm^2）	R_{gepa}（%）	NBI（Tg C）	TGE（Tg C）	R_{ge}（%）
日本柳杉	47.5	4.0	8.4	212.3	8.7	4.1
日本扁柏	37.1	4.1	11.0	112.0.	11.6	10.4
赤松	38.3	4.8	12.6	23.9	8.5	35.5
日本落叶松	35.7	7.7	21.6	32.9	11.4	34.7

TGE. 总生长促进量

6.3.3　研究意义

植被生物学生长和环境变化导致的植被生长增加被认为是陆地碳汇的两个主要影响因素，辨识环境变化对植被生长的影响及其对碳汇的相对贡献成为全球变化领域中广泛关注的问题，阐明这一问题对制定相关的植被管理和气候变化应对政策具有重要意义。本研究首次提出了树木自身生长与环境变化促进生长的分离方法；发现年龄主导的生长是森林生物量碳的主要调控机制，但近几十年来的环境变化也对生长有明显的促进作用；并首次为环境变化促进生长提供了直接证据。

6.4　小　　结

本章利用森林恒等式及其外推，基于森林资源清查数据，对中国森林过去几十年各个生长属性的变化、空间特征以及森林碳汇的驱动机制进行了探讨。

应用森林恒等式对近 30 年中国森林的变化分析发现，在 1977 ～ 2003 年，中国 22 个省（区）的森林面积都有所上升，22 个省（区）的森林蓄积量密度都明显升高，整体看来中国森林的增长是森林面积与蓄积量密度共同增长的结果。通过绘制森林面积和蓄积量密度变化率二维综合图，可以直观地判断各省（区）森林蓄积量的变化情况。通过判断省（区）数值落点与 $a=-d$ 线的位置关系可以直观地比较森林变化及其空间差异。

利用恒等式可以进一步分析面积和密度变化对中国森林生物量碳汇的相对贡献。过去 30 年森林面积的扩张是我国人工林碳汇的主要贡献因素。在全国尺度，人工林面积的平均变化率为 3.81%/a，对其碳汇的相对贡献达到 62.2%；与人工林相反，在天然林中，森林密度增长对碳汇的贡献超过面积（64.0% vs. 39.6%），是天然林碳储量增长的主要原因；从时间动态看，人工林的面积增长对碳汇的相对贡献表现为先逐渐下降后急速上升的趋势，快速集中的造林活动是造成这一现象的主要原因。但从长时间尺度看，一旦造林减缓或者林业工程完成，通过科学管理，森林再生长将会对森林碳汇产生较大贡献，即随着森林再生长，中国森林仍有较大的固碳潜力。

此外，本章还提出了区分森林生物学生长与环境变化引起的生长对碳汇贡献的新方法，应用具有完整林龄的日本森林资源清查数据，首次提供了环境促进生长的直接证据。在过去近 25 年里，环境变化对日本 4 种人工林生长的促进作用为 8.4% ～ 21.6%，这一发现将促进人们对区域森林碳汇驱动机制的深入认识。

参考文献

陈遐林 . 2003. 华北主要森林类型的碳汇功能研究 . 北京 : 北京林业大学博士学位论文 .

国家林业局 . 2009. 中国森林资源报告 : 第七次全国森林资源清查 . 北京 : 中国林业出版社 .

张萍 . 2009. 北京森林碳储量研究 . 北京 : 北京林业大学博士学位论文 .

Albani M, Medvigy D, Hurtt GC, Moorcroft PR. 2006. The contributions of land-use change, CO_2 fertilization, and climate variability to the eastern US carbon sink. Global Change Biology, 12(12): 2370-2390.

Birdsey RA. 1992. Carbon storage and accumulation in United States Forest ecosystems. General Technical Report WO-59. Washington, D.C.: U.S. Department of Agriculture, Forest Service, Washington Office: 51.

Birdsey RA, Pregitzer K, Lucier A. 2006. Forest carbon management in the United States. Journal of Environmental Quality, 35(4): 1461-1469.

Brown S, Gaston G. 1995. Use of forest inventories and geographic information systems to estimate biomass density of tropical forests: application to tropical Africa. Environmental Monitoring and Assessment, 38(2/3): 157-168.

Brown SL, Schroeder PE. 1999. Spatial patterns of aboveground production and mortality of woody biomass for eastern U.S. forests. Ecological Applications, 9(3): 968-980.

Brown SL, Schroeder PE, Birdsey R. 1997. Aboveground biomass distribution of US eastern hardwood forests and the use of large trees as an indicator of forest development. Forest Ecology and Management, 96(1/2): 37-47.

Canadell JG, Kirschbaum MU, Kurzd WA, Sanze M, Schlamadinger B, Yamagata Y. 2007. Factoring out natural and indirect human effects on terrestrial carbon sources and sinks. Environmental Science and

Policy, 10(4): 370-384.

Carle J, Vuorinen P, Del Lungo A. 2002. Status and trends in global forest plantation development. Forest Product Journal, 52(7): 1-13.

Caspersen JP, Pacala SW, Jenkins JC, Hurtt GC, Moorcroft PR, Birdsey RA. 2000. Contributions of land-use history to carbon accumulation in U.S. forests. Science, 290: 1148-1151.

Du ZH, Wang W, Zeng WJ, Zeng H. 2014. Nitrogen deposition enhances carbon sequestration by plantations in northern China. PLoS One, 9(2): e87975.

Fang JY, Chen AP, Peng CH, Zhao SQ, Ci LJ. 2001. Changes in forest biomass carbon storage in China between 1949 and 1998. Science, 292: 2320-2322.

Fang JY, Guo ZD, Hu HF, Kato T, Muraoka H, Son Y. 2014a. Forest biomass carbon sinks in East Asia, with special reference to the relative contributions of forest expansion and forest growth. Global Change Biology, 20(6): 2019-2030.

Fang JY, Kato T, Guo ZD, Yang YH, Hu HF, Shen HH, Zhao X, Kishimoto-Mo AW, Tang YH, Houghton RA. 2014b. Evidence for environmentally enhanced forest growth. Proceedings of the National Academy of Sciences of the United States of America, 111(26): 9527-9532.

Fang JY, Oikawa T, Kato T, Mo W, Wang ZH. 2005. Biomass carbon accumulation by Japan's forests from 1947-1995. Global Biogeochemical Cycles, 19(2): GB2004.

Fang JY, Piao SL, Field CB, Pan YD, Guo QH, Zhou LM, Peng CH, Tao S. 2003. Increasing net primary production in China from 1982 to 1999. Frontiers in Ecology and the Environment, 1(6): 293-297.

Fang JY, Piao SL, He JS, Ma WH. 2004. Increasing terrestrial vegetation activity in China, 1982-1999. Science China Life Sciences, 47(3): 229-240.

Fang JY, Tang YH, Son Y. 2010. Why are East Asian ecosystems important for carbon cycle research? Science China Life Sciences, 53(7): 753-756.

Fang JY, Wang GG, Liu GH, Xu SL. 1998. Forest biomass of China: an estimate based on the biomass-volume relationship. Ecological Applications, 8(4): 1084-1091.

Fang JY, Wang ZW. 2001. Forest biomass estimation at regional and global levels, with special reference to China's forest biomass. Ecological Research, 16(3): 587-592.

FAO. 2001. State of the World's Forests 2001. Rome. https://www.fao.org/3/y0900e/y0900e00.htm.

FAO. 2006. Global Forest Resources Assessment 2005: Progress towards sustainable forest management. FAO Forestry Paper No. 147. Rome. https://www.fao.org/3/a0400e/a0400e.pdf.

Guo ZD, Fang JY, Pan YD, Birdsey R. 2010. Inventory-based estimates of forest biomass carbon stocks in China: a comparison of three methods. Forest Ecology and Management, 259(7): 1225-1231.

Guo ZD, Hu HF, Li P, Li NY, Fang JY. 2013. Spatio-temporal changes in biomass carbon sinks in China's forests from 1977 to 2008. Science China Life Sciences, 56(7): 661-671.

Hember RA, Kurz WA, Metsaranta JM, Black TA, Guy RD, Coops NC. 2012. Accelerating regrowth of temperate-maritime forests due to environmental change. Global Change Biology, 18(6): 2026-2040.

Houghton RA, Butman D, Bunn AG, Krankina ON, Schlesinger P, Stone TA. 2007. Mapping Russian forest biomass with data from satellites and forest inventories. Environmental Research Letters, 2(4): 45032-45037.

Janssens IA, Freibauer A, Ciais P, Smith P, Nabuurs GJ, Folberth G, Schlamadinger B, Hutjes RWA, Ceulemans R, Schulze ED, Valentini R, Dolman AJ. 2003. Europe's terrestrial biosphere absorbs 7 to 12% of European anthropogenic CO_2 emissions. Science, 300: 1538-1542.

Japan Agency of Forestry. 2000. Forest Resources of Japan 1995. Ministry of Agriculture, Forestry and

Fisheries, Tokyo, Japan.

Joos F, Prentice IC, House JI. 2002. Growth enhancement due to global atmospheric change as predicted by terrestrial ecosystem models: consistent with US forest inventory data. Global Change Biology, 8(4): 299-303.

Kauppi PE, Ausubel JH, Fang JY, Mather AS, Sedjo RA, Waggoner PE. 2006. Returning forests analyzed with the forest identity. Proceedings of the National Academy of Sciences of the United States of America, 103(46): 17574-17579.

Kira T. 1991. Forest ecosystems of east and southeast Asia in a global perspective. Ecological Research, 6(2): 185-200.

Landmann T, Herty C, Dech S, Schmidt M, Dech S, Schmidt M, Vlek P. 2007. Land cover change analysis within the GLOWA Volta basin in West Africa using 30-meter Landsat data snapshots. Geoscience and Remote Sensing Symposium. IEE International Geoscience & Remote Sensing Symposium. IEEE: 5298-5301.

Lei J. 2005. Forest Resource of China. Beijing: China Forestry Publishing House.

Li P, Zhu JL, Hu HF, Guo ZD, Pan YD, Birdsey R, Fang JY. 2016. The relative contributions of forest growth and areal expansion to forest biomass carbon. Biogeosciences, 13: 375-388.

Li W. 2004. Degradation and restoration of forest ecosystems in China. Forest Ecology and Management, 201(1): 33-41.

Liu Y. 2006. Study on post-evaluation theory and application of the forestry ecological engineering in China. Beijing: Beijing Forestry University.

Magnani F, Federico M, Mencuccini M, Borghetti M, Berbigier P, Berninger F, Delzon S, Grelle A, Hari P, Jarvis P, Kolari P, Kowalski A, Lankreijer H, Law B, Lindroth A, Loustau D, Manca G, Moncrieff J, Rayment M, Tedeschi V, Valentini R, Grace J. 2007. The human footprint in the carbon cycle of temperate and boreal forests. Nature, 447: 848-850.

McKinley DC, Ryan MG, Birdsey RA, Giardina CP, Harmon ME, Heath LS, Houghton RA, Jackson RB, Morrison JF, Murray BC. 2011. A synthesis of current knowledge on forests and carbon storage in the United States. Ecological Applications, 21(6): 1902-1924.

McMahon SM, Parker GG, Miller DR. 2010. Evidence for a recent increase in forest growth. Proceedings of the National Academy of Sciences of the United States of America, 107(8): 3611-3615.

Morino Y, Ohara T, Kurokawa J, Kuribayashi M, Uno I, Hara H. 2011. Temporal variations of nitrogen wet deposition across Japan from 1989 to 2008. Journal of Geophysica Research, 116: D06307.

Nabuurs GJ, Schelhaas MJ, Mohren GMJ, Field CB. 2003. Temporal evolution of the European forest sector carbon sink from 1950 to 1999. Global Change Biology, 9(2): 152-160.

Pan YD, Birdsey RA, Fang JY, Houghton R, Kauppi PE, Kurz WA, Phillips OL, Shvidenko A, Lewis SL, Canadell JG, Ciais P, Jackson RB, Pacala SW, McGuire AD, Piao SL, Rautiainen A, Sitch S, Hayes D. 2011. A large and persistent carbon sink in the world's forests. Science, 333: 988-993.

Pan YD, Birdsey RA, Phillips OL, Jackson RB. 2013. The Structure, distribution, and biomass of the world's forests. Annual Review of Ecology Evolution and Systematics, 44(1): 593-622.

Pan YD, Luo TX, Birdsey R, Hom J, Melillo J. 2004. New estimates of carbon storage and sequestration in China's forests: effects of age-class and method on inventory-based carbon estimation. Climatic Change, 67(2/3): 211-236.

Peng SS, Chen AP, Xu L, Cao CX, Fang JY, Myneni RB, Pinzon JE, Tucker CJ, Piao SL. 2011. Recent change of vegetation growth trend in China. Environmental Research Letters, 6(4): 044027.

Piao SL, Fang JY, He JS. 2006. Variations in vegetation net primary production in the Qinghai-Xizang Plateau, China, from 1982 to 1999. Climatic Change, 74(1/3): 253-267.

Rustad LE, Campbell JL, Marion GM, Norby RJ, Mitchell MJ, Hartley AE, Cornelissen JH, Gurevitch J. 2001. A meta-analysis of the response of soil respiration, net nitrogen mineralization, and aboveground plant growth to experimental ecosystem warming. Oecologia, 126(4): 543-562.

Schimel D, Melillo J, Tian HQ, McGuire AD, Kicklighter D, Kittel T, Rosenbloom N, Running S, Thornton P, Ojima D, Parton W, Kelly R, Sykes M, Neilson R, Rizzo B. 2000. Contribution of increasing CO_2 and climate to carbon storage by ecosystems in the United States. Science, 287: 2004-2006.

Shevliakova E, Stoufferb RJ, Malysheva S, Krastingb JP, Hurttc GC, Pacala SW. 2013. Historical warming reduced due to enhanced land carbon uptake. Proceedings of the National Academy of Sciences of the United States of America, 110(42): 16730-16735.

Shi L, Zhao SQ, Tang ZY, Fang JY. 2011. The changes in China's forests: an analysis using the forest identity. PLoS One, 6(6): e20778.

Vetter M, Wirth C, Böttcher H, Churkina G, Schulze ED. 2005. Partitioning direct and indirect human-induced effects on carbon sequestration of managed coniferous forests using model simulations and forest inventories. Global Change Biology, 11(5): 810-827.

Waggoner PE. 2008. Using the forest identity to grasp and comprehend the swelling mass of forest statistics. International Forestry Review, 10(4): 689-694.

Wang G, Innes JL, Lei J, Dai S, Wu SW. 2007. China's forestry reforms. Science, 318: 1556-1557.

Wang SQ, Tian HQ, Liu JY, Zhuang DF, Zhang SW, Hu WY. 2002. Characterization of changes in land cover and carbon storage in Northeastern China: an analysis based on Landsat TM data. Science China Life Sciences, 45(S1): 40-47.

Watson RT, Noble IR, Bolin B, Ravindranath NH, Verardo DJ, Dokken DJ. 2000. Land Use, Land-Use Change and Forestry: A Special Report of the Intergovernmental Panel on Climate Change. Cambridge: Cambridge University Press.

Xiao X. 2005. Forest Inventory of China. Beijing: China Forestry Publishing House.

Xu B, Guo ZD, Piao SL, Fang JY. 2010. Biomass carbon stocks in China's forests between 2000 and 2050: a prediction based on forest biomass-age relationships. Science China Life Sciences, 53(7): 776-783.

第二部分

样地及区域尺度森林碳收支的案例研究

第 7 章　北京 3 种主要森林类型的碳循环

北半球温带森林是一个重要的碳汇（Kauppi et al.，1992；Fang et al.，2001；Pacala et al.，2001；Janssens et al.，2003；Pan et al.，2011），但存在很大的不确定性（Schimel et al.，2001；Fang et al.，2006，2014；Piao et al.，2009；Guo et al.，2013）。量化样地尺度的碳收支及其长时间变化有助于降低这种不确定性。已有大量研究报道了森林生态系统碳循环的主要过程（DeLucia et al.，1999；Monson et al.，2006；Brando et al.，2008），但对整个碳循环过程的系统测定还相对较少（Harmon et al.，2004），更缺乏对其长时间变化的评估（Phillips et al.，1998；Chen et al.，2010）。

本研究团队于 1992 年 7 月在北京东灵山小龙门林场建立了 3 个温带森林样地，分别是次生白桦（*Betula platyphylla*）林、次生辽东栎（*Quercus liaotungensis*）林和人工油松（*Pinus tabuliformis*）林（表 7-1），对 3 种森林样地的碳循环及主要生态过程进行了为期 3 年（1992 ～ 1994 年）的系统观测。20 年后，即 2011 ～ 2014 年，采用与 1992 ～ 1994 年相同的调查方法（方精云等，2006）对原来的样地进行重新调查，并测定各森林样地的碳循环过程（朱剑霄等，2015）。

本章研究结果主要来自刘绍辉等（1998）、方精云等（2006）、朱剑霄等（2015）的文献。

表 7-1　3 种温带森林样地概况及不同时期林分生长特征

项目	调查期	白桦林	辽东栎林	油松林
纬度		39°57′06″N	39°57′26″N	39°57′34″N
经度		115°25′39″E	115°25′29″E	115°25′40″E
海拔（m）		1350	1150	1050
面积（m^2）		30 × 40	30 × 40	20 × 50
坡向		西北	西南	东南
坡度（°）		28	33	30
个体密度（株 /hm^2）	1992 ～ 1994 年	1618	1394	1963
	2011 ～ 2014 年	1456	1853	1886
平均胸径（cm）	1992 ～ 1994 年	10.3	10.1	12.6
	2011 ～ 2014 年	13.8	11.0	16.6
平均树高（m）	1992 ～ 1994 年	9.0	6.6	9.1
	2011 ～ 2014 年	11.0	6.9	11.6

白桦林位于接近山顶的西北向山坳处，海拔约为 1350 m，为次生林。由于三面环山，较为阴暗潮湿，乔木层主要为白桦，混生有糙皮桦（*Betula utilis*）和银白杨（*Populus alba*）。林下灌木众多，有花楸（*Sorbus pohuashanensis*）、忍冬（*Lonicera japonica*）、山

杏（*Prunus armeniaca*）、毛榛子（*Corylus mandshurica*）、五角枫（*Acer pictum* subsp. *mono*）、六道木（*Abelia biflora*）、薄皮木（*Leptodermis oblonga*）、土庄绣线菊（*Spiraea pubescens*）、山茱萸（*Cornus officinalis*）等，草本植物亦颇为茂密。土层厚 90 ～ 100 cm，表层土呈黑色，有机质含量高（17.1% ～ 36.2%）。

辽东栎林位于山腰西南向的山坡上，海拔约为 1150 m，为次生林。主要乔木为辽东栎，混生有少量的糙皮桦。林下灌木茂盛，有土庄绣线菊、五角枫、胡枝子（*Lespedeza bicolor*）、忍冬、毛榛子、溲疏（*Deutzia scabra*）等，草本植物繁茂。土层厚 90 ～ 120 cm，表层土呈深棕色，有机质含量中等（8.3% ～ 11.5%）。

油松林位于山脚东南向的山坡，海拔约为 1050 m，是约 30 年的人工林。林下基本无灌木，草本植物也十分稀少，地表凋落物较厚。土层厚 100 ～ 110 cm、分化不明显，表层土呈暗褐色，有机质含量较低（4.9% ～ 5.8%）。

过去 20 年来，本团队在东灵山 3 种温带森林生态系统进行大量研究工作（方精云等，1995，2006；刘绍辉等，1998；方精云，1999；Fang et al.，2007；姚辉等，2015；Zhu et al.，2015），较为系统地研究了碳循环的各构成要素，并在此基础上发展了生态系统尺度的碳循环模式，评估了其森林碳循环的源 / 汇特征。

7.1　碳循环主要过程的测定方法

估算森林净生态系统生产力（net ecosystem production，NEP）是评估生态系统碳源 / 汇特征的重要途径，通常有 3 种方法计算生态系统的 NEP。①整合通量法，对生态系统植被的生长量、死亡量、凋落物量、分解量和土壤呼吸量进行测定，从而实现对 NEP 的估算（Fang et al.，2007）；②碳库差值法，对固定样地中生物量、土壤和凋落物等碳库进行长时间间隔的重复测定，以两次调查的间隔时间和碳库差值计算 NEP（Hu et al.，2016）；③微气象法，使用涡度相关等微气象方法直接计算 NEP（Wofsy et al.，1993）。其中，微气象法为间接测量方法，且受地势限制较大，很难实现对山地森林 NEP 的准确估算（Lee，1998）。因此，本章将整合通量法与碳库差值法相结合，试图准确评估北京山地温带森林生态系统短期和长期的碳循环过程。

7.1.1　碳库的调查方法

对于未遭受干扰的森林群落，其碳库包括植被生物量碳库、木质残体碳库、凋落物碳库和土壤碳库等 4 个组分（IPCC，2014）。

（1）植被生物量碳库，划分为乔木层、灌木层和草本层碳库。1992 年、1994 年、2011 年和 2014 年夏季分别对 3 个样地的乔木层进行每木调查，利用胸径（*D*，cm）和树高（*H*，m）以及相关生长方程，计算样地内乔木层的生物量；对于灌木层，1992 年和 2011 年随机选取 3 个 10 m × 10 m 的小样方，测量样方内所有灌木及直径不足 3 cm 的更新层乔木物种的基径和高度，结合相关生长方程，分别计算 3 个样地灌木层的生物量；对于草本层，在样地内设置 5 个 1 m × 1 m 的小样方调查草本层生物量。生物量按含碳量 50% 换算为生物量碳（Leith and Whittaker，1975）。更详细的方法见 Fang 等（2007）

的文献。

（2）木质残体碳库，包括枯立木和倒木碳库。2012 年 10 月，对 3 个样地内所有的细木质残体、枯立木和倒木进行标记、收集和称重，更详细的方法见第 3 章。

（3）凋落物碳库，2012 年 10 月，在每个样方中心与四角设置 5 个小样方（2 m × 2 m），收集地表所有凋落物，记录并称重，采用四分法取适量样品带回实验室，称重（精确至 0.01 g）。木质残体样品使用 85℃，而地表凋落物样品使用 65℃烘干至恒重（48 h），测定碳含量，计算木质残体和凋落物碳库，更详细的方法见第 3 章。

（4）土壤碳库，在 3 个样地各挖取两个（1992 年）或 3 个（2011 年）土壤剖面（1 m 深），分层采集土样，于 80℃下烘干至恒重后测定其容重，并利用重铬酸钾氧化法测定其有机质含量。根据容重和有机质含量数据，计算得到 1 m 深土层有机质总量。设土壤有机质含碳量为 58%，从而得到单位面积的土壤碳库，更详细的方法见第 4 章。

7.1.2　林分呼吸的测定方法

森林群落呼吸量的测定方法有很多，在诸多方法中，早期使用的“累加法”是将林木伐倒后，分别对不同器官和同一器官的不同直径部位（对非同化器官而言），利用碱吸收法进行呼吸测定，然后累加。由于碱吸收法往往导致测定结果偏大，且研究方法缺乏科学的严谨性，因此已很少使用。

林木各器官（根、树干、枝、叶）的呼吸速率存在差异。同化器官（叶子）的呼吸速率相对容易测定。但对于非同化器官（树干、枝和根），由于它们的呼吸速率不仅与重量有关，还受径级影响（Yoda，1967，1983；Verhoeven et al.，1988），其呼吸速率的计算相对困难。Kramer 和 Kozlowski（1960）在测定了树茎断面的呼吸速率后指出，呼吸速率在形成层最大，由形成层向树皮和髓部方向均急剧减少。单位重量的树干，其直径越粗，形成层所占的比例越小，按单位重量计算的呼吸速率越小。许多研究表明，这种关系可用倒数函数表示（Kira，1967；Yoda，1983；Kawaguchi，1987），即

$$r = \frac{1}{Ax + B} \tag{7-1}$$

式中，r 为非同化器官的呼吸速率；x 为直径（cm）；A 和 B 分别为系数。

分析式（7-1），可以看出其蕴含的生物学意义，即当直径很小时，器官的呼吸速率与其体积呈正比；而直径很大时，则呼吸速率与其表面积呈正比。同一树种的树干、枝和根可由同一个方程拟合（图 7-1）。

非同化器官的呼吸速率与其粗度密切相关，因此推算整个林木呼吸量时需分别测定各径级的呼吸速率。林木非同化器官的直径与其总长度的关系通常遵从幂函数方程（Yoda，1967；Verhoeven et al.，1988；方精云等，1995），即

$$L = kx^{-a} \tag{7-2}$$

式中，L 为长度（m）；x 为直径（cm）；k 和 a 分别为常数。

研究表明，在式（7-2）中，枝和根的 a 值为 1.5 ～ 2.5（Yoda，1983；方精云等，1995）。通常，树干可看成一个圆锥体，式（7-2）的 a 值为零。

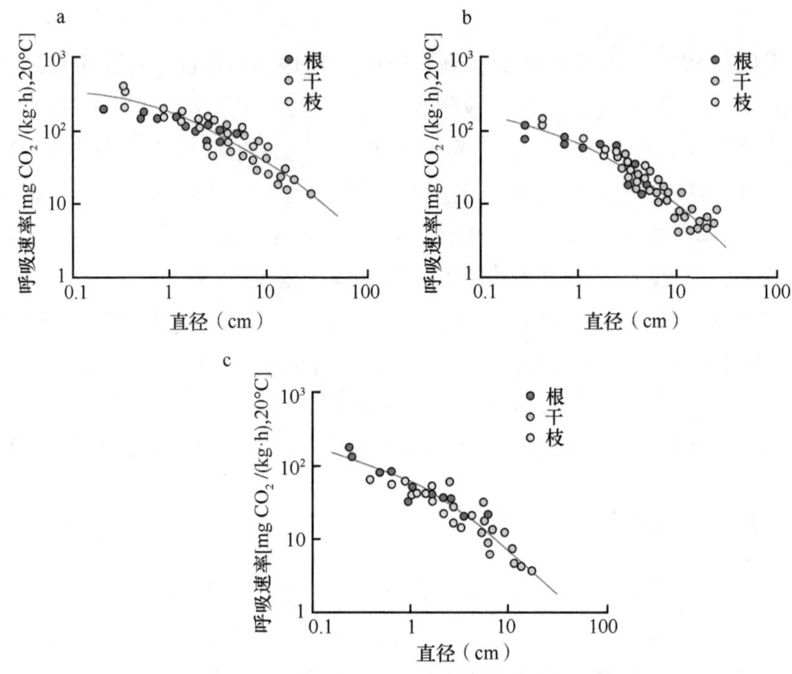

图 7-1 辽东栎（a）、白桦（b）和油松（c）非同化器官的呼吸速率与其直径的关系

非同化器官的直径与其总长度的关系遵从式（7-2），可以从管道模型理论（pipe model theory）中得到解释。该理论认为，在陆生植物中，一定量的同化器官必须有相应粗度的非同化器官的管道来支持。

图 7-2 为辽东栎林根和枝的直径与其总长度的关系，对它们可以用式（7-2）来很好地拟合。

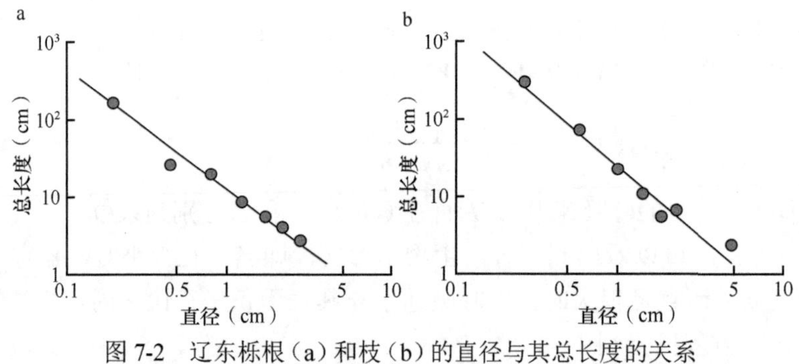

图 7-2 辽东栎根（a）和枝（b）的直径与其总长度的关系

横坐标经幂函数转换

式（7-1）和式（7-2）的建立为推算单株林木呼吸量提供了基础。根据式（7-1）、式（7-2）和圆柱体计算公式，可以得到某一径级（x）的总体积 $V(x)$ 是

$$V(x)=\int_{x_{\min}}^{x_{\max}}\left(\frac{x}{2}\right)^2\pi f(x)\mathrm{d}x=\frac{\pi}{4}k\int_{x_{\min}}^{x_{\max}}x^{2-a}\mathrm{d}x \tag{7-3}$$

式中，$x_{\min}$ 和 $x_{\max}$ 分别为该器官的最小和最大直径，可以通过实测得到。

因为器官的容重 ρ 一定，该器官的总重量 $W(x)$ 则由式（7-4）得到：

$$W\left(x\right)=kk'\int_{x_{\min}}^{x_{\max}}x^{2-a}\mathrm{d}x=\frac{kk'}{3-a}\left(x_{\max}^{3-a}-x_{\min}^{3-a}\right) \tag{7-4}$$

式中，$k' = \pi/4\rho$。由于 $W(x)$ 可通过实测获得，与容重 ρ 有关的 k' 值也容易算出。对直径范围［$x \sim (x + \mathrm{d}x)$］的某一器官，其重量 $\mathrm{d}w(x)$ 是

$$\mathrm{d}w(x) = kk'x^{2-a}\mathrm{d}x \tag{7-5}$$

那么，单株林木某器官总的呼吸量（R）则为

$$R=\int_{x_{\min}}^{x_{\max}}r(x)\mathrm{d}w(x) \tag{7-6}$$

那么由式（7-1），有

$$R=\frac{W(3-a)}{x_{\max}^{3-a}-x_{\min}^{3-a}}\int_{x_{\min}}^{x_{\max}}\frac{x^{2-a}}{Ax+B}\mathrm{d}(x) \tag{7-7}$$

式（7-8）即为非同化器官总呼吸速率的通用计算公式。当树干的 a 值为零时，其总呼吸速率可通过积分得到：

$$R_s=\frac{3W_s}{x_{\max}^3-x_{\min}^3}\times\frac{1}{A^3}\left[\frac{1}{2}(Ax+B)^2-2B(Ax+B)+B^2\ln(Ax+B)\right]_{x_{\min}}^{x_{\max}} \tag{7-8}$$

当式（7-7）中分子的幂指数（2–a）为非整数时，积分计算相当困难：但可用微积分的方法求解。

如何用实测的呼吸速率资料来推算整个森林的呼吸速率？前文已经指出，当直径较大时非同化器官的呼吸速率与其表面积呈正比。对于全株林木的呼吸速率，这种关系也应成立。因此，式（7-9）成立：

$$R = k_0(DH) + \beta \tag{7-9}$$

对于同化器官的叶子，其呼吸速率与其重量呈正比。根据相关生长理论，式（7-10）应成立，即

$$R = k_0(D^2H)^\beta \tag{7-10}$$

式（7-9）和式（7-10）中的 D 为胸径，H 为树高，k_0 和 β 均为系数。据此，累加各组分呼吸速率，得到整个群落的呼吸速率。归纳可得图 7-3。

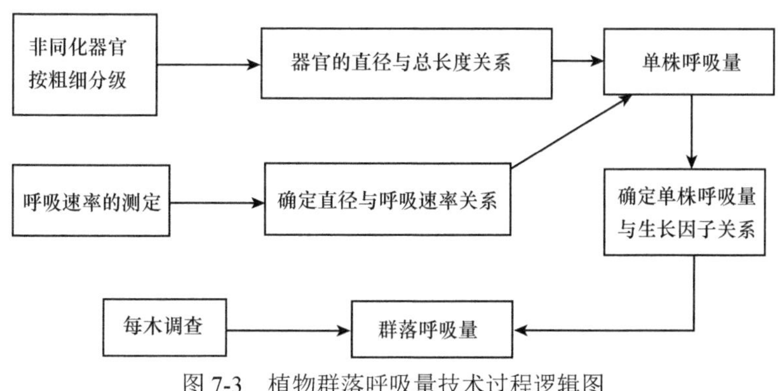

图 7-3　植物群落呼吸量技术过程逻辑图

7.1.3 碳通量的测定

（1）生物量净增量

利用 4 次调查结合相关生长方程计算各样地的乔木层生物量，据此算出各时期生物量的净增量。需要说明的是，对于稳定的森林群落，因林下生物量的年际变化很小，短期观测很难捕获到灌木层和草本层生物量的变化。因此，在计算短期的生物量净增量时仅计算乔木层生物量，即假定 1994 年的灌木层和草本层生物量与 1992 年的数据相等，2011 年与 2014 年相等。

（2）植物残体产量

植物残体产量包括凋落物产量、木质残体生成量（即地上部分死亡量）、死根输入量三部分。分别于 1992 年 10 月至 1994 年 10 月和 2011 年 7 月至 2014 年 7 月，在 3 个样地中分别设置 5 个和 10 个凋落物收集器（1 m × 1 m），按月收集生长季（4 ～ 11 月）的凋落物，65℃烘干至恒重，累加得到年凋落物产量。死根也是枯死物的一部分，但不包括在凋落物中。采用式（7-11）估算了死根输入量［$Mg\ C/(hm^2 \cdot a)$］（Nadelhoffer and Raich，1992；Harmon et al.，2004）。

$$死根输入量 = \frac{地上凋落物量}{地上生物量} \times 根系生物量 \tag{7-11}$$

同时，于每年 7 月记录样地内树木死亡情况，每年样地内死亡个体的生物量之和即为样地内木质残体的输入量，结合样地面积可算出木质残体年产量。木质残体产量、凋落物产量和死根输入量三者之和即为植物残体产量（Zhu et al.，2015）。

（3）土壤呼吸量

与整个群落的呼吸量测定相比，土壤呼吸量的测定相对简单。早期的测定方法以 1994 年 9 月至 1995 年 8 月对北京山地 3 种温带森林样地的土壤呼吸测定为例，在秋、冬、春、夏 4 个季节，使用静态测定法，采用便携式非分光红外测定仪（PDA-100，日本帝人株式会社，日本）对土壤呼吸进行测定。3 个样地每次分别连续测定 2 ～ 3 天，除秋季昼夜连续测定外，其余从 7：00 ～ 8：00 至 18：00 ～ 19：00，每间隔 2 ～ 3 h 测定一次，每次重复 3 次。

测定土壤呼吸速率的方法虽然略有不同，但均基于土壤呼吸与温度的指数关系，推算全年土壤呼吸量：

$$\mathrm{SR} = a\mathrm{e}^{bT} \tag{7-12}$$

式中，SR 为土壤呼吸速率［$\mu mol\ CO_2/(m^2 \cdot s)$］；$T$ 为地下 5 cm 深处的土壤温度（℃）；a、b 为拟合参数，其中，a 表示土壤基础呼吸速率（R_0）。

采用如下推导公式计算温度敏感性系数 Q_{10}：

$$Q_{10} = \mathrm{e}^{10b} \tag{7-13}$$

式中，Q_{10} 表示温度每升高 10℃土壤呼吸的变化倍数；b 为式（7-12）中的 b 值。

土壤 CO_2 的年通量可以采用温度拟合法获取，即建立土壤呼吸速率与地下 5 cm 土壤温度的指数关系［式（7-12）］，然后利用全年土壤 5 cm 处连续温度数据，演算并累加得到全年的土壤呼吸通量。在 20 世纪 90 年代，还没有土壤温湿度连续观测系统

（2011 ～ 2014 年使用 Stow Away TidbiT 可连续观测 5 cm 深处的土壤温度），获取土壤 5 cm 温度的全年动态是非常困难的。为解决这个问题，当时根据位于海拔 1050 m 处的北京森林生态定位站的资料（油松林样地附近，1992 ～ 1995 年 4 年观测资料平均值），采用地下 5 cm 处的旬均温，拟合了累积天数（从每年 7 月 1 日至翌年 6 月 30 日，以 365 天计）与地下 5 cm 温度的关系（图 7-4）。考虑海拔的差异，以平均垂直递减率 0.55℃ /100 m 计，推算出 3 个样地年际土壤 5 cm 处的温度。

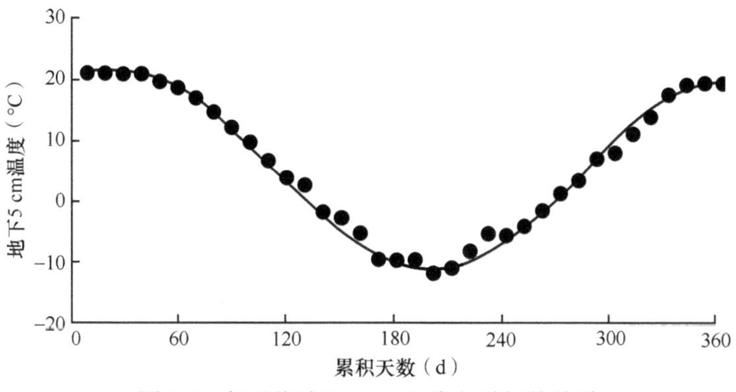

图 7-4　旬平均地下 5 cm 温度与时间的关系

而 2011 ～ 2014 年的观测，则在每个样地均匀布设 10 个固定的直径为 20 cm 的 Collar 环，插入土壤约 5 cm，用剪刀将 Collar 环中的草本植物地上部分剪净（姚辉等，2015）。从 2012 年开始，于生长季（5 ～ 9 月）每月中旬，选择天气晴好的白天，采用 LI-8100A 土壤 CO_2 通量自动测定系统（LI-COR，Lincoln，USA）测定土壤呼吸量，其自带的温度探头同时记录地下 5 cm 深度的土壤温度。测定时间为每天 9:00 ～ 15:00。

从 2012 年 4 月开始，在每种森林类型地下 5 cm 处各放置一个 StowAway TidbiT 土壤温度记录仪（Onset Computer Corp.，Bourne，USA），连续记录土壤温度，采样间隔为 1 h。

（4）生产力

生态系统的总初级生产力（GPP）或植被的总同化量，为植被呼吸量（R_a）、凋落物生成量（L）、生物量净增量（ΔB）、死根产量（F）和木质残体产量（W）加和［式（7-14）］。生态系统的净初级生产力（NPP）为总初级生产力减去植被呼吸量［式（7-15）］。净生态系统生产力（NEP）为净初级生产力减去使用断根法测定的土壤微生物的异养呼吸量（R_h）［式（7-16），姚辉等，2015］。具体的计算公式如下：

$$\mathrm{GPB} = R_a + L + F + W + \Delta B \tag{7-14}$$

$$\mathrm{NPP} = \mathrm{GPP} - R_a \tag{7-15}$$

$$\mathrm{NEP} = \mathrm{NPP} - R_h \tag{7-16}$$

7.2　生态系统各组分碳库的变化

森林在全球陆地碳循环中起着决定性作用（Schlesinger，1997）。大气成分监测、遥感和森林资源清查资料都表明，北半球森林生态系统是一个重要的大气 CO_2 汇（Battle et al.，2000；Myneni et al.，2001；Goodale et al.，2002）。如同北半球的其他地区一样，东亚地区的森林植被也是一个重要的碳汇，但存在巨大的空间异质性和不确定性（Fang et al.，2001，2005；Choi et al.，2002）。生态系统尺度上的碳循环研究有助于解释和评价这种异质性及不确定性，有助于理解碳循环的生态过程及其驱动因素。然而，这种尺度的研究并不多见（Valentini et al.，2000；Hamilton et al.，2002）。在中国，虽然一些研究涉及森林生态系统碳循环的主要过程（彭少麟和张祝平，1994；Fang and Wang，1995；桑卫国等，2002；周国逸等，2005），但对森林生态系统碳循环的系统测定则几乎没有报道（李意德等，1998）。这主要由于森林碳循环过程的测定涉及多个生态过程，一些过程或组分的测定十分复杂，其方法也有待改进（Clark et al.，2001；Högberg et al.，2001；Hamilton et al.，2002；于贵瑞，2003）。本节内容主要来源于已有的研究结果（Fang et al.，2007），使用 1992 ～ 1995 年碳循环各组分数据，构建北京山地 3 种温带森林类型的碳循环模式。

7.2.1 碳密度

20 世纪 90 年代，白桦林的植被碳密度为 45.8 ～ 50.0 Mg C/hm^2，其中绝大部分来源于乔木层（45.7 ～ 49.9 Mg C/hm^2），灌木层的贡献不到 0.3%。乔木层的碳大部分储存在植被的地上部分，只有不到 20% 的碳储存在地下根系。地下和地上生物量的比值为 0.19 ～ 0.22。相对于植被而言，土壤是一个主要的碳库。1 m 深的土壤有机碳密度为 201.0 Mg C/hm^2，地表凋落物层的碳密度为 8.3 Mg C/hm^2，相加得到土壤和凋落物层的总碳密度为 209.3 Mg C/hm^2，是植被碳密度的 4.6 倍（以 1992 年数据计算）。白桦林生态系统的总碳密度为 255.1 ～ 259.3 Mg C/hm^2（表 7-2）。

表 7-2　北京山地 3 种温带森林群落的碳密度及其分布　（单位：Mg C/hm^2）

项目	白桦林		辽东栎林		油松林	
	1992 年	1994 年	1992 年	1994 年	1992 年	1994 年
植被	45.8	50.0	35.0	37.7	47.0	54.0
乔木层	45.7	49.9	35.0	37.7	47.0	54.0
干	27.5	29.8	17.9	19.2	24.3	27.7
枝	9.1	10.3	8.0	9.0	7.8	9.3
叶	0.9	1.0	0.8	0.9	4.9	5.6
果实					1.0	1.2
根	8.2	7.9	8.6	9.2	8.1	9.6
灌木层	0.135		0.031			
土壤	201.0		239.0		232.0	
凋落物层	8.3		3.0		12.0	
合计	255.1	259.3	277.0	279.7	291.0	298.0

20 世纪 90 年代，辽东栎林的植被碳密度为 35.0 ～ 37.7 Mg C/hm^2，其中绝大部分来源于乔木层（35.0 ～ 37.7 Mg C/hm^2），灌木层的贡献不到 0.1%，乔木层的碳大部分储存

在植被的地上部分，只有大约 1/4 的碳储存在地下根系。地下和地上生物量的比值为 0.33。1 m 深的土壤有机碳的密度为 239.0 Mg C/hm^2，地表凋落物层的碳密度为 3.0 Mg C/hm^2，相加得到土壤和凋落物层的总碳密度为 242.0 Mg C/hm^2，是植被碳密度的 6.9 倍（以 1992 年数据计算）。辽东栎林生态系统的总碳密度为 277.0 ～ 279.7 Mg C/hm^2（表 7-2）。

20 世纪 90 年代，油松林的植被碳密度为 47.0 ～ 54.0 Mg C/hm^2，林下几乎无灌木和草本。乔木层的碳大部分储存在植被的地上部分，只有不到 1/5 的碳储存在地下根系。地下和地上生物量的比值为 0.22。1 m 深的土壤有机碳的密度为 232.0 Mg C/hm^2，地表凋落物层的碳密度为 12.0 Mg C/hm^2，相加得到土壤和凋落物层的总碳密度为 244.0 Mg C/hm^2，是植被碳密度的 5.2 倍（以 1992 年数据计算）。油松林生态系统的总碳密度为 291.0 ～ 298.0 Mg C/hm^2（表 7-2）。

北京东灵山白桦林的植被碳密度为 45.8 ～ 50.0 Mg C/hm^2，与东灵山糙皮桦林的碳密度 35.8 ～ 59.6 Mg C/hm^2（江洪，1997）以及中国暖温带桦木林的平均碳密度 42.2 Mg C/hm^2（冯宗炜等，1999）相当。辽东栎林的植被碳密度为 35.0 ～ 37.7 Mg C/hm^2，与东灵山处在恢复演替中期的辽东栎林的植被碳密度 31.8 Mg C/hm^2（江洪，1997）相差不大，但比同纬度地区成熟栎林的植被碳密度明显偏小。Son 等（2004）报道韩国中部的天然栎林的植被碳密度为 68.9 ～ 126.7 Mg C/hm^2，是东灵山辽东栎林碳密度的 2 ～ 4 倍。人工油松林的碳密度为 47.0 ～ 54.0 Mg C/hm^2，高于东灵山人工油松林的平均植被碳密度 21.7 Mg C/hm^2（陈灵芝等，1984），与中国暖温带油松林的平均碳密度 48.2 Mg C/hm^2（冯宗炜等，1999）接近。北京山地 3 种温带森林的植被碳密度（1994 年）为 37.7 ～ 54.0 Mg C/hm^2，虽然与同纬度地区成熟的落叶阔叶林的碳密度相比明显偏小，但该地的碳密度与中纬度国家森林的平均碳密度 57 Mg C/hm^2（Dixon et al.，1994）接近。

北京山地 3 种温带森林 1 m 深的土壤有机碳密度为 201.0 ～ 232.0 Mg C/hm^2，加上地表凋落物层的碳密度 3.0 ～ 12.0 Mg C/hm^2，其土壤和地表凋落物的总碳密度为 209.3 ～ 244.0 Mg C/hm^2，是植被碳密度的 4 ～ 7 倍，高于中国棕壤（brown earths）的平均有机碳密度 97.1 Mg C/hm^2，也高于中国（80.1 Mg C/hm^2）（Wu et al.，2003）和全球土壤有机碳密度的平均值（106.0 Mg C/hm^2）（Foley，1995）。

7.2.2　碳通量

20 世纪 90 年代，白桦林的生物量净增量为 2.10 Mg C/(hm^2 · a)，凋落物生成量为 1.63 Mg C/(hm^2·a)。植被的自养呼吸量为 3.57 Mg C/(hm^2·a)，其中地上部分（干、枝、叶）和地下根系的呼吸量分别为 3.26 Mg C/(hm^2 · a) 和 0.31 Mg C/(hm^2 · a)。土壤呼吸的总量为 3.09 Mg C/(hm^2 · a)，其中土壤微生物的异养呼吸为 2.78 Mg C/(hm^2 · a)。白桦林的 GPP、NPP 和 NEP 分别为 7.30 Mg C/(hm^2·a)、3.73 Mg C/(hm^2·a) 和 0.95 Mg C/(hm^2·a)（表 7-3）。

20 世纪 90 年代，辽东栎林生物量净增量为 1.3 Mg C/(hm^2 · a)，凋落物生成量为 1.87 Mg C/(hm^2 · a)。植被的自养呼吸量为 2.19 Mg C/(hm^2 · a)，其中地上部分（干、枝、叶）和地下根系的呼吸量分别为 1.78 Mg C/(hm^2 · a) 和 0.41 Mg C/(hm^2 · a)。土壤呼吸的总量为 3.90 Mg C/(hm^2 · a)，其中土壤微生物的异养呼吸为 3.49 Mg C/(hm^2 · a)。辽东栎林的

GPP、NPP 和 NEP 分别为 5.39 Mg C/(hm^2 · a)、3.20 Mg C/(hm^2 · a) 和 –0.29 Mg C/(hm^2 · a)（表 7-3）。

表 7-3 北京山地 3 种温带森林群落的碳通量 ［单位：Mg C/(hm^2 · a)］

项目	白桦林	辽东栎林	油松林
净增量	2.10	1.33	3.55
凋落物生成量	1.63	1.87	2.34
植被呼吸量	3.57	2.19	6.93
地上	3.26	1.78	6.37
地下	0.31	0.41	0.56
土壤呼吸	3.09	3.90	2.37
总初级生产力（GPP）	7.30	5.39	12.82
净初级生产力（NPP）	3.73	3.20	5.89
净生态系统生产力（NEP）	0.95	–0.29	4.08

20 世纪 90 年代，油松林生物量净增量为 3.55 Mg C/(hm^2 · a)，凋落物生成量为 2.34 Mg C/(hm^2·a)。植被的自养呼吸量为 6.93 Mg C/(hm^2·a)，其中地上部分（干、枝、叶）和地下根系的呼吸量分别为 6.37 Mg C/(hm^2 · a) 和 0.56 Mg C/(hm^2 · a)。土壤呼吸的总量为 2.37 Mg C/(hm^2 · a)，其中土壤微生物的异养呼吸为 1.81 Mg C/(hm^2 · a)。油松林的 GPP、NPP 和 NEP 分别为 12.82 Mg C/(hm^2·a)、5.89 Mg C/(hm^2·a) 和 4.08 Mg C/(hm^2·a)（表 7-3）。

北京山地 3 种温带森林的植被碳储量年净增量为 1.33 ～ 3.55 Mg C/hm^2，表明该地植被碳库是一个微弱的大气 CO_2 汇。其中人工油松林生长较快，碳汇速率大于次生的白桦林和辽东栎林。白桦林和辽东栎林的年凋落物量分别为 1.63 Mg C/hm^2 和 1.87 Mg C/hm^2，处于中国暖温带落叶阔叶林的年凋落物量范围（1.3 ～ 3.3 Mg C/hm^2）（陈灵芝等，1997）的较低段，可能主要与这两个处于群落恢复演替中期有关。油松林生长迅速，年凋落物量（2.34 Mg C/hm^2）大于落叶阔叶林，与陈灵芝等（1997）报道的暖温带油松成林的年凋落物量 2.27 Mg C/hm^2 非常接近。

白桦林和辽东栎林的植被呼吸量分别为 3.57 Mg C/(hm^2 · a) 和 2.19 Mg C/(hm^2 · a)，与 Kawaguchi（1987）测定的日本 5 种温带落叶阔叶林的植被呼吸量［1.5 ～ 2.2 Mg C/(hm^2·a)］较接近。油松林的植被呼吸量为 6.93 Mg C/(hm^2 · a)，低于美国 15 年的火炬松（*Pinus taeda*）林［17.04 Mg C/(hm^2·a)，Hamilton et al.，2002］和澳大利亚 20 年的蒙达利松（*Pinus radiata*）林［10.68 Mg C/(hm^2 · a)，Ryan et al.，1996］（表 7-4）。白桦、辽东栎和油松林土壤呼吸量分别为 3.09 Mg C/(hm^2 · a)、3.90 Mg C/(hm^2 · a) 和 2.37 Mg C/(hm^2 · a)，远低于同纬度地区的同类森林（Raich and Schlesinger，1992）。可能的原因有两个：①本研究样地是人为破坏后尚处于恢复阶段的天然次生林或人工林，而其他研究的样地多为成熟林；②测定方法的影响。早期的工作多采用碱吸收法，而采用碱吸收法测得的结果往往偏大。

白桦林和辽东栎林的总初级生产力（GPP）或植被总同化量分别为 7.30 Mg C/(hm^2 · a) 和 5.39 Mg C/(hm^2 · a)，低于 Valentini 等（2000）报道的欧洲同纬度的落叶阔叶林［10 ～ 13 Mg C/(hm^2 · a)，表 7-3］。油松林的 GPP［12.82 Mg C/(hm^2 · a)］和 Valentini 等（2000）报道的欧洲同纬度的针叶林［11 ～ 15 Mg C/(hm^2 · a)，表 7-4］相当，但仅约为美国 15 年火炬松林［23.71 Mg C/(hm^2 · a)，表 7-4］的 1/2（Hamilton et al.，2002）。

表 7-4　北半球中纬度地区不同地点落叶阔叶林和针叶林生态系统的碳平衡参数

国家	纬度（N）	优势种	森林类型	年均温（℃）	年降水（mm）	年龄（a）	观测年份
中国	39°58′	BP	S	3.6	612	30 ～ 40	1992 ～ 1994
中国	39°58′	QL	S	4.8	612	30 ～ 40	1992 ～ 1994
意大利	41°52′	BD	NM	6.2	1180	105	1996 ～ 1997
法国	48°40′	BD	NM	9.2	771	30	1996 ～ 1997
丹麦	55°29′	BD	NM	8.1	531	80	1996 ～ 1998
中国	39°58′	PT_1	P	5.4	612	30	1992 ～ 1994
美国	35°58′	PT_2	P	15.5	1140	15	1996 ～ 2000
法国	44°05′	C	P	13.7	936	29	1996 ～ 1997
德国	50°09′	C	NM	5.8	885	45	1996 ～ 1997
德国	50°58′	C	NM	8.3	724	105	1996 ～ 1997

国家	GPP［Mg C/(hm^2 · a)］	NPP［Mg C/(hm^2 · a)］	NEP［Mg C/(hm^2 · a)］	文献
中国	7.3	3.73	0.95	本章
中国	5.39	3.2	−0.29	本章
意大利	13		6.4	Valentini et al. 2000
法国	10.1 ～ 12.5		2.2 ～ 2.6	Valentini et al. 2000
丹麦	11.4 ～ 12.4		0.9 ～ 1.3	Valentini et al. 2000
中国	12.82	5.89	4.08	本章
美国	23.71	7.05	4.28	Hamilton et al. 2002
法国	12.3		4.3	Valentini et al. 2000
德国	13.77		0.77	Valentini et al. 2000
德国	11.6 ～ 15.1		3.3 ～ 5.4	Valentini et al. 2000

BP. 白桦 *Betula platyphylla*；QL. 辽东栎 *Quercus liaotungensis*；BD. 落叶阔叶林；PT_1. 油松 *Pinus tabuliformis*；PT_2. 火炬松 *Pinus taeda*；C. 针叶林；S. 次生林；NM. 天然林，但有少量管理；P. 人工林

北京山地 3 种温带森林的净初级生产力为 3.20 ～ 5.89 Mg C/(hm^2·a)，低于美国 15 年火炬松林［7.05 Mg C/(hm^2·a)，Hamilton et al.，2002，表 7-4］。NPP 与 GPP 的比值为 0.46 ～ 0.60，稍大于美国 15 年的火炬松林（0.3；Hamilton et al.，2002；表 7-4），和模型模拟的在较宽的环境梯度上 NPP 和 GPP 之比稳定在 0.40 ～ 0.52 的结果一致（Chapin，2002）。

7.2.3　碳循环

根据上述结果，可得到北京山地 3 种温带森林生态系统的碳循环模式（图 7-5，1994 年数据）。建立模式时，土壤碳密度选择较为通用的 1 m 深度，并且由于缺乏凋落物层

输送给土壤碳库的有机碳量数据，将凋落物碳密度纳入土壤碳库计算。

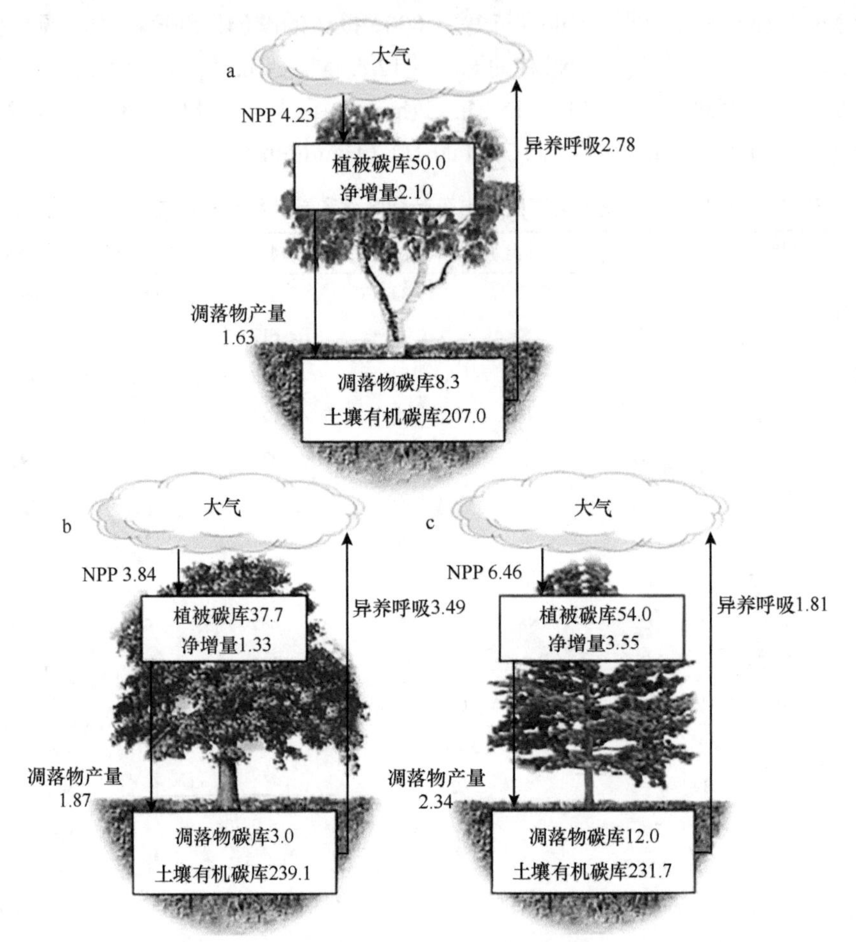

图 7-5　北京山地 3 种温带森林生态系统的碳循环

a. 白桦林；b. 辽东栎林；c. 油松林。碳储量和通量的单位分别为 Mg C/hm^2 和 Mg C/(hm^2 · a)

结果显示，人工油松林的总同化量明显大于白桦林和辽东栎林。油松林植被碳密度增长较快，其他两种森林则增加较慢，已接近稳定状态。

北京山地 3 种温带森林的 NEP 差距较大，白桦林是一个较小的汇，辽东栎林基本处于平衡状态，而油松林是一个较大的碳汇（表 7-2，表 7-3）。这说明人工油松林具有较大的碳汇潜力。根据构建的碳循环模式图（图 7-5），就可以对北京山地温带森林的碳循环过程进行评估。虽然图 7-5 是一个较为粗略的北京山地 3 种温带森林的碳循环模式，但它完整地反映了这些类型的生态系统碳循环的各个组分和主要过程。有关估算的不确定性分析在 7.3.3 节予以讨论。

7.3　生态系统碳循环过程的 20 年变化

7.2 节介绍了北京东灵山白桦林、辽东栎林和油松林在 1992 ～ 1994 年的碳循环及主要过程，发现人工油松林是一个较大的碳汇，而次生白桦林和辽东栎林已基本处于碳平衡状态。姚辉等（2015）于 2011 ～ 2014 年对 3 个温带森林固定样地进行了复查，使用同样的方法测定了生态系统各组分的碳密度和碳通量，重新构建了 3 种生态系统的碳循环模式，试图阐明这 3 种温带森林的碳循环过程及其 20 年的变化。

7.3.1　碳密度的 20 年变化

2011 ～ 2014 年，白桦林、辽东栎林和油松林的生物量碳密度分别为 93.1 ～ 101.6 Mg C/hm^2、72.1 ～ 77.5 Mg C/hm^2 和 100.3 ～ 111.2 Mg C/hm^2，其中乔木层的相对贡献均超过 97%，灌木层和草本层生物量对总生物量的相对贡献较低（< 3%）；土壤有机碳密度分别为 214.8 Mg C/hm^2、241.7 Mg C/hm^2 和 238.4 Mg C/hm^2；凋落物和木质残体碳密度分别为 11.4 Mg C/hm^2 和 5.6 Mg C/hm^2、6.1 Mg C/hm^2 和 3.3 Mg C/hm^2 以及 2.1 Mg C/hm^2 和 4.5 Mg C/hm^2。与 1992 ～ 1994 年相比，这 3 块样地的生物量碳密度快速增加，分别增加了 51.5 Mg C/hm^2、39.6 Mg C/hm^2 和 56.9 Mg C/hm^2（草本层不计），增幅超过 1 倍；土壤碳密度分别增加了 7.8 Mg C/hm^2、2.6 Mg C/hm^2 和 6.7 Mg C/hm^2，相对增加 1% ～ 4%；相对于生物量，土壤碳密度的相对贡献较 20 年前有所降低。与 20 年前相比，除油松林的凋落物碳密度外，其他各组分的碳密度均有所增加（表 7-5）。

表 7-5　不同时期 3 个样地各组分碳储量和碳通量

项目	白桦林				辽东栎林				油松林			
	1992 年	1994 年	2011 年	2014 年	1992 年	1994 年	2011 年	2014 年	1992 年	1994 年	2011 年	2014 年
碳储量（Mg C/hm^2）												
乔木层	45.7	49.9	90.3	98.8	35.0	37.7	71.3	76.7	47.0	54.0	99.9	110.8
灌木层	0.1		2.7		0.0		0.6		0.0		0.1	
草本层	N.D.		0.1		N.D.		0.2		N.D.		0.3	
小计	45.8	50.0	93.1	101.6	35.0	37.7	72.1	77.5	47.0	54.0	100.3	111.2
土壤	207.0		214.8		239.1		241.7		231.7		238.4	
凋落物	8.3		11.4		3.0		6.1		12.0		2.1	
木质残体	N.D.		5.6		N.D.		3.3		N.D.		4.5	
合计	255.1	259.3	324.9	333.4	277.0	279.7	323.2	328.6	291.0	298.0	345.3	356.2
碳通量[Mg C/(hm^2 · a)]												
生物量净增量（ΔB）	2.10		2.83		1.33		1.79		3.55		3.65	
凋落物产量（L）	1.63		1.84		1.87		2.02		2.34		2.45	
死根产量（F）	0.40		0.46		0.60		0.65		0.54		0.57	
木质残体产量（W）	0.10		0.19		0.03		0.07		0.03		0.06	
土壤总呼吸（R_s）	3.09		5.74		3.90		4.55		2.37		4.14	
土壤异养呼吸（R_h）	2.78		5.20		3.49		4.10		1.81		3.20	

续表

项目	白桦林				辽东栎林				油松林			
	1992 年	1994 年	2011 年	2014 年	1992 年	1994 年	2011 年	2014 年	1992 年	1994 年	2011 年	2014 年
净初级生产力（NPP）	4.23		5.32		3.84		4.53		6.46		6.73	
净生态系统生产力（NEP）	1.45		0.12		0.35		0.43		4.65		3.53	

N.D. 表示无数据

本研究中的次生落叶阔叶林是在顶极群落屡遭干扰和破坏但土壤仍保存较完整的情况下恢复的（吴晓莆等，2004）。白桦林和辽东栎林的总碳密度为 323.2 ～ 333.4 Mg C/hm^2，而人工油松林的总碳密度为 345.3 ～ 356.2 Mg C/hm^2，均高于温带森林的平均值（189 Mg C/hm^2）（Pregitzer and Euskirchen，2004），这意味着北京山地温带森林生态系统具有较高的碳密度。相比 20 年前的研究结果（1992 ～ 1994 年）（Fang et al.，2007），3 块样地的总碳密度增加了 16% ～ 26%（不包括木质残体部分），而最大贡献来自生物量碳密度的增加（图 7-6）。

在生态系统总碳密度中，北京山地 3 种温带森林的生物量碳密度所占比例不到 30%，低于其他温带森林的研究结果。例如，在长白山不同海拔梯度的原始林中该比例为 50% ～ 70%（Zhu et al.，2010）；在帽儿山 6 种温带森林中为 30% ～ 50%（Zhang and Wang，2010）。导致生物量碳密度在生态系统中占比较低的主要原因是土壤有机碳密度较高。北京山地 3 种温带森林 1 m 深土壤有机碳密度达 214.8 ～ 241.7 Mg C/hm^2，高于中国棕壤的平均有机碳密度（97.1 Mg C/hm^2）（Wu et al.，2003），也高于全球温带森林

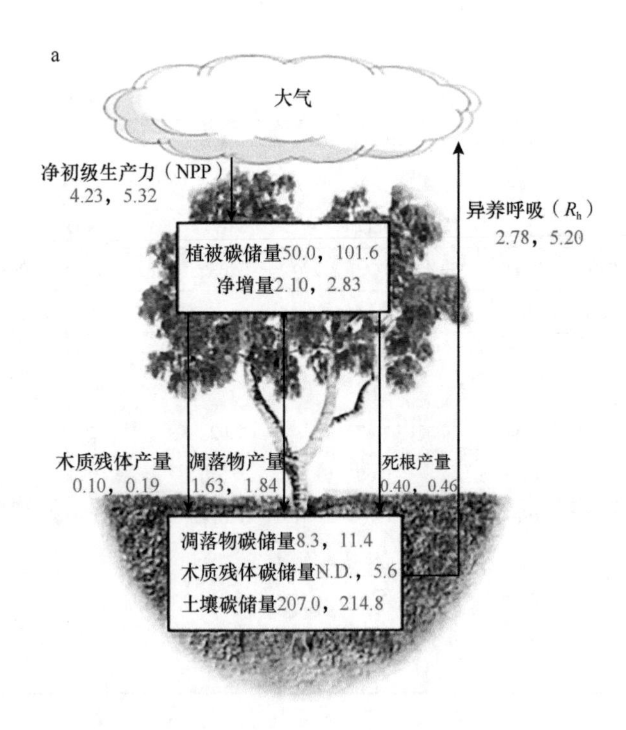

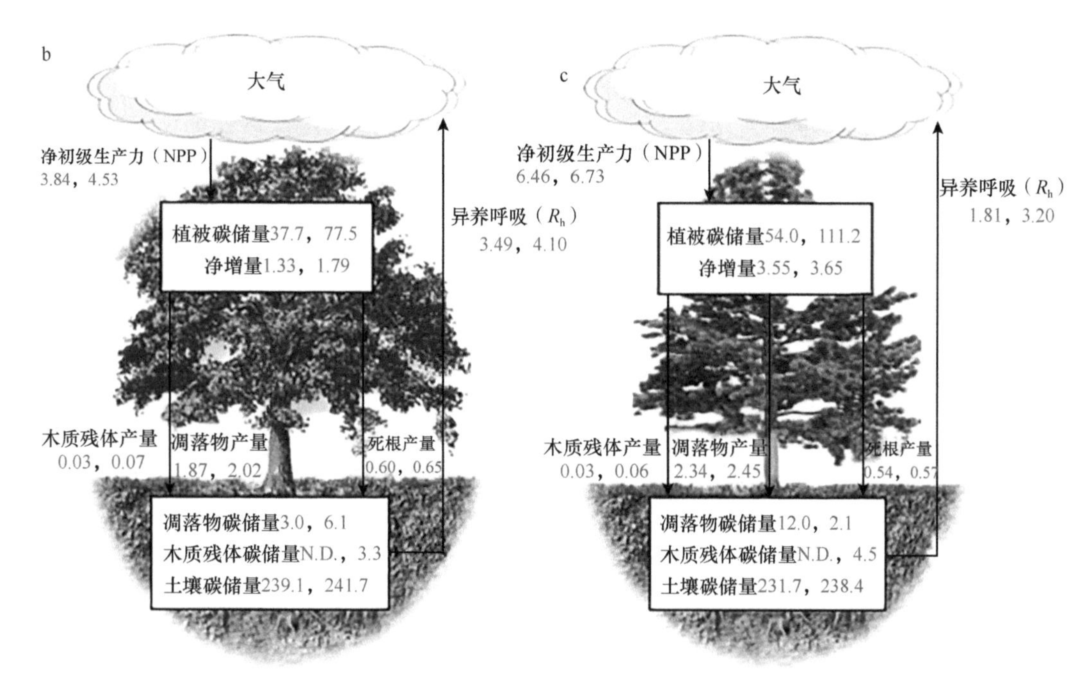

图 7-6　北京山地 3 种温带森林生态系统的碳循环及 20 年变化

a. 白桦林；b. 辽东栎林；c. 油松林。红色字体为 1992 ～ 1994 年各组分碳储量（Mg C/hm^2）和碳通量［Mg C/(hm^2 · a)］，蓝色字体为 2011 ～ 2014 年相应值

土壤的平均值（74.0 Mg C/hm^2）（Pan et al.，2011）。相比 20 年前的研究结果，土壤有机碳密度略有增加（2.6 ～ 7.8 Mg C/hm^2），虽然远低于生物量碳密度的增加量（38.4 ～ 55.3 Mg C/hm^2），但不容忽视（Zhou et al.，2006）。凋落物和死根产量的增加（表 7-5）意味着土壤有机碳潜在输入量在增加，导致土壤有机碳积累（Davidson and Janssens，2006）。积累速率较低可能是由于土壤呼吸释放量也随之增长（表 7-5）。

与生物量和土壤碳密度相比，这 3 块样地的凋落物和木质残体碳密度占比较低，仅为 2% ～ 5%，远低于全球森林的平均水平（13.5%）（Pan et al.，2011）。白桦林凋落物的碳密度为 11.4 Mg C/hm^2，高于辽东栎林（6.1 Mg C/hm^2）和油松林（2.1 Mg C/hm^2），这可能与白桦林样地所处海拔较高、温度较低有关（表 7-2）。低温导致凋落物分解速率较低而有利于凋落物的积累（Davidson and Janssens，2006）。与 20 年前的研究结果相比，两种落叶阔叶林的凋落物碳密度有所增加，而人工油松林有所降低。综上所述，北京山地 3 种温带森林生态系统在过去 20 年固定了大量的碳（44.1 ～ 60.3 Mg C/hm^2），表明北京山地温带森林生态系统是一个显著的碳汇。

7.3.2　碳通量的 20 年变化

2011 ～ 2014 年，白桦林、辽东栎林和油松林的生物量净增量分别为 2.83 Mg C/(hm^2 · a)、1.79 Mg C/(hm^2 · a) 和 3.65 Mg C/(hm^2 · a)，凋落物产量分别为 1.84 Mg C/(hm^2 · a)、2.02 Mg C/(hm^2 · a) 和 2.45 Mg C/(hm^2 · a)，死根产量分别为 0.46 Mg C/(hm^2 · a)、0.65 Mg C/(hm^2 · a) 和 0.57 Mg C/(hm^2 · a)，木质残体产量分别为 0.19 Mg C/(hm^2 · a)、0.07 Mg C/(hm^2 · a)

和 0.06 Mg C/(hm^2 · a)，土壤总呼吸量分别为 5.74 Mg C/(hm^2 · a)、4.55 Mg C/(hm^2 · a) 和 4.14 Mg C/(hm^2 · a)，土壤异养呼吸量分别为 5.20 Mg C/(hm^2 · a)、4.10 Mg C/(hm^2 · a) 和 3.20 Mg C/(hm^2 · a)。据此，2011 ～ 2014 年白桦林、辽东栎林和油松林的 NPP 分别为 5.32 Mg C/(hm^2·a)、4.53 Mg C/(hm^2·a) 和 6.73 Mg C/(hm^2·a)，NEP 分别为 0.12 Mg C/(hm^2·a)、0.43 Mg C/(hm^2 · a) 和 3.53 Mg C/(hm^2 · a)。与 20 年前相比，这 3 块样地的生物量净增量均有增长，分别增加了 0.73 Mg C/(hm^2 · a)、0.46 Mg C/(hm^2 · a) 和 0.10 Mg C/(hm^2 · a)，增幅分别为 35%、35% 和 3%。作为 NPP 主要来源的凋落物、死根和木质残体产量，20 年来均有不同程度的增加。例如，3 块样地的凋落物产量分别增加了 0.21 Mg C/(hm^2 · a)、0.15 Mg C/(hm^2 · a) 和 0.11 Mg C/(hm^2 · a)，增幅分别为 13%、8% 和 5%。据此，白桦林、辽东栎林和油松林的 NPP 分别增加了 1.09 Mg C/(hm^2 · a)、0.69 Mg C/(hm^2 · a) 和 0.27 Mg C/(hm^2 · a)，增幅分别为 26%、18% 和 4%。3 种森林生态系统的碳通量中，土壤呼吸 20 年来的增加幅度最大。白桦林、辽东栎林和油松林的土壤总呼吸量分别增加了 2.65 Mg C/(hm^2 · a)、0.65 Mg C/(hm^2 · a) 和 1.77 Mg C/(hm^2 · a)，增幅分别为 86%、17% 和 75%；相应的，3 块样地的异养呼吸量分别增长了 2.42 Mg C/(hm^2·a)、0.61 Mg C/(hm^2·a) 和 1.39 Mg C/(hm^2 · a)，增幅分别为 87%、17% 和 77%（表 7-5）。

2011 ～ 2014 年，北京山地 3 种温带森林生物量净增量为 1.79 ～ 3.65 Mg C/(hm^2·a)，远高于近 10 年我国森林生物量的平均固碳速率［0.5 Mg C/(hm^2 · a)］（Fang et al.，2007；Guo et al.，2013）。20 年前，北京山地 3 种温带森林生态系统的生产力还处于较低水平（Fang et al.，2007），NPP 低于同纬度的其他森林（Hamilton et al.，2002）。但 20 年来，3 种森林生物量快速积累，凋落物产量也随之增加，使得 3 种森林生态系统的 NPP 明显增加（图 7-5）。2011 ～ 2014 年，白桦林和辽东栎林 NPP 分别为 5.32 Mg C/(hm^2 · a) 和 4.53 Mg C/(hm^2 · a)，接近较低纬度的日本桦木林和栎林［6.5 Mg C/(hm^2 · a)］（Ohtsuka et al.，2007）。而人工油松林 NPP 更高，达到了 6.73 Mg C/(hm^2 · a)，高于同纬度的美国温带的云冷杉林［5.2 Mg C/(hm^2 · a)］（Arthur and Fahey，1992）。

20 年来，土壤总呼吸量大幅增加，这可能是由于气候变化导致的温度升高、生物量在 20 年间持续积累（表 7-5）以及土壤呼吸底物供应的变化等因素（姚辉等，2015）。尽管如此，3 种森林土壤总呼吸仍低于同纬度的温带落叶阔叶林［8.1 ～ 11.9 Mg C/(hm^2 · a)］（Bolstad et al.，2004）和针叶林 [6.8 Mg C/(hm^2 · a)]（Law et al.，1999）。导致土壤呼吸量较低的原因可能有两个：①根系生物量较低（仅占总生物量的 20% 左右）可能导致了较低的根呼吸；②林下植被少，保水性能较差，尤其是辽东栎林和油松林，而水分限制可能使土壤呼吸偏低（刘绍辉等，1998；姚辉等，2015）。3 种森林土壤的年异养呼吸量为 3.20 ～ 5.20 Mg C/(hm^2 · a)，与我国其他温带落叶阔叶林和针叶林相近（Wang et al.，2006）。

7.3.3 生态系统碳循环模式

根据上述结果，构建了 2011 ～ 2014 年北京山地 3 种温带森林生态系统的碳收支模式（图 7-5）。结果显示，3 种温带森林生态系统均为碳汇，但它们的固碳速率存在明显差异。人工油松林的固碳速率最快，为 3.53 Mg C/(hm^2 · a)，高于次生落叶阔叶林［白桦林为 0.12 Mg C/(hm^2 · a)，辽东栎林为 0.43 Mg C/(hm^2 · a)]。与 1992 ～ 1994 年相比，白桦林和油松林的碳汇速率下降明显，分别降低了 1.33 Mg C/(hm^2·a)（92%）和 1.12 Mg C/(hm^2·a)（24%）；辽东栎林的碳汇速率略有增加，从 0.35 Mg C/(hm^2 · a) 增长到 0.43 Mg C/(hm^2 · a)。

本节对北京山地 3 种温带森林的碳收支及其 20 年变化进行了评估，并从两个方面优化了 20 年前的估算（1992 ～ 1994 年）（Fang et al.，2007）。首先，估算了森林生态系统所有组分的碳密度，增加了草本层和木质残体碳密度的估算。其次，在 NPP 的估算中，增加了对死根和木质残体产量的估算，改善了碳输入部分的估算。尽管如此，仍有如下 3 种因素可能使估算产生较大误差。

1）在估算 NPP 时，虽然加入了死亡根系的估算，但实际上根系分泌物也是 NPP 的来源之一（Schlesinger，1997）。此外，使用凋落物收集器收集的凋落物在收获前已有部分分解；根系向共生有机体输送的碳水化合物等未纳入估算（Clark et al.，2001）。这些都可能导致估算的 NPP 低于实际 NPP。

2）土壤存在的空间异质性（包括有机质浓度和土壤深度等）可能导致土壤呼吸量测定和估算的误差（Scott-Denton et al.，2006）。此外，由于未测定冬季的土壤呼吸值，可能造成推算全年土壤呼吸量的误差。

3）按照 1992 ～ 1994 年土壤异养呼吸占土壤总呼吸的比例推算 2011 ～ 2014 年的异养呼吸量，这可能造成一定的估算误差。3 个样地的生物量在 20 年间持续积累，其中根系生物量增幅达 78% ～ 135%，这将导致根呼吸量的快速增加，而采用早期的异养呼吸占比推算现在的异养呼吸量可能导致其推算值偏高。而且，两次调查期间，土壤呼吸的底物浓度、土壤温度和水分以及土壤微生物组成和生物量都可能发生变化，这些都会影响估算值的误差。

7.4　小　　结

本章以北京山地 3 种森林生态系统短期和长期的定位观测为案例，介绍了生态系统尺度碳循环模式的构建方式。通过对生态系统碳循环基本参数的实际观测，可以构建森林生态系统短期的碳循环模式。北京山地 3 种温带森林的碳循环模式（图 7-6），完整地反映了 3 种森林生态系统碳循环的各个组分和主要过程。

所处立地条件和植被组成并不相同的北京山地 3 种温带森林，其碳储量在过去 20 年增加迅速，从 259.3 ～ 298.0 Mg C/hm^2 增加到 328.6 ～ 356.2 Mg C/hm^2（不包括木质残体部分）。生物量固碳速率最快[2.0 ～ 2.8 Mg C/(hm^2 · a)]，而土壤有机碳密度增长相对较慢[0.1 ～ 0.4 Mg C/(hm^2 · a)]。近 3 年来（2011 ～ 2014 年），北京山地 3 种温带森林固碳速率也均为正值，但呈减慢趋势。无论短期的整合通量计算（7.2 小节）还是长时间尺度上碳库差值的估算（7.3 小节）均证实北京山地 3 种森林生态系统为大气 CO_2 的汇。

参考文献

陈灵芝，黄建辉，严昌荣 . 1997. 中国森林生态系统养分循环 . 北京：气象出版社 .
陈灵芝，任继凯，鲍显诚 . 1984. 北京西山 (卧佛寺附近) 人工油松林群落学特征及生物量的研究 . 植物生态学及地植物学丛刊 , 8(3): 173-181.

方精云 . 1999. 森林群落呼吸量的研究方法及其应用的探讨 . 植物学报 , 41(1): 88-94.

方精云 , 刘国华 , 朱彪 , 王效科 , 刘绍辉 . 2006. 北京东灵山三种温带森林生态系统的碳循环 . 中国科学 D 辑 : 地球科学 , 36: 533-543.

方精云 , 王效科 , 刘国华 , 康德梦 . 1995. 北京地区辽东栎林呼吸量的测定 . 生态学报 , 15(3): 235-244.

冯宗炜 , 王效科 , 吴刚 . 1999. 中国森林生态系统的生物量和生产力 . 北京 : 科学出版社 .

江洪 . 1997. 东灵山典型落叶阔叶林生物量的研究 . 见 : 陈灵芝 . 暖温带森林生态系统结构与功能的研究 . 北京 : 科学出版社 : 104-115.

李意德 , 吴仲民 , 曾庆波 , 周光益 , 陈步峰 , 方精云 . 1998. 尖峰岭热带山地雨林生态系统碳平衡的初步研究 . 生态学报 , 18(4): 371-378.

刘绍辉 , 方精云 , 清田信 . 1998. 北京山地温带森林的土壤呼吸 . 植物生态学报 , 22(2): 119-126.

彭少麟 , 张祝平 . 1994. 鼎湖山地带性植被生物量、生产力和光能利用效率 . 中国科学 B 辑 : 化学 生命科学 地学 , 24(5): 497-502.

桑卫国 , 马克平 , 陈灵芝 . 2002. 暖温带落叶阔叶林碳循环的初步估算 . 植物生态学报 , 26(5): 543-548.

吴晓莆 , 王志恒 , 崔海亭 , 方精云 . 2004. 北京山区栎林的群落结构与物种组成 . 生物多样性 , 12(1): 155-163.

姚辉 , 胡雪洋 , 朱江玲 , 朱剑霄 , 吉成均 , 方精云 . 2015. 北京东灵山三种温带森林土壤呼吸及其 20 年变化 . 植物生态学报 39(9): 849-856.

于贵瑞 . 2003. 全球变化与陆地生态系统碳循环和碳蓄积 . 北京 : 气象出版社 .

周国逸, 周存宇, Liu SG, 唐旭利, 欧阳学军, 张德强, 刘世忠, 刘菊秀, 闫俊华, 温达志, 徐国良, 周传艳, 罗艳 , 官丽莉 , 刘艳 . 2005. 季风常绿阔叶林恢复演替系列地下部分碳平衡及累积速率 . 中国科学 D 辑 : 地球科学 , 35(6): 502-510.

朱剑霄 , 胡雪洋 , 姚辉 , 刘国华 , 吉成均 , 方精云 . 2015. 北京地区温带林是一个显著的碳汇 : 基于 3 种林分 20 年的观测 . 中国科学 : 生命科学 , 45: 1132-1139.

Arthur MA, Fahey TJ. 1992. Biomass and nutrients in an Engelmann spruce-subalpine fir forest in north central Colorado: pools, annual production, and internal cycling. Canadian Journal of Forest Research, 22: 315-325.

Battle M. 2000. Global carbon sinks and their variability inferred from atmospheric O_2 and $\delta^{13}C$. Science, 287: 2467-2470.

Bolstad PV, Davis KJ, Martin J, Cook BD, Wang W. 2004. Component and whole-system respiration fluxes in northern deciduous forests. Tree Physiology, 24: 493-504.

Brando PM, Nepstad DC, Davidson EA, Trumbore SE, Ray D, Camargo P. 2008. Drought effects on litterfall, wood production and belowground carbon cycling in an Amazon forest: results of a throughfall reduction experiment. Philosophical Transaction of the Royal Society B: Biological Sciences, 363: 1839-1848.

Chapin FS III, Matson PA, Mooney HA. 2002. Principles of Terrestrial Ecosystem Ecology. New York: Springer Verlag.

Chen DX, Li YD, Liu HP, Xu H, Xiao WF, Luo TS, Zhou Z, Lin MX. 2010. Biomass and carbon dynamics of a tropical mountain rain forest in China. Science China Life Sciences, 53: 798-810.

Choi S, Lee K, Chang Y. 2002. Large rate of uptake of atmospheric carbon dioxide by planted forest biomass in Korea. Global Biogeochemical Cycles, 16: 36-1-36-5.

Clark DA, Brown S, Kicklighter DW, Chambers JQ, Thomlinson JR, Ni J. 2001. Measuring net primary production in forests: concepts and field methods. Ecological Applications, 11: 356-370.

Davidson EA, Janssens IA. 2006. Temperature sensitivity of soil carbon decomposition and feedbacks to climate change. Nature, 440: 165-173.

DeLucia EH, Hamilton JG, Naidu SL, Thomas RB, Andrew JA, Finzi A, Lavine M, Matamala R, Mohan JE, Hendrey GR, Schlesinger WH. 1999. Net primary production of a forest ecosystem with experimental CO_2 enrichment. Science, 284: 1177-1179.

Dixon RK, Solomon AM, Brown S, Houghton RA, Trexier MC, Wisniewski J. 1994. Carbon pools and flux of global forest ecosystems. Science, 263: 185-190.

Fang JY, Brown S, Tang YH, Nabuurs GJ, Wang XP. 2006. Overestimated biomass carbon pools of the northern mid-and high latitude forests. Climate Change, 74: 355-368.

Fang JY, Chen AP, Peng CH, Zhao SQ, Ci LJ. 2001. Changes in forest biomass carbon storage in China between 1949 and 1998. Science, 292: 2320-2322.

Fang JY, Guo ZD, Hu HF, Kato T, Muraoka H, Son Y. 2014. Forest biomass carbon sinks in East Asia, with special reference to the relative contributions of forest expansion and forest growth. Global Change Biology, 20: 2019-2030.

Fang JY, Liu GH, Zhu B, Wang XK, Liu SH. 2007. Carbon budgets of three temperate forest ecosystems in Dongling Mt., Beijing, China. Science in China Series D: Earth Science, 50: 92-101.

Fang JY, Oikawa T, Kato T, Mo W, Wang ZH. 2005. Biomass carbon accumulation by Japan's forests from 1947 to 1995. Global Biogeochemical Cycles, 19: GB2004.

Fang JY, Wang XK. 1995. Measurement of respiration amount of white birch (*Betula platyphylla*) population in the mountainous region of Beijing. Journal of Environmental Sciences, (4): 391-398.

Foley JA. 1995. An equilibrium model of the terrestrial carbon budget. Tellus, Series B: Chemical and Physical Meteorology, 47: 310-319.

Goodale CL, Apps MJ, Birdsey RA, Field CB, Heath LS, Houghton RA, Jenkins JC, Kohlmaier GH, Kurz W, Liu S, Nabuurs GJ, Nilsson S, Shvidenko AZ. 2002. Forest carbon sinks in the northern hemisphere. Ecological Applications, 12: 891-899.

Guo ZD, Hu HF, Li P, Li NY, Fang JY. 2013. Spatio-temporal changes in biomass carbon sinks in China's forests from 1977 to 2008. Science China Life Sciences, 56: 661-671.

Hamilton JG, DeLucia EH, George K, Naidu SL, Finzi AC, Schlesinger WH. 2002. Forest carbon balance under elevated CO_2. Oecologia, 131: 250-260.

Harmon ME, Bible K, Ryan MG, Shaw DC, Chen H, Klopatek J, Li X. 2004. Production, respiration, and overall carbon balance in an old-growth Pseudotsuga-Tsuga forest ecosystem. Ecosystems, 7: 498-512.

Högberg P, Nordgren A, Buchmann N, Taylor AF, Ekblad A, Högberg MN, Nyberg G, Ottosson-Löfvenius M, Read DJ. 2001. Large-scale forest girdling shows that current photosynthesis drives soil respiration. Nature, 411: 789-792.

Hu X, Zhu J, Wang C, Zheng T, Wu Q, Yao H, Fang J. 2016. Impacts of fire severity and post-fire reforestation on carbon pools in boreal larch forests in Northeast China. Journal of Plant Ecology, 9(1): 1-9.

IPCC. 2014. Climate Change 2014: Impacts, Adaptation, and Vulnerability. Part A: Global and Sectoral Aspects. Contribution of Working Group II to the Fifth Assessment Report of the Intergovernmental Panel on Climate Change. Cambridge: Cambridge University Press.

Janssens IA, Freibauer A, Ciais P, Smith P, Nabuurs GJ, Folberth G, Schlamadinger B, Hutjes RWA, Ceulemans R, Schulze ED, Valentini R, Dolman AJ. 2003. Europe's terrestrial biosphere absorbs 7 to 12% of European anthropogenic CO_2 emissions. Science, 300: 1538-1542.

Jobbagy EG, Jackson RB. 2000. The vertical distribution of soil organic carbon and its relation to climate and vegetation. Ecological Applications, 10: 423-436.

Kauppi PE, Mielikäinen K, Kuusela K. 1992. Biomass and carbon budget of European forests, 1971 to 1990. Science, 256: 70-74.

Kawaguchi H. 1987. Carbon Cycles in Regeneration Processes of Deciduous Broadleaved Forests. Osaka: Osaka City University.

Kira T, Ogawa H, Yoda K, Ogino K. 1967. Comparative ecological studies on three main types of forest vegetation in Thailand. IV. Dry matter production, with special reference to the Khao Chung rain forest. Nature and Life in Southeast Asia, 5: 149-174.

Kramer PJ, Kozlowski TT. 1960. Physiology of Trees. New York: McGraw-Hill.

Law BE, Ryan MG, Anthoni PM. 1999. Seasonal and annual respiration of a ponderosa pine ecosystem. Global Change Biology, 5: 169-182.

Lee X. 1998. On micrometeorological observations of surface-air exchange over tall vegetation. Agriculture and Forest Meteorology, 91: 39-49.

Leith H, Whittaker RH. 1975. Primary Production of the Biosphere: Ecological Studies. Berlin: Springer.

Monson RK, Lipson DL, Burns SP, Turnipseed AA, Delany AC, William MW, Schmit SK. 2006. Winter forest soil respiration controlled by climate and microbial community composition. Nature, 439: 711-714.

Myneni RB, Dong J, Tucker CJ, Kaufmann RK, Kauppi PE, Liski J, Zhou L, Alexeyev V, Hughes MK. 2001. A large carbon sink in the woody biomass of Northern forests. Proceedings of the National Academy of Sciences of the United States of America, 98: 14784-14789.

Nadelhoffer KJ, Raich JW. 1992. Fine root production estimates and belowground carbon allocation in forest ecosystems. Ecology, 73: 1139-1147.

Ohtsuka T, Mo W, Satomura T, Inatomi M, Koizumi H. 2007. Biometric based carbon flux measurements and net ecosystem production (NEP) in a temperate deciduous broad-leaved forest beneath a flux tower. Ecosystems, 10: 324-334.

Pacala SW, Hurtt GC, Baker D, Peylin P, Houghton RA, Birdsey RA, Heath L, Sundquist ET, Stallard RF, Ciais P, Moorcroft P, Caspersen JP, Shevliakova E, Moore B, Kohlmaier G, Holland E, Gloor M, Harmon ME, Fan SM, Sarmiento JL, Goodale CL, Schimel D, Field CB. 2001. Consistent land-and atmosphere-based US carbon sink estimates. Science, 292: 2316-2320.

Pan YD, Birdsey RA, Fang JY, Houghton R, Kauppi PE, Kurz WA, Phillips OL, Shvidenko A, Lewis SL, Canadell JG, Ciais P, Jackson RB, Pacala SW, McGuire AD, Piao S, Rautiainen A, Sitch S, Hayes D. 2011. A large and persistent carbon sink in the world's forests. Science, 333: 988-993.

Phillips OL, Malhi Y, Higuchi N, Laurance WF, Nunez PV, Vasquez RM, Laurance SG, Ferreira LV, Stern M, Brown S, Grace J. 1998. Changes in the carbon balance of tropical forests: evidence from long-term plots. Science, 282: 439-442.

Piao SL, Fang JY, Ciais P, Peylin P, Huang Y, Sitch S, Wang T. 2009. The carbon balance of terrestrial ecosystems in China. Nature, 458: 1009-1013.

Pregitzer KS, Euskirchen ES. 2004. Carbon cycling and storage in world forests: Biome patterns related to forest age. Global Change Biology, 10: 2052-2077.

Raich JW, Schlesinger WH. 1992. The global carbon dioxide flux in soil respiration and its relationship to vegetation and climate. Tellus, 44: 81-99.

Ryan MG, Hubbard RM, Pongracic S, Raison RJ, McMurtrie RE. 1996. Foliage, fine-root, woody-tissue and stand respiration in *Pinus radiata* in relation to nitrogen status. Tree Physiology, 16: 333-343.

Schimel DS, House JI, Hibbard KA, Bousquet P, Ciais P, Peylin P, Braswell BH, Apps MJ, Baker D, Bondeau

A, Canadell J, Chrukina G, Cramer W, Denning AS, Field CB, Friedlingstein P, Goodale C, Heimann M, Houghton RA, Melillo JM, Moore BIII, Murdiyarso D, Noble I, Pacala SW, Prentice IC, Raupach MR, Rayner PJ, Scholes RJ, Steffen WL, Wirth C. 2001. Recent patterns and mechanisms of carbon exchange by terrestrial ecosystems. Nature, 414: 169-172.

Schlesinger WH. 1997. Biogeochemistry: an Analysis of Global Change. 2nd ed. New York: Academic Press.

Scott-Denton LE, Rosenstiel TN, Monson RK. 2006. Differential controls by climate and substrate over the heterotrophic and rhizospheric components of soil respiration. Global Change Biology, 12: 205-216.

Son Y, Park IH, Yi MJ, Jin HO, Kim DY, Kim RH, Hwang JO. 2004. Biomass, production and nutrient distribution of a natural oak forest in central Korea. Ecological Research, 19: 21-28.

Valentini R, Matteucci G, Dolman AJ, Schulze ED, Rebmann C, Moors EJ, Granier A, Gross P, Jensen NO, Pilegaard K, Lindroth A, Grelle A, Bernhofer C, Grunwald T, Aubinet M, Ceülemans R, Kowalski AS, Vesala T, Rannik Ü, Berbigier P, Loustau D, Guðmundsson J, Thorgeirsson H, Ibrom A, Morgenstern K, Clement R, Moncrieff J, Montagnani L, Minerbi S, Jarvis PG. 2000. Respiration as the main determinant of carbon balance in European forests. Nature, 404: 861-865.

Verhoeven JTA, Heil GW, Werger MJA. 1988. Vegetation structure in Relation to Carbon and Nutrient Economy. Hague: Academic Publishing.

Wang CK, Yang JY, Zhang QZ. 2006. Soil respiration in six temperate forests in China. Global Change Biology, 12: 2103-2114.

Wofsy SC, Goulden ML, Munger JW, Fan SM, Bakwin PS, Daube BC, Bassow SL, Bazzaz AF. 1993. Net exchange of CO_2 in a mid-latitude forest. Science, 260: 1314-1317.

Wu H, Guo Z, Peng C. 2003. Distribution and storage of soil organic carbon in China. Global Biogeochemical Cycles, 17(2): 1048-1058.

Yoda K. 1967. Comparative ecological studies on three main types of forest vegetation in Thailand. III. Community respiration. Nature and Life in Southeast Asia, 5: 83-143.

Yoda K. 1972. Forest Ecology. Tokyo: Kikuchi-Syokan.

Yoda K. 1983. Community respiration in a lowland rain forest in Pasoh, Peninsular Malaysia. Japanese Journal of Ecology, 33: 183-197.

Zhang QZ, Wang CK. 2010. Carbon density and distribution of six Chinese temperate forests. Science China Life Sciences, 53: 831-840.

Zhou G, Liu S, Li Z, Zhang D, Tang X, Zhou C, Yan J, Mo J. 2006. Old-growth forests can accumulate carbon in soils. Science, 314: 1417.

Zhu B, Wang X, Fang J, Piao S, Shen H, Zhao S, Peng C. 2010. Altitudinal changes in carbon storage of temperate forests on Mt Changbai, Northeast China. Journal of Plant Research, 123: 439-452.

Zhu JX, Hu XY, Yao H, Liu GH, Ji ZJ, Fang JY. 2015. A significant carbon sink in temperate forests in Beijing: based on 20-year field measurements in three stands. Science China Life Sciences, 58: 1135-1141.

第 8 章　东北地区森林生物量及其变化

东北地区森林植被在我国植被中占有独特地位，主要表现在其丰富的多样性和复杂的群落结构上（周以良，1997；徐化成，2001）。东北地区作为我国最大的林区，一直是森林生态学研究的重点区域，为区域森林碳循环研究提供了良好的基础。本章以东北森林为例，通过整合已有的研究结果介绍如何开展区域尺度的森林生态系统碳收支研究。

本章主要整理自 Tan 等（2007）、Zhu 等（2010）、Wang 等（2012）的文献。

8.1　东北地区森林生物量和生产力的估算

估算大尺度森林生态系统的生物量和生产力主要有两种方法：一是通过实地调查，如早期 Lieth 和 Whittaker（1975）利用实测数据对全球主要生态系统生物量和净初级生产力（net primary production，NPP）的估算。基于森林资源清查资料和生物量转换因子（biomass expansion factor，BEF）法是在大尺度上估算森林生物量最为精确的方法（Fang et al.，2001）。对于生产力，同样可以基于实测资料（方精云等，1996；Zhao and Zhou，2005）配合气候和遥感数据建立经验模型进行估算（Piao et al.，2005）。

8.1.1　生物量与蓄积量的关系

对局域尺度森林群落生物量的估算，多采用相关生长关系法（冯宗炜等，1999）。这一方法的缺陷在于，各种相关生长关系随地点、林龄、立地条件甚至季节等因素的变化而变化（López-Serrano et al.，2005），因而必须为各种可能的情况单独建立关系，这在大尺度研究中不易实现。第 2 章介绍的 BEF 法可以实现从样地到区域水平的尺度转换，从而可以准确估算大尺度的森林生物量（Fang et al.，1998，2001；Brown et al.，1999；Brown，2002）。为了评估 BEF 方法在区域尺度森林生物量估算中的应用，我们以东北地区 108 个样地的实测数据并结合已发表的文献资料为例，介绍两种方法在区域尺度森林生物量和生产力估算中的应用。根据 Fang 等（2001），将东北森林划分为 9 种森林类型（表 8-1）。需要说明的是，在本节中落叶阔叶林不包含落叶栎林。本节内容基于 Wang 等（2012）的文献整理。

表 8-1　东北地区主要森林类型的蓄积量 - 生物量方程

森林类型	a（Mg/m^3）	b（Mg）	n	R^2
落叶阔叶林	0.6197	21.7440	30	0.92
落叶栎林	1.1513	10.7500	13	0.95
落叶松林	0.5319	39.6720	57	0.91
针阔混交林	0.7101	−43.4950	16	0.55

续表

森林类型	a（Mg/m^3）	b（Mg）	n	R^2
红松林	0.5317	21.1960	42	0.93
樟子松林	0.3343	39.4120	26	0.85
油松林	0.8970	2.5969	76	0.96
云冷杉林	0.6398	1.6654	24	0.89
山杨白桦林	0.6477	36.3460	56	0.85

注：BEF = $a + b/x$，x 为蓄积量

由图 8-1 可见，采用相关生长法计算的群落生物量实测值和采用 BEF 法的估算值十分吻合，二者的 R^2 达 0.91。这一比较说明，这些全国尺度的 BEF 关系总体上精度很高，足以满足多数森林类型估算样地水平生物量的需要。表 8-1 给出了各森林类型的 BEF 关系，用以更为精确地估算东北地区样地水平的生物量。

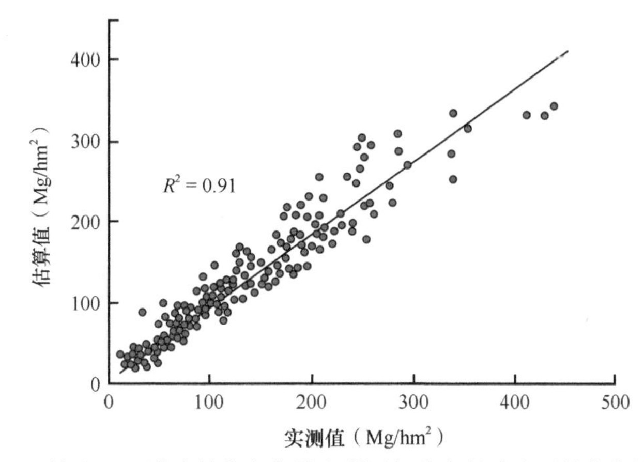

图 8-1　利用 BEF 法估算的生物量和利用相关生长法实测的生物量比较

8.1.2　森林生物量与气候的关系

对各生物量参数与地理因子关系的分析表明（表 8-2），纬度、经度和海拔显著影响群落总生物量、地上生物量和地下生物量，说明东北地区森林生物量显著受气候因子支配（表 8-3）。对各生物量参数与气候因子关系的分析表明，年最大潜在蒸散（PET）（Thornthwaite，1948）、湿润指数（Im）（Thornthwaite，1948）以及最冷月均温能较好地解释这种空间上的分异。气候因子分别解释了群落生物量和地上生物量变异的 20.8% 和 33.5%，以及地下生物量的 7.6%，表明气候对地上生物量的影响高于地下生物量（表 8-3）。

气候通过土壤等因素间接作用于植物根系，因此对地下生物量影响较小是容易理解的。Cairns 等（1997）在全球尺度上的研究表明，地下生物量与各种气候因素（年平均气温、年平均降水量、年平均气温 / 年平均降水量、纬度、土壤质地）都没有显著关系。在局域尺度的研究案例中，由于生物因素差异相对较小，相对较易检测到地下生物量的变化规律。Luo 等（2005）报道贡嘎山森林地下生物量和海拔呈显著负相关关系。

表 8-2　东北地区森林主要生物量参数与地理因子关系模型的方差分析表

	自由度	均方	F	P	解释率（%）
		群落生物量			
海拔	1	74 536.2	13.5	0.000	3.4
纬度	1	147 493.8	26.8	0.000	6.8
经度	1	331 513.8	60.1	0.000	15.3
残差	293	5 512.8			
		地上生物量			
海拔	1	96 546.3	30.9	0.000	8.0
纬度	1	97 012.9	31.0	0.000	8.0
经度	1	248 595.4	79.5	0.000	20.5
残差	246	3 126.7			
		地下生物量			
海拔	1	933.6	3.0	0.084	1.0
纬度	1	2 617.6	8.4	0.004	2.9
经度	1	7 554.4	24.4	0.000	8.4
残差	253	310.2			

表 8-3　东北地区森林生物量参数与主要气候因子关系模型的方差分析表

	自由度	均方	F	P	解释率（%）
		群落生物量			
最冷月均温	1	95 615.1	16.3	0.000	4.4
年最大潜在蒸散	1	115 029.2	19.6	0.000	5.3
湿润指数	1	241 210.4	41.2	0.000	11.1
残差	293	5 859.8			
		地上生物量			
最冷月均温	1	56 734.6	17.3	0.000	4.7
年最大潜在蒸散	1	147 823.9	45.2	0.000	12.2
湿润指数	1	201 360.5	61.5	0.000	16.6
残差	246	3 274.0			
		地下生物量			
最冷月均温	1	1 973.2	6.0	0.015	2.2
年最大潜在蒸散	1	2 596.0	7.9	0.005	2.9
湿润指数	1	2 269.4	6.9	0.009	2.5
残差	253	327.1			

8.1.3　净初级生产力与气候的关系

森林群落的生产力与气候存在密切的关系（Lieth，1975；罗天祥，1996；李文华和罗天祥，1997；冯宗炜等，1999）。图 8-2 给出了东北地区主要森林类型的 NPP。其中，杨桦林的 NPP 最高［7.2 Mg C/(hm^2 · a)］，落叶阔叶林次之［5.5 Mg C/(hm^2 · a)］，并显著高于落叶松林和樟子松林。

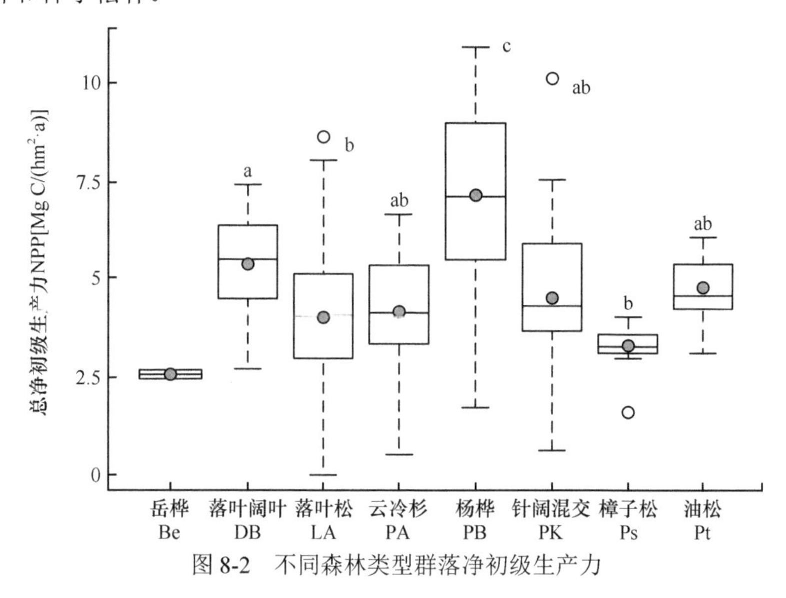

图 8-2　不同森林类型群落净初级生产力

落叶松林的地下 / 地上 NPP 比最高（0.20），并显著高于杨桦林（0.15）和樟子松林（0.08）。而油松林和云冷杉林的叶面积指数（LAI）最高（分别为 10.2 和 9.7），显著高于落叶阔叶林、樟子松林和落叶松林。与生物量相同，群落 NPP 同样受到气候的调控。年最大潜在蒸散、湿润指数和最冷月均温在一定程度上解释了 NPP 的空间差异（表 8-4），且不同森林类型群落 NPP 同样受到气候因子的影响。各森林群落的 NPP 与生长季平均温度和降水呈显著正相关关系（图 8-3）。

表 8-4　东北地区森林生产力参数与气候因子关系模型的方差分析表

	自由度	均方	*F*	*P*	解释率（%）
群落 NPP					
最冷月均温	1	601.2	37.2	0.000	13.4
年最大潜在蒸散	1	383.4	23.7	0.000	8.6
湿润指数	1	99.8	6.2	0.014	2.2
残差	210	16.2			

气候因子在一定程度上决定了群落生物量和生产力水平，为使用气候因子作为主要自变量、生物量和生产力为因变量的经验模型推算东北地区生物量及净初级生产力的空间分布提供了可能。

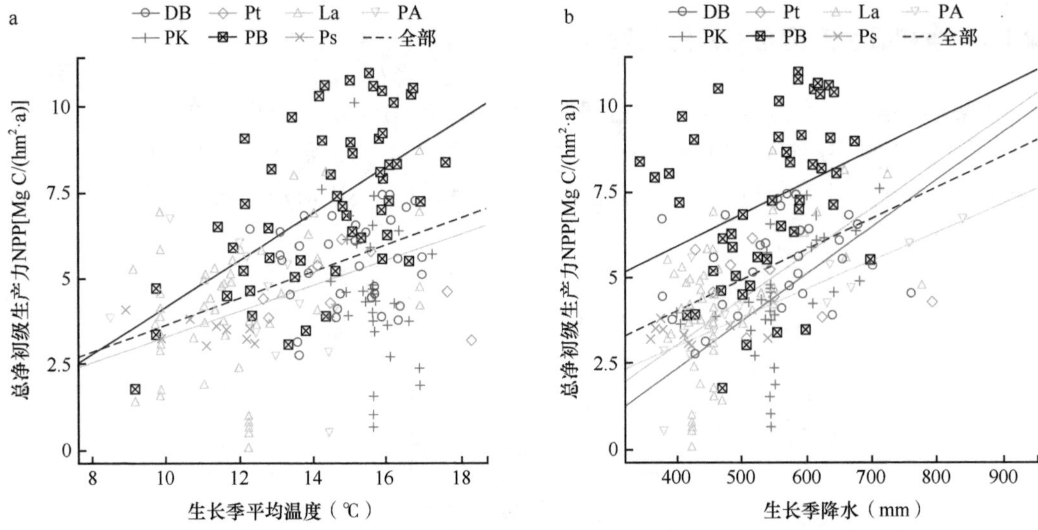

图 8-3 不同森林类型净初级生产力随生长季平均温度（a）和降水（b）的变化

DB. 落叶阔叶林；La. 落叶松林；PA. 云冷杉林；PB. 杨桦林；PK. 针阔混交林；Ps. 樟子松林；Pt. 油松林

8.2 长白山主要森林生态系统碳密度及其垂直格局

研究区域尺度森林生物量和生产力与气候因子的关系时易受到生物因子的影响。而在局域尺度上，研究森林生物量碳密度的垂直格局可以在一定程度上降低生境差异带来的干扰。长白山为受季风影响的温带大陆性山地气候，除具有一般山地气候特点外，还具有明显的垂直气候变化特征，形成明显的植被垂直分布带，通常可划分为高山苔原带（2000 m 以上）、岳桦林带（1700 ～ 2000 m）、暗针叶林带（1100 ～ 1700 m）、阔叶红松林带（500 ～ 1100 m）（王战等，1980）。此外，还有隐域性的长白落叶松林、长白松林和阔叶红松林受干扰之后形成的次生杨桦林等。本节主要介绍长白山森林碳库随海拔的变化规律［基于 Zhu 等（2010）的文献整理］。

8.2.1 长白山森林生态系统碳密度的测定

2003 年夏季，在长白山调查了 22 个样方（0.06 ～ 0.20 hm²），包括地带性的岳桦林（$n = 5$）、云冷杉林（$n = 12$）和阔叶红松林（$n = 5$）。样地基本信息见表 8-5。

表 8-5 长白山样地的基本信息

	岳桦林	云冷杉林	阔叶红松林
经度（°E）	128.06 ～ 128.07	128.07 ～ 128.17	128.08 ～ 128.17
纬度（°N）	42.06	42.07 ～ 42.19	42.21 ～ 42.41
海拔（m）	1800 ～ 2000	1100 ～ 1800	700 ～ 1100
样方数（个）	5	12	5
胸高断面积（m²/hm²）[A]	36.2（12.1）a	49.9（2.6）a	46.9（4.1）a
林木密度（株 /hm²）[A]	1232（235）ab	1379（140）a	829（148）b

续表

	岳桦林	云冷杉林	阔叶红松林
蓄积量（m^3/hm^2）[A]	140（23）a	485（29）b	509（51）b
优势种	岳桦	长白鱼鳞云杉，臭冷杉，黄花落叶松	红松，槭属，椴属，栎属 .

注：不同小写字母表示不同植被类型的差异显著性（单因素方差分析，LSD 检验，$P < 0.05$）

A. 平均值（标准差）

乔木层生物量的计算采用我们建立的 5 个主要树种（白桦、山杨、长白鱼鳞云杉、臭冷杉、红松；表 8-10）（Zhu et al.，2010）和前人在长白山建立的其他常见树种（长白落叶松、色木槭、紫椴、蒙古栎、春榆、大青杨）的生物量回归方程（陈传国和朱俊凤，1989）（表 8-6）。

表 8-6　长白山乔木层主要物种的生物量回归方程

物种	组分	a	b	R^2	D（cm）	H（m）	n
白桦	干	0.0145	1.0252	0.9975	5.4 ～ 34.7	7.2 ～ 25.7	6
	枝	0.0033	0.9797	0.9639			
	叶	0.0101	0.6051	0.8186			
	地上	0.0208	1.0029	0.9951			
	根	0.0053	0.9812	0.9804			
	总重	0.0261	0.9993	0.9944			
山杨	干	0.0135	1.0078	0.9983	5.4 ～ 45.2	7.8 ～ 24.4	6
	枝	0.0010	1.0519	0.9265			
	叶	0.0048	0.7370	0.9479			
	地上	0.0169	0.9995	0.9981			
	根	0.0047	0.9555	0.9959			
	总重	0.0214	0.9927	0.9985			
长白鱼鳞云杉	干	0.0158	0.9832	0.9873	5.9 ～ 36.0	5.1 ～ 24.8	6
	枝	0.0185	0.8321	0.9366			
	叶	0.1364	0.3735	0.8387			
	地上	0.0583	0.8739	0.9966			
	根	0.0048	1.0252	0.9917			
	总重	0.0585	0.9050	0.9958			
臭冷杉	干	0.0228	0.9400	0.9939	6.5 ～ 27.4	5.6 ～ 18.3	5
	枝	0.0192	0.8028	0.9525			
	叶	0.0332	0.6304	0.9738			
	地上	0.0541	0.8759	0.9908			
	根	0.0068	0.9664	0.9916			
	总重	0.0598	0.8925	0.9931			

续表

物种	组分	a	b	R^2	D（cm）	H（m）	n
红松	干	0.0144	1.0004	0.9893	6.0 ~ 42.3	5.7 ~ 22.8	6
	枝	0.0332	0.6941	0.9091			
	叶	0.0866	0.4696	0.9324			
	地上	0.0395	0.9119	0.9810			
	根	0.0033	1.0714	0.9695			
	总重	0.0391	0.9477	0.9786			

注：生长方程：$B=a(D^2H)^b$，B（kg）、D（cm）和 H（m）分别表示生物量、胸径和树高

灌木层生物量同样根据生长方程计算（表 8-7）。植物残体碳库和土壤有机碳库的调查方法见第 3 章和第 4 章。

表 8-7 长白山灌木层主要物种（包括灌木、乔木的幼树和幼苗）的生物量回归方程

物种	组分	a	b	R^2	n	D（cm）	H（cm）
长白落叶松	地上	0.0340	0.6335	0.8219	12	0.69 ~ 3.42	55 ~ 320
	地下	0.0079	0.7792	0.7031			
	总重	0.0422	0.6678	0.8127			
红松	地上	0.0341	0.7635	0.9004	19	0.35 ~ 1.58	27 ~ 89
	地下	0.0104	0.8816	0.9230			
	总重	0.0447	0.7867	0.9153			
暖木条荚蒾	地上	0.0318	0.7139	0.8746	7	0.20 ~ 0.75	32 ~ 114
	地下	0.0147	0.6251	0.7434			
	总重	0.0488	0.6946	0.8836			
东北溲疏	地上	0.0301	0.7119	0.6273	11	0.31 ~ 0.91	14 ~ 120
	地下	0.0241	0.8462	0.5274			
	总重	0.0584	0.7799	0.6308			
东北山梅花	地上	0.0296	0.8483	0.9801	10	0.22 ~ 1.67	30 ~ 146
	地下	0.0224	0.8294	0.8511			
	总重	0.0536	0.8403	0.9401			
毛榛子	地上	0.0231	0.9828	0.9570	21	0.45 ~ 2.15	55 ~ 293
	地下	0.0138	0.0719	0.6172			
	总重	0.0390	0.8604	0.9038			
蒙古栎	地上	0.0155	0.8104	0.6994	8	0.25 ~ 0.47	28 ~ 45
	地下	0.0053	0.5170	0.4389			
	总重	0.0188	0.6694	0.6674			
软枣猕猴桃	地上	0.0503	0.9458	0.9030	10	0.36 ~ 1.04	69 ~ 448
	地下	0.0122	0.6031	0.6634			
	总重	0.0638	0.8684	0.8799			

续表

物种	组分	a	b	R^2	n	D（cm）	H（cm）
紫椴	地上	0.0182	0.4730	0.7520	5	0.93 ～ 1.64	76 ～ 163
	地下	0.0105	0.4041	0.6107			
	总重	0.0289	0.4554	0.8973			
长白忍冬	地上	0.0486	0.9064	0.9774	14	0.26 ～ 1.56	20 ～ 190
	地下	0.0154	0.8942	0.8441			
	总重	0.0658	0.9047	0.9742			
瘤枝卫矛	地上	0.0232	0.8625	0.9665	21	0.30 ～ 1.10	16 ～ 154
	地下	0.0089	0.5737	0.7717			
	总重	0.0319	0.7373	0.9505			
刺五加	地上	0.0222	0.9312	0.9887	8	0.53 ～ 1.66	60 ～ 182
	地下	0.0133	0.8323	0.8414			
	总重	0.0362	0.8769	0.9747			
青楷槭	地上	0.0271	0.8587	0.9596	8	0.66 ～ 1.93	81 ～ 250
	地下	0.0128	0.5435	0.6877			
	总重	0.0405	0.7703	0.9221			
长白鱼鳞云杉	地上	0.0673	0.6205	0.8626	18	0.18 ～ 1.68	16 ～ 136
	地下	0.0163	0.5784	0.8740			
	总重	0.0792	0.5090	0.8889			
臭冷杉	地上	0.0491	0.7837	0.9801	20	0.40 ～ 3.34	11 ～ 150
	地下	0.0174	0.7938	0.9101			
	总重	0.0680	0.7922	0.9801			
朝鲜荚蒾	地上	0.0252	0.5919	0.5355	11	0.25 ～ 0.91	13 ～ 163
	地下	0.0058	0.3383	0.3422			
	总重	0.0316	0.5262	0.5145			
岳桦	地上	0.0393	0.7771	0.9147	12	0.50 ～ 2.60	22 ～ 490
	地下	0.0179	0.7790	0.8411			
	总重	0.0587	0.7620	0.9202			
花楷槭	地上	0.0217	0.9226	0.9757	8	0.54 ～ 2.51	47 ～ 244
	地下	0.0085	0.8409	0.9312			
	总重	0.0304	0.8983	0.9681			
花楸	地上	0.0331	0.8198	0.9487	7	0.61 ～ 1.68	71 ～ 178
	地下	0.0123	0.9530	0.9434			
	总重	0.0455	0.8563	0.9480			

注：生长方程：$B=a(D^2H)^b$，B（kg）、D（cm）和 H（cm）分别表示生物量、胸径和树高

8.2.2 不同植被类型生态系统碳密度及其分配

长白山不同海拔的5种森林生态系统碳密度如表8-8所示。岳桦林植被生物量碳密度为（99.1±23.8）Mg C/hm^2，其中地上和地下部分生物量分别为（81.9±19.2）Mg C/hm^{2}和（17.1±4.7）Mg C/hm^2。云冷杉林乔木层的生物量为（162.5±10.2）Mg C/hm^2，灌木层和草本层的生物量分别为（0.7±0.2）Mg C/hm^{2}和（0.2±0.0）Mg C/hm^2。阔叶红松林乔木层的生物量为（179.9±20.6）Mg C/hm^2，灌木层和草本层的生物量分别为（2.1±0.6）Mg C/hm^{2}和（0.7±0.2）Mg C/hm^2。白桦林和长白落叶松林植被生物量分别为（108.7±7.5）Mg C/hm^{2}和（138.9±15.5）Mg C/hm^2。不同植被类型的生物量总体表现为阔叶红松林＞云冷杉林＞长白落叶松林＞白桦林＞岳桦林，即随海拔升高生物量呈现下降的趋势。

表8-8 长白山主要森林生态系统的生物量碳密度

项目	岳桦林	云冷杉林	阔叶红松林	白桦林	长白落叶松林
植被（Mg C/hm^2）	99.1（23.8）a	163.4（10.2）bc	182.7（21.1）c	108.7（7.5）ab	138.9（15.5）ac
乔木层（Mg C/hm^2）	96.5（24.1）a	162.5（10.2）bc	179.9（20.6）c	106.3（7.2）ab	137.1（15.3）ac
灌木层（Mg C/hm^2）	0.3（0.2）a	0.7（0.2）a	2.1（0.6）a	1.4（0.4）a	0.6（0.3）a
草本层（Mg C/hm^2）	2.2（0.5）ab	0.2（0.0）a	0.7（0.2）ab	1.0（0.1）b	1.2（0.4）ab
地上生物量（Mg C/hm^2）	81.9（19.2）a	131.4（8.8）ab	149.8（18.5）b	90.3（5.9）ab	120.6（16.8）ab
地下生物量（Mg C/hm^2）	17.1（4.7）a	32.0（2.7）b	32.8（2.9）bc	18.4（1.7）ac	18.3（3.5）ab
根冠比	0.20（0.01）a	0.25（0.02）a	0.22（0.02）a	0.20（0.01）a	0.16（0.05）a
植物残体（Mg C/hm^2）	3.5（0.7）a	21.5（2.5）b	6.4（2.0）a	N.A.	N.A.
枯立木（Mg C/hm^2）	1.1（0.6）a	11.8（1.7）b	2.0（1.1）a	N.A.	N.A.
倒木（Mg C/hm^2）	＜0.1a	6.4（1.3）b	1.7（1.1）a	N.A.	N.A.
凋落物（Mg C/hm^2）	2.4（0.3）a	3.3（0.3）a	2.6（0.3）a	N.A.	N.A.
土壤（0～100 cm）（Mg C/hm^2）	88.7（11.0）a	62.7（5.9）ab	67.3（8.2）ab	39.7（9.6）b	53.2（2.7）ab
土壤（0～20 cm）（Mg C/hm^2）	53.8（6.0）a	42.7（4.3）b	40.5（6.8）ab	25.1（5.8）b	29.7（3.2）b
生态系统（Mg C/hm^2）	191.2（29.1）a	247.7（12.5）b	256.4（16.6）b	N.A.	N.A.

注：数据为同一森林类型不同样方的平均值，括号内为标准误差（SE）。不同字母表示差异显著性（Tukey's HSD test，$P<0.05$）；N.A.表示未测定

长白山不同森林类型土壤有机碳（SOC）大部分都分布在表层20 cm（表8-8），且土壤有机碳密度随着深度增加显著降低。0～20 cm深度内土壤有机碳密度为25.1～53.8 Mg C/hm^2，占1 m深土壤有机碳密度的56%～68%。

由于未测定白桦林和长白落叶松林的植物残体碳库，因此在分析不同植被类型生态系统碳库相对分布时，仅考虑阔叶红松林、云冷杉林和岳桦林。结果显示，长白山地区这3种森林生态系统的碳库主要储存于植被中，而土壤碳库和植物残体碳库的相对贡献较低（图8-4）。

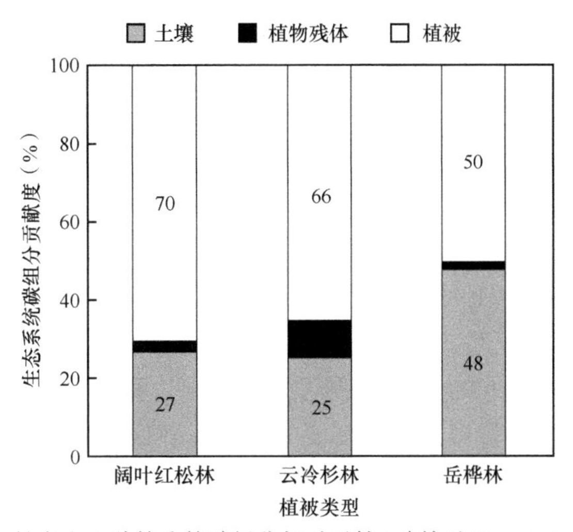

图 8-4　长白山 3 种林分的碳组分相对贡献（改绘于 Zhu et al.，2010）

图 8-5 是长白山主要森林类型的生物量沿海拔梯度的变化。由于白桦林为红松阔叶林被干扰之后形成的次生森林类型，长白落叶松林是非地带性的隐域性森林植被，仅分析了地带性的 3 种森林类型（阔叶红松林、云冷杉林和岳桦林）的情况。随着海拔升高，

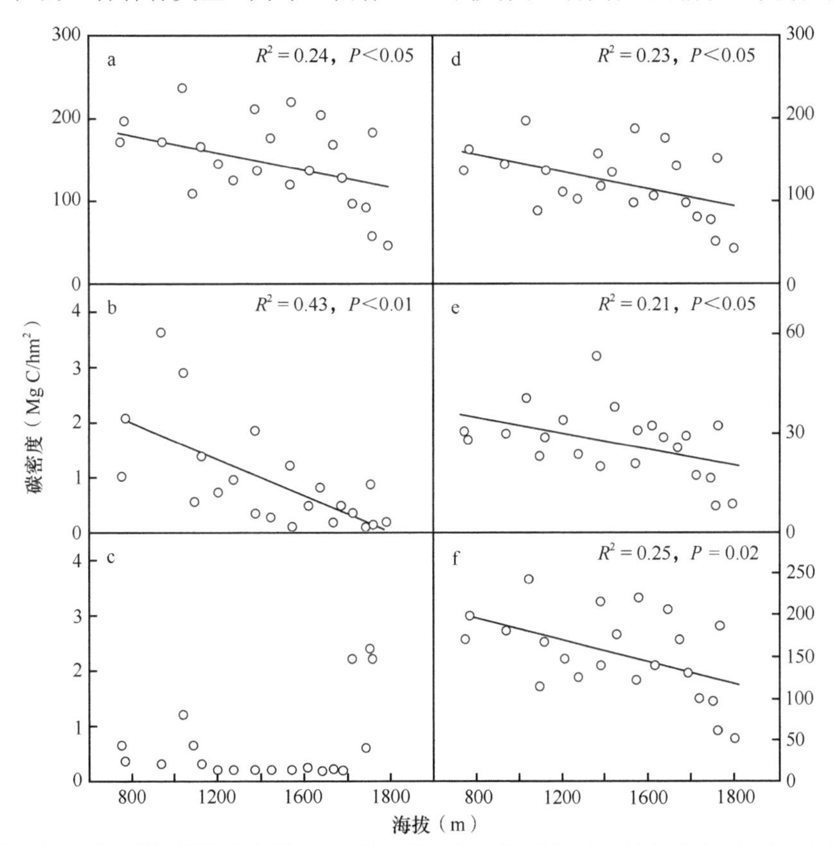

图 8-5　长白山主要森林类型的乔木层（a）、灌木层（b）、草本层（c）、植被（d）、地上（e）和地下（f）生物量沿海拔梯度的变化

总生物量显著下降（R^2 = 0.24，P < 0.05）。方差分析结果表明，阔叶红松林和云冷杉林的总生物量显著高于岳桦林（P < 0.05，表 8-8），而阔叶红松林和云冷杉林之间差异不显著（P > 0.05）。乔木层生物量随海拔变化的趋势和总生物量基本一致。灌木层生物量和海拔显著负相关（R^2 = 0.43，P < 0.01）。草本层生物量随海拔升高无显著变化。地上生物量随海拔升高显著下降（R^2 = 0.21，P < 0.05），方差分析结果表明，阔叶红松林显著高于岳桦林（P < 0.05）。地下生物量和海拔也呈显著负相关（R^2 = 0.25，P = 0.02）。

从图 8-6 可以看出，植物残体碳密度在 3 种林分中差异很大（P < 0.01）。云冷杉林（21.5 Mg C/hm^2±2.5 Mg C/hm^2）的碳密度是阔叶红松林（6.4 Mg C/hm^2±2.0 Mg C/hm^2）和岳桦林（3.5 Mg C/hm^2±0.7 Mg C/hm^2）的 3 ～ 6 倍。枯立木和倒木碳密度随海拔变化的趋势大体相同，即随海拔升高，碳密度先增加后降低。与木质残体不同，凋落物碳密度在 3 种林分中差异并不显著（表 8-8）。尽管高海拔的岳桦林土壤有机碳密度最高（88.7 Mg C/hm^2±11.0 Mg C/hm^2，表 8-8），但海拔对其碳密度的影响并不显著。

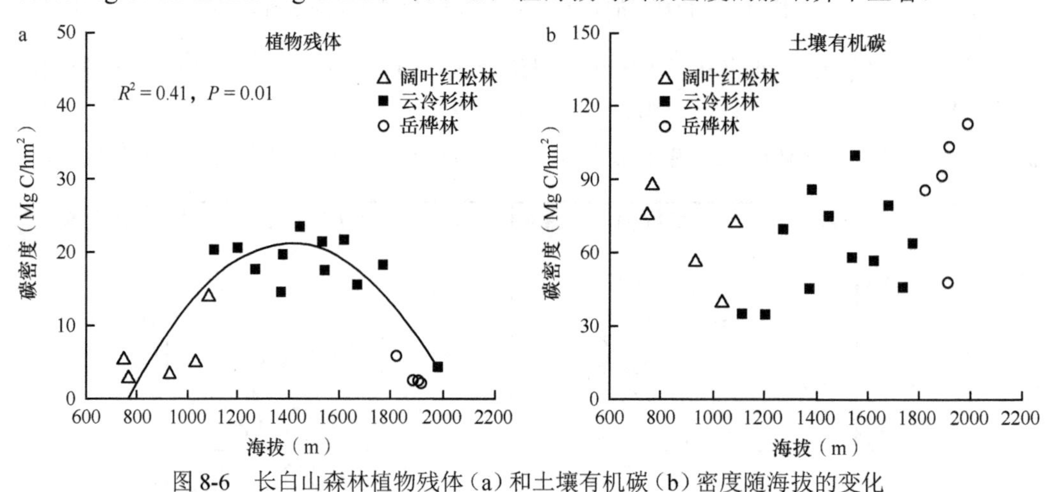

图 8-6 长白山森林植物残体（a）和土壤有机碳（b）密度随海拔的变化

8.2.3 长白山森林生态系统的碳储量与其他研究结果的比较

长白山岳桦林的平均总生物量为（99.1±23.8）Mg C/hm^2，高于李文华等（1981）采用平均标准木法的估算（65.3 Mg C/hm^2）。杜晓军等（1998）以及杨丽韫和李文华（2003）采用挖掘法测定的岳桦林地下生物量分别为 19.9 Mg C/hm^2 和 15.2 Mg C/hm^2，与本研究结果比较接近（17.1 Mg C/hm^2 ± 4.7 Mg C/hm^2）。云冷杉林的平均总生物量为（163.4 ± 10.2）Mg C/hm^2，略高于平均标准木法的估算（142.6 Mg C/hm^2）（李文华等，1981），而使用挖掘法测定的云冷杉林地下生物量碳密度（24.2 Mg C/hm^2，杜晓军等，1998；17.2 Mg C/hm^2，杨丽韫和李文华，2003）均低于本研究的估算（32.0 Mg C/hm^2 ± 2.7 Mg C/hm^2）。估算的阔叶红松林植被碳库（182.7 Mg C/hm^2 ± 21.1 Mg C/hm^2）与其他采用相关生长法的研究相当（李文华等，1981；徐振邦等，1985；陈传国和郭杏芬，1986）。白桦林和长白落叶松林的植被碳库也略高于早年的同类研究。所有植被类型的生物量碳库均高于以往的研究结果，这是由于我国温带森林是一个显著的碳汇（朱剑霄等，2015），植被碳密度更是增长迅速（Guo et al.，2013）。尽管如此，不同作者测定的长白山主要森林地下与地上生物量的比值均为 0.20 左右（李文华等，1981；徐振邦等，1985；陈传国和郭杏芬，1986；杜晓军，1998；杨丽韫和李文华，2003）。本研究得出的结论也证实了这一点（0.16 ～ 0.25）。

随着海拔的升高，地带性森林类型（阔叶红松林、云冷杉林和岳桦林）的总生物量、地上和地下生物量都显著下降（$P < 0.05$），地下与地上生物量比值没有明显的变化趋势。在长白山地区，海拔每升高 100 m，年平均气温降低约 0.3℃，而年平均降水则有所增加（田杰等，2013）。在生物量显著下降的同时，群落的最大树高、最大胸径以及生物多样性均显著下降（赵淑清等，2004），温度降低可能是这些特征随海拔升高而下降的主要原因。

8.3　东北地区森林生物量的时空变化

森林生物量和生产力随着气候、森林类型等因素的变化发生显著变化，使得利用环境因子模拟生物量和生产力、分析其空间分布格局成为可能（李文华，1978；蒋有绪，1992）。我们首先利用地理指标、气候因子和植被类型的 GLM 模型估算东北地区森林生物量的总量及其空间分布。此外，结合 NDVI 数据，模拟分析了东北地区生物量和生产力的时空格局［基于 Tan 等（2007）的研究文献整理］。

8.3.1　基于 GLM 模型对东北森林生物量空间格局的模拟

首先，利用 8.1 节介绍的气候因子和森林生物量的关系，根据森林植被图、气候和地形数据库中可利用的变量，建立森林生物量、气候因子、森林类型、地理因子的 GLM 模型，绘制东北地区群落生物量、地上和地下生物量的空间分布图（图 8-7）。基于 GLM 模型的森林生物量预测值能较好地描述东北地区森林的植被、地上和地下生物量（图 8-8）。

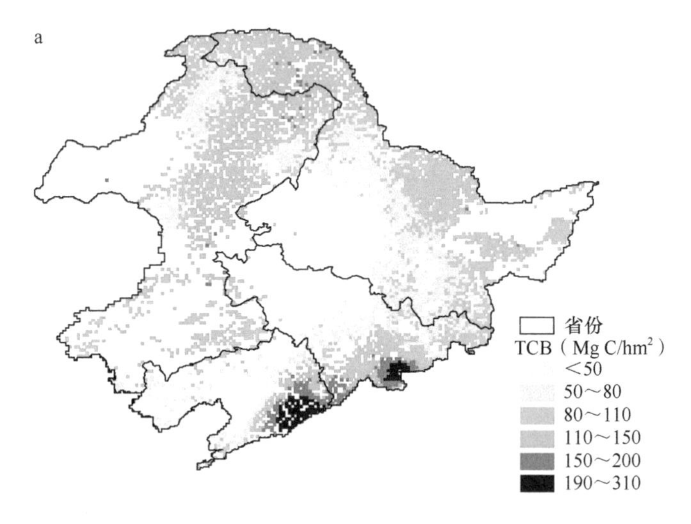

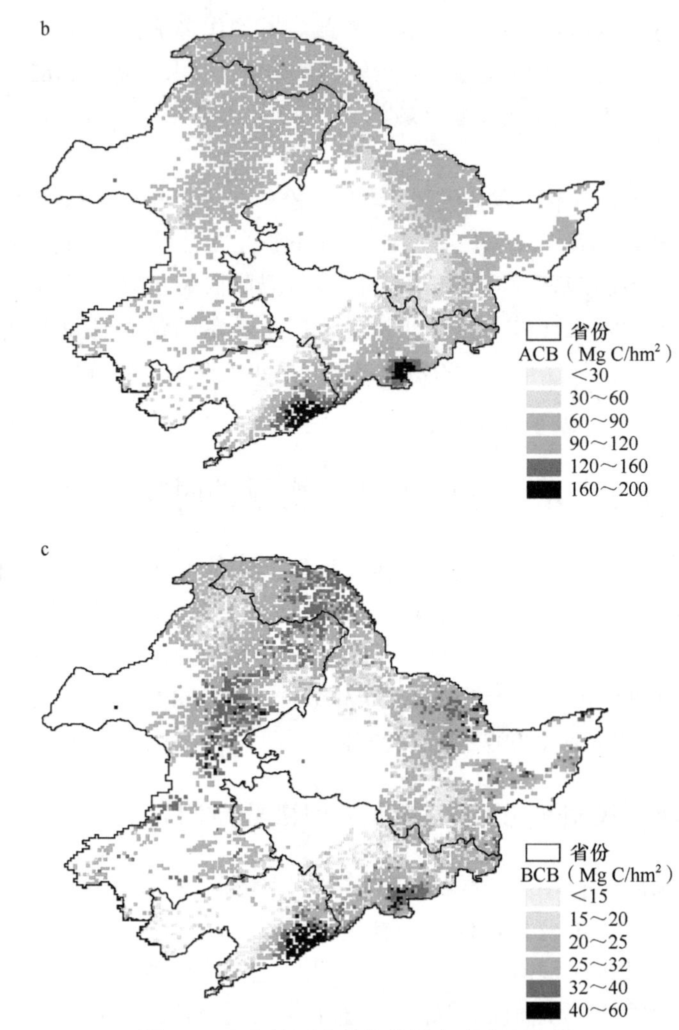

图 8-7　东北地区森林生物量密度分布格局

a. 群落生物量（TCB）；b. 地上生物量（ACB）；c. 地下生物量（BCB）

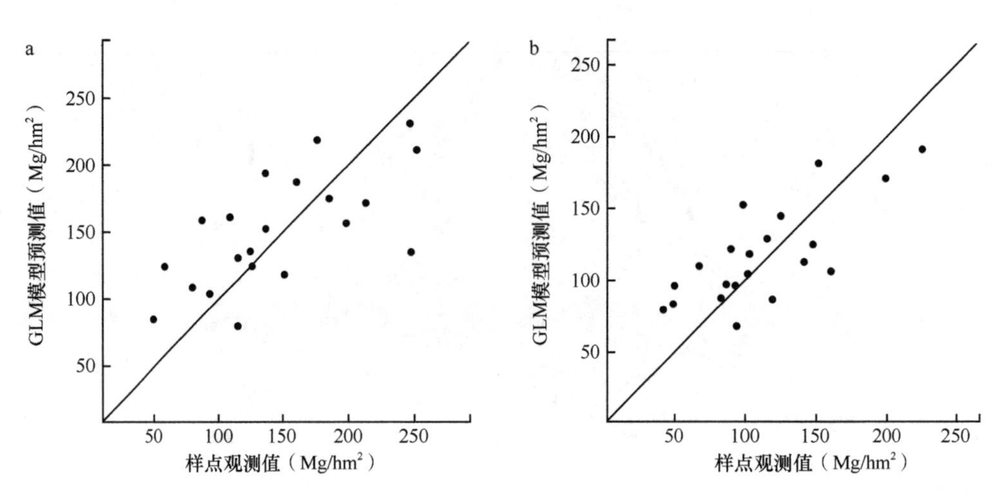

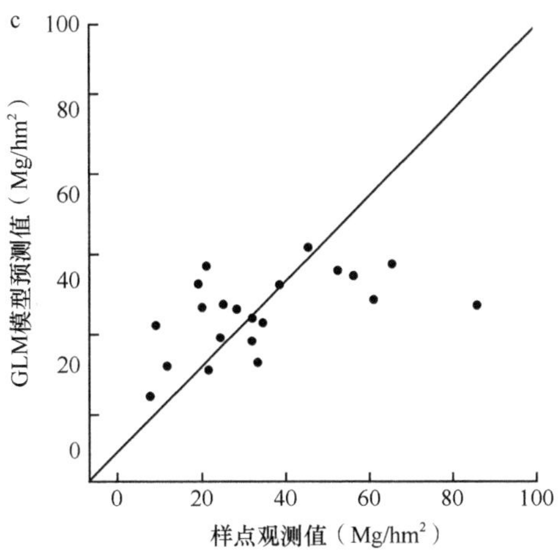

图 8-8　森林生物量预测模型估计结果验证

a. 群落总生物量（TCB）；b. 地上生物量（ACB）；c. 地下生物量（BCB）

预测的东北地区森林生物量碳储量为 2.40 Pg C，碳密度为 51.1 Mg C/hm^2（表 8-9）。王绍强等（2001）通过平均生物量密度估算的结果为 2.19 Pg C。黄国胜和夏朝宗（2005）利用 MODIS 数据和模型估算的东三省森林生物量则为 2.34 Pg C。Fang 等（2001）利用森林资源清查资料和 BEF 法对全国的森林生物量进行了估算，其中第三到第五次清查中，东北三省加内蒙古合计平均为 1.79 Pg C。与上述研究相比较，本研究的估算结果和 Fang 等（2001）的结果差异较大，主要是因为森林面积的差异。Fang 等（2001）所采用的森林面积（38.2 万 km^2）来自森林资源清查资料，小于本研究采用的植被图森林面积（根据 1 ∶ 100 万植被图，研究区域森林面积为 47.0 万 km^2）。

表 8-9　基于 GLM 模型估算的东北地区不同森林植被类型的碳储量和碳密度

森林植被类型	阔叶林	针阔混交林	针叶林	合计
面积（10^4 km^2）	31.5	1.7	13.8	47.0
碳密度（Mg C/hm^2）	49.1	55.8	54.8	51.1
碳储量（Pg C）	1.55	0.09	0.75	2.40
比例（%）	64.6	3.9	31.5	100
地上生物量				
碳密度（Mg C/hm^2）	33.7	38.5	43.0	36.7
碳储量（Pg C）	1.06	0.06	0.59	1.72
比例（%）	61.83	3.76	34.41	100
地下生物量				
碳密度（Mg C/hm^2）	12.3	14.9	12.9	12.6
碳储量（Pg C）	0.39	0.03	0.18	0.59
比例（%）	65.6	4.3	30.1	100

注：合计为加权平均值

8.3.2 基于 NDVI 数据对东北森林生物量时空变化的估算

利用 GIMMS-NOAA/AVHRR 数据系统获取了从 1982 年 1 月开始，时空分辨率分别为 15 d 间隔和 8 km × 8 km 栅格的 NDVI 数据。使用截至 1999 年 12 月的 NDVI 数据，结合国家森林资源清查数据（BEF 法，Fang et al.，1998，2001，2005，2014，见第 2 章），计算东北地区森林生物量碳密度。

如图 8-9 所示，年最大 NDVI（$NDVI_{max}$）与基于清查的森林生物量密度（biomass density，BD，Mg/hm^2）呈极显著的指数相关关系：

$$BD = 1.79e^{(5.96 \times NDVI_{max})} \tag{8-1}$$

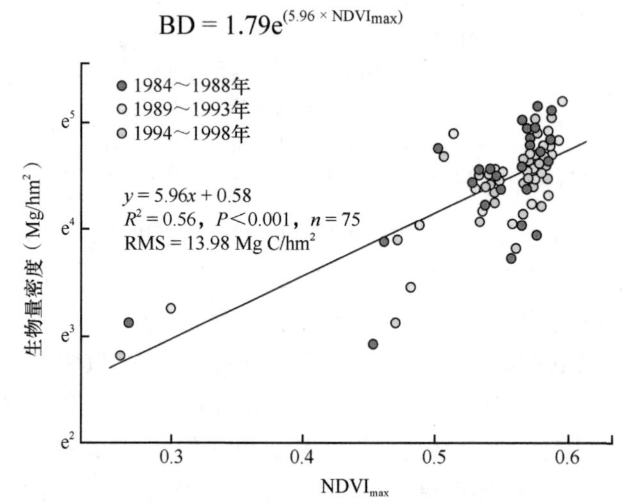

图 8-9 对数化的生物量密度与年最大 NDVI 的关系

基于 1984 ～ 1988 年、1989 ～ 1993 年、1994 ～ 1998 年 3 次森林资源清查的 25 个森林类型的 75 个生物量数据

利用式（8-1）推算出东北森林所有栅格的生物量密度（1982 ～ 1999 年，图 8-10）。据此可得出东北地区不同森林类型生物量碳密度和碳储量（表 8-10）。东北地区森林植被碳储量为 2.1 Pg C，其中面积最大的阔叶林（31.5×10^4 km^2）植被碳储量为 1.45 Pg C，

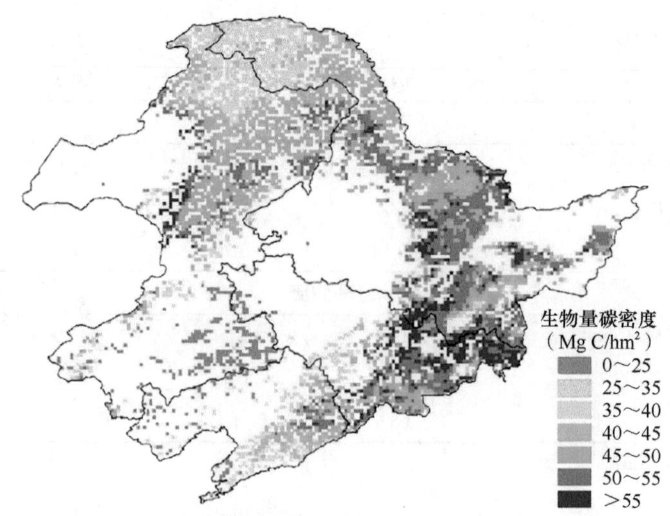

图 8-10 中国东北地区森林生物量碳密度的空间分布

而针叶林的植被碳储量为 0.57 Pg C。东北地区森林面积最小的针阔混交林碳储量不到 0.1 Pg C，但其植被碳密度却最高，为 51.26 Mg C/hm^2。使用 NDVI 模型估算的东北地区森林碳储量介于以往研究结果范围之内（1.8 ～ 2.3 Pg C）（王绍强等，2001；黄国胜和夏朝宗，2005；Fang et al.，2001）。

表 8-10　基于 $NDVI_{max}$ 估算的东北地区不同森林植被类型的碳密度和碳储量

森林植被类型	阔叶林	针阔混交林	针叶林	合计
面积（10^4 km^2）	31.50	1.68	13.77	46.95
碳密度（Mg C/hm^2）	45.86	51.26	41.09	44.90
碳储量（Pg C）	1.45	0.09	0.57	2.10
比例（%）	68.9	4.1	27	100

注：合计为加权平均值

由图 8-10 可见，生物量碳密度最高的栅格出现在长白山。而北部地区的生物量碳密度相对较低是受低温（年均温小于 –3℃）和生长季相对较短的影响。相比温度，东北地区森林生物量碳密度与降水分布的关系似乎更为明显。主要表现在相对干旱的西部地区，其森林生物量碳密度仅不到 25 Mg C/hm^2，为估算的最低值（图 8-10）。

本研究进一步估算了东北森林不同时期（1982 ～ 1984 年 vs. 1997 ～ 1999 年）的生物量碳密度。将两个时期的生物量碳密度分布进行比较，计算了该区域生物量碳密度 15 年变化的空间分布（图 8-11）。

从图 8-11 可以看出，在 20 世纪八九十年代我国东北地区森林整体上表现为一个较大的碳汇。整合栅格点的数据发现，两个时期东北森林生物量碳储量增加 148 Tg C，年均碳汇为 9.9 Tg C/a，单位面积的碳汇速率为 0.21 Mg C/(hm^2 · a)（表 8-11），略低于同时期全国林分的平均固碳速率［0.27 Mg C/(hm^2 · a)］（Guo et al.，2013）。但由于东北地区森林生物量占全国森林的比重大（约 46%）（Fang et al.，2001），东北地区森林在 20 世纪最后 20 年的固碳量占全国森林的近 40%。

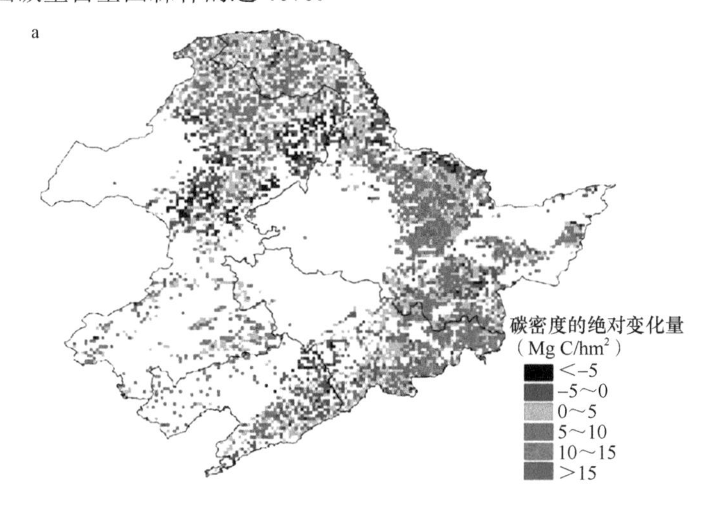

图 8-11 两个时期（1982 ~ 1984 年 vs. 1997 ~ 1999 年）东北森林生物量碳密度空间分布的差异

a. 碳密度的绝对变化量（Mg C/hm²）; b. 碳密度的相对变化率（%）

表 8-11 东北地区两个时期生物量碳密度与碳储量及其变化量

类型	1982 ~ 1984 年		1997 ~ 1999 年		变化量		年变化量	
	密度（Mg C/hm²）	储量（Pg C）	密度（Mg C/hm²）	储量（Pg C）	密度（Mg C/hm²）	储量（Pg C）	密度（Tg C/a）	储量［Mg C/(hm²·a)］
针叶林	39.8	0.55	42.8	0.59	3.0	0.04	2.8	0.20
针阔混交林	47.7	0.08	54.1	0.09	6.4	0.01	0.7	0.43
阔叶林	44.4	1.40	47.4	1.49	3.0	0.10	6.3	0.20
所有森林	43.2	2.03	46.3	2.17	3.2	0.15	9.9	0.21

上述两种方法估算的东北地区生物量碳储量及其空间分布结果相近（2.4 Pg C，GLM vs. 2.1 Pg C，NDVI，图 8-12）。针阔混交林的模拟结果几乎一样，均为 0.09 Pg C，而对针叶林的估算存在一定的差异，分别为 0.75 Pg C（GLM）和 0.57 Pg C（NDVI）。

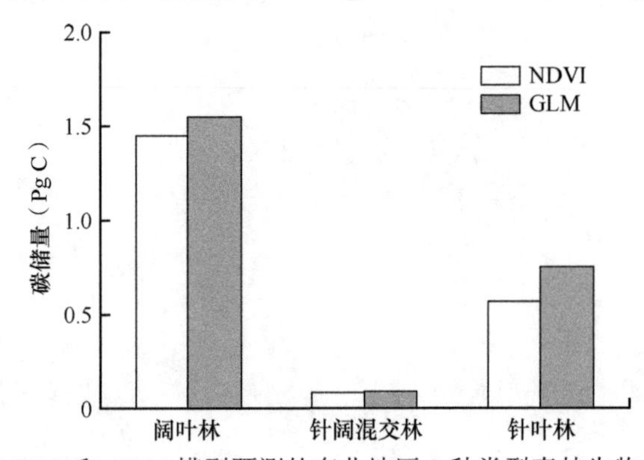

图 8-12 基于 NDVI 和 GLM 模型预测的东北地区 3 种类型森林生物量碳储量的比较

8.4 小　　结

基于 2000 ～ 2003 年野外实际调查的 108 个森林样方以及整理的文献资料，给出东北地区主要森林生态系统碳循环的一些基本参数，包括地上生物量、地下生物量和 1 m 深土壤有机碳密度，并对不同植被类型和不同地点进行了初步的比较分析。使用经验模型和遥感手段将样点上的数据自下而上推算至区域尺度，为区域尺度碳循环研究提供了借鉴。而通过使用 NDVI 模型对东北地区森林两个时期生物量的比较，证实了该区域森林生物量是一个显著的碳汇，其固碳速率为 0.21 Mg C/($hm^2 \cdot a$)，贡献了全国森林生物量碳汇的近 40%。

另外，以长白山为主要研究地点，调查研究了森林生态系统碳储量的垂直分布特征，为整个东北地区主要森林类型的碳平衡提供了参数。虽然本研究基于大量的野外调查数据，但相比广阔的研究区域，由点及面的推演仍然存在诸多不确定性（Tan et al.，2007；Zhu et al.，2010）。

参考文献

陈传国 , 郭杏芬 . 1986. 预测阔叶红松林生物量的数学模式 . 辽宁林业科技 ,(3): 27-37.

陈传国 , 朱俊凤 . 1989. 东北主要林木生物量手册 . 北京 : 中国林业出版社 .

杜晓军 , 柳常富 , 金罡 , 石小宁 . 1998. 长白山主要森林生态系统根系生物量研究 . 沈阳农业大学学报 , 29(3): 229-232.

方精云 , 刘国华 , 徐嵩林 . 1996. 我国森林植被的生物量和净生产量 . 生态学报 , 16: 497-508.

冯宗炜 , 王效科 , 吴刚 . 1999. 中国森林生态系统的生物量和生产力 . 北京 : 科学出版社 .

黄国胜 , 夏朝宗 . 2005. 基于 MODIS 的东北地区森林生物量研究 . 林业资源管理 , (4): 40-44.

蒋有绪 . 1992. 全球气候变化与中国森林的预测问题 . 林业科学 , 28: 431-438.

李文华 . 1978. 生物生产力的概念及其研究的基本途径 . 自然资源 , (1): 71-92.

李文华 , 邓枚坤 , 李飞 . 1981. 长白山主要生态系统生物生产量的研究 . 森林生态系统研究 , (2): 34-50.

李文华 , 罗天祥 . 1997. 中国云冷杉林生物生产力格局及其数学模型 . 生态学报 , 17: 511-518.

罗天祥 . 1996. 中国主要森林类型生物生产力格局及其数学模型 . 北京 : 中国科学院地理科学与资源研究所博士学位论文 .

田杰 , 王庆伟 , 于大炮 , 周莉 , 代力民 . 2013. 长白山北坡气温的垂直变化 . 干旱区资源与环境 , 27(4): 65-69.

王绍强 , 周成虎 , 刘纪远 , 李克让 , 杨晓梅 . 2001. 东北地区陆地碳循环平衡模拟分析 . 地理学报 , 56: 390-400.

王战 , 徐振邦 , 李昕 , 彭定山 , 谭征详 . 1980. 长白山北坡主要森林类型及其群落结构特点 . 森林生态系统研究 , (1): 1-8.

徐化成 . 2001. 中国红松天然林 . 北京 : 中国林业出版社 .

徐振邦 , 李昕 , 戴洪才 , 谭征祥 , 章依平 , 郭杏芬 , 彭永山 , 代力民 . 1985. 长白山阔叶红松林生物生产量的研究 . 森林生态系统研究 , (5): 33-47.

杨丽韫 , 李文华 . 2003. 长白山不同生态系统地下部分生物量及地下 C 贮量的调查 . 自然资源学报 , 18: 204-209.

赵淑清 , 方精云 , 宗占江 , 朱彪 , 沈海花 . 2004. 长白山北坡植物群落组成、结构及物种多样性的垂直分布 . 生物多样性 , 12(1): 164-173.

周以良 . 1997. 中国东北植被地理 . 北京 : 科学出版社 .

朱剑霄 , 胡雪洋 , 姚辉 , 刘国华 , 吉成均 , 方精云 . 2015. 北京地区温带林是一个显著的碳汇 : 基于 3 种林分 20 年的观测 . 中国科学 : 生命科学 , 45: 1132-1139.

Brown S. 2002. Measuring carbon in forests: current status and future challenges. Environmental Pollution, 116: 363-372.

Brown SL, Schroeder P, Kern JS. 1999. Spatial distribution of biomass in forests of the eastern USA. Forest Ecology and Management, 123: 81-90.

Cairns MA, Brown S, Helmer EH, Baumgardner GA. 1997. Root biomass allocation in the world's upland forests. Oecologia, 111: 1-11.

Fang JY, Chen AP, Peng CH, Zhao SQ, Ci LJ. 2001. Changes in forest biomass carbon storage in China between 1949 and 1998. Science, 292: 2320-2322.

Fang JY, Guo ZD, Hu HF, Kato T, Muraoka H, Son Y. 2014. Forest biomass carbon sinks in East Asia, with special reference to the relative contributions of forest expansion and forest growth. Global Change Biology, 20: 2019-2030.

Fang JY, Oikawa T, Kato T, Mo WH, Wang ZH. 2005. Biomass carbon accumulation by Japan's forests from 1947 to 1995. Global Biogeochemical Cycles, 19: GB2004.

Fang JY, Wang GG, Liu GH, Xu SL. 1998. Forest biomass of China: an estimate based on the biomass-volume relationship. Ecological Applications, 8: 1084-1091.

Guo Z, Hu H, Li P, Li N, Fang J. 2013. Spatio-temporal changes in biomass carbon sinks in China's forests from 1977 to 2008. Science China Life Sciences, 56: 661-671.

Lieth H. 1975. Modeling the primary productivity of the world. *In*: Lieth H, Whittaker RH. Primary Productivity of the Biosphere. New York: Springer-Verlag: 237-263.

Lieth H, Whittaker RH. 1975. Primary Productivity of the Biosphere. New York: Springer-Verlag.

López-Serrano FR, García-Morote A, Andrés-Abellán M, Tendero A, Cerro AD. 2005. Site and weather effects in allometries: a simple approach to climate change effect on pines. Forest Ecology and Management, 215: 251-270.

Luo T, Luo J, Pan Y. 2005. Leaf traits and associated ecosystem characteristics across subtropical and timberline forests in the Gongga Mountains, Eastern Tibetan Plateau. Oecologia, 142: 261-273.

Piao SL, Fang JY, Zhu B, Tan K. 2005. Forest biomass carbon stocks in China over the past 2 decades: Estimation based on integrated inventory and satellite data. Journal of Geophysical Research, 110: G01006.

Tan K, Piao S, Peng C, Fang J. 2007. Satellite-based estimation of biomass carbon stocks for northeast China's forests between 1982 and 1999. Forest Ecology and Management, 240: 114-121.

Wang X, Tang Z, Shen Z, Zheng C, Luo J, Fang J. 2012. Relative influence of regional species richness vs local climate on local species richness in China's forests. Ecography, 35: 1176-1184.

Zhao M, Zhou GS. 2005. Estimation of biomass and net primary productivity of major planted forests in China based on forest inventory data. Forest Ecology and Management, 207: 295-313.

Zhu B, Wang X, Fang J, Piao S, Shen H, Zhao S, Peng C. 2010. Altitudinal changes in carbon storage of temperate forests on Mt Changbai, Northeast China. Journal of Plant Research, 123: 439-452.

第 9 章　森林生态系统碳储量变化的环境梯度分析

森林生态系统碳组分包括植被、木质残体、凋落物和土壤四部分（IPCC，2013），各组分碳储量及其分配受诸多因素的影响，如气候（Aplet and Vitousek，1994）、林龄（Pregitzer and Euskirchen，2004）、立地条件、森林起源、类型与组成（Niu et al.，2009）以及管理（He et al.，2013）和干扰（Zhang and Wang，2010）等。分析沿环境梯度（如海拔、气候、林龄、土壤养分等）森林生态系统各组分碳储量的变化规律是环境梯度理论的一个重要内容。

过去近 20 年来，本团队对我国多个山地森林生态系统进行了全组分碳储量的测定，也对区域尺度的森林碳收支关键参数（如凋落物产量）进行了测定（张新平等，2008；Zhu et al.，2010，2017b；Cai et al.，2020）。本章以中国几个典型山地为例，采用环境梯度研究方法，探讨森林生态系统全组分及各组分的碳储量沿海拔、气候和林龄等环境梯度的变化。以长白山（Zhu et al.，2010）和梵净山森林（Cai et al.，2020）为例，介绍海拔梯度对我国温带与亚热带森林生态系统碳储量及其分配格局的影响；以小兴安岭地区不同演替阶段兴安落叶松（*Larix gmelinii*）林为例，介绍温带针叶林生态系统碳储量及其分配沿林龄梯度的变化（Zhu et al.，2017b）；以东北地区不同山地森林的凋落物产量为研究对象，探讨气候对生态系统碳循环关键因子的影响（张新平等，2008）。

本章主要整理自张新平等（2008）、Cai 等（2020）、Zhu 等（2010）、Zhu 等（2017b）的文献。

9.1　森林生态系统碳储量及其分配的海拔梯度分析

海拔梯度反映气候和地形的差异（Körner，2007）。与区域尺度相比，在局域尺度上研究森林生态系统碳储量（碳密度）的海拔格局可以减少其他生境差异带来的干扰。已有少量研究报道森林生态系统各组分碳储量及其分配沿海拔梯度的变化，并探讨了其影响因子。例如，夏威夷 Mauna Loa 火山迎风坡地上生物量和土壤碳储量都随海拔升高而降低，温度是其主要的驱动因子（Vitousek et al.，1992；Aplet and Vitousek，1994）。本节介绍吉林长白山（Zhu et al.，2010）和贵州梵净山（Cai et al.，2020）森林碳储量的海拔梯度格局。

9.1.1　长白山主要森林生态系统碳密度及其海拔格局

如 8.2 节介绍，长白山属于受季风影响的温带大陆性山地气候，除具有一般山地气候特点外，还有明显的垂直气候变化带。长白山北坡环境梯度明显，随着海拔下降，雨量减少，气温升高，形成明显的植被垂直分布带。通常可以划分为高山苔原带（2000 m 以上）、岳桦林带（1700 ～ 2000 m）、暗针叶林带（1100 ～ 1700 m）、阔叶红松林带（500 ～

1100 m）（王战等，1980）。此外，还有隐域性的黄花落叶松林和次生的杨桦林等（表 8-5）。

（1）长白山森林生态系统碳密度测定

2003 年夏季，在长白山调查了 22 个样方（0.06 ～ 0.20 hm^2），包括地带性的岳桦林（$n = 5$）、云冷杉林（$n = 12$）和阔叶红松林（$n = 5$）。

样方调查方法见第 7 章。乔木层生物量用生物量方程计算，灌木层和草本层生物量采用收获法测得。植物残体和土壤碳储量的测定方法分别见第 3 章和第 4 章。

（2）不同类型森林生态系统碳密度及其分配

长白山不同海拔的 3 种森林生态系统各组分碳密度如表 8-8 所示。岳桦林植被碳储量为 99.1 Mg C/hm^2，远高于灌木层（0.3 Mg C/hm^2）和草本层（2.2 Mg C/hm^2）碳储量。云冷杉林乔木层碳储量为 162.5 Mg C/hm^2，灌木层和草本层碳储量分别为 0.7 Mg C/hm^2 和 0.2 Mg C/hm^2。阔叶红松林乔木层碳储量为 179.9 Mg C/hm^2，灌木层和草本层碳储量分别为 2.1 Mg C/hm^2 和 0.7 Mg C/hm^2。3 种森林的植被碳储量都是地上部分占主要部分（表 8-8）。不同森林类型的植被碳储量总体表现为阔叶红松林＞云冷杉林＞岳桦林，即随海拔升高植被碳储量呈现下降趋势。除草本层外，乔木层、灌木层、地上和地下植被碳储量皆随海拔升高而下降（$P < 0.05$；图 8-5）。

植物残体碳储量在 3 种森林中差异显著（$P < 0.01$；表 8-8，图 8-6a）。云冷杉林（21.5 Mg C/hm^2）的植物残体碳密度显著高于阔叶红松林（6.4 Mg C/hm^2）和岳桦林（3.5 Mg C/hm^2）。枯立木和倒木碳储量随海拔变化的趋势大体相同，即随海拔升高，碳密度先增加后降低。与木质残体不同，凋落物碳储量在 3 种森林中差异并不显著。

不同森林类型土壤有机碳（SOC）主要都分布在表层 0 ～ 20 cm（表 8-8），且随深度增加显著降低。0 ～ 20 cm 深度内土壤有机碳密度为 40.5 ～ 53.8 Mg C/hm^2，占 1 m 深土壤有机碳密度的 60% ～ 68%。而沿海拔梯度，土壤有机碳储量无明显的变化趋势（图 8-6b）。

阔叶红松林和云冷杉林生态系统总碳储量显著高于岳桦林（$P < 0.05$；表 8-8），而阔叶红松林和云冷杉林之间差异不显著（$P > 0.05$）。在碳储量的分配格局上，3 种森林生态系统的碳储量都主要由植被贡献，其次为土壤，而植物残体碳储量贡献很小（图 8-4）。

（3）长白山森林生态系统碳储量与其他研究结果的比较

表 9-1 汇总了相似森林生态系统不同组分和总碳储量在不同尺度上的估算结果。比较发现，长白山岳桦林、云冷杉林和阔叶红松林 3 类森林的植被碳储量均高于以往的研究结果。这可能是由于在长白山调查的森林多为林龄较大的原始林，受人类活动干扰较少，同时温和多雨的气候也有利于树木生长和碳积累。而土壤碳储量远低于中国和全球的平均值，可能是由于长白山土壤中含石砾比例较大。

9.1.2 梵净山水青冈林生态系统碳储量及其沿海拔梯度的变化

梵净山地处贵州省东北部，属于中亚热带季风山地湿润气候，海拔高差 2000 m 以上，有较为完整的植被垂直带谱，也是亚热带水青冈林集中成片分布的代表地区。研究区年均气温 5.0 ～ 17.0℃，年降水量 1100 ～ 2600 mm（贵州梵净山科学考察集编辑委员会，

表 9-1　长白山主要森林类型生态系统碳密度与其他研究的比较

森林类型	备注	植被（Mg C/hm²）	地上（Mg C/hm²）	地下（Mg C/hm²）	根冠比	植物残体（Mg C/hm²）	土壤（Mg C/hm²）	合计（Mg C/hm²）	来源
岳桦白桦林	**长白山原始成熟林**	**99.1**	**81.9**	**17.1**	**0.20**	**3.5**	**88.7**	**191.2**	
岳桦白桦林	长白山原始成熟林	65.3	47.2	18.2	0.39				李文华等，1981
落叶阔叶林	东北地区平均值	57.3	46.2	11.9	0.28				Wang et al.，2008
落叶阔叶林	全国平均值	47.8				5.9	208.9	262.5	周玉荣等，2000
落叶阔叶林	全国平均值	80.9					180.4	261.3	Li et al.，2004
云冷杉林	**长白山原始成熟林**	**163.4**	**131.4**	**32.0**	**0.25**	**21.5**	**62.7**	**247.7**	
云冷杉林	东北地区平均值	100.8	83.5	19.3	0.23				Wang et al.，2008
云冷杉林	全国平均值	82.0				20.8	360.8	463.6	周玉荣等，2000
常绿针叶林	全国平均值	79.0					179.8	258.8	Li et al.，2004
阔叶红松林	**长白山原始成熟林**	**182.7**	**149.8**	**32.8**	**0.22**	**6.4**	**67.3**	**256.4**	
阔叶红松林	长白山原始成熟林	164.4	137.9	26.5	0.19				李文华等，1981
针阔混交林	东北地区平均值	89.2	71.6	19.2	0.25				Wang et al.，2008
阔叶红松林	全国平均值	68.2				9.5	185.0	262.6	周玉荣等，2000
混交林		53.4					225.7	279.1	Li et al.，2004
温带森林	**长白山 3 种原始成熟林平均值**	**153.2**	**124.4**	**28.8**	**0.23**	**14.0**	**69.7**	**236.8**	
温带森林	全国落叶阔叶林、云冷杉林和阔叶红松林面积加权平均值	54.3				8.5	232.5	295.8	周玉荣等，2000
温带森林	全国落叶阔叶林、常绿针叶林和混交林面积加权平均值	70.1					196.2	266.3	Li et al.，2004
温带森林	朝鲜半岛所有森林面积加权平均值	32							Choi et al.，2002
温带森林	日本所有森林面积加权平均值	53.6							Fang et al.，2005
中纬度温带森林	全球不同林龄级和地区的平均值	57					96	153	Dixon et al.，1994
温带森林	全球所有林龄级的平均值	114.7				442.0	82.3	239.0	Pregitzer and Euskirchen，2004
温带森林	美国太平洋西北部森林碳储量潜在上限	506 ～ 627	364 ～ 465	125 ～ 162	0.33 ～ 0.40	114 ～ 134	117 ～ 365	7554 ～ 1127	Smithwick et al.，2002

注：粗体字为本章节结果

1986）。以水青冈属（长柄水青冈 *Fagus longipetiolata* 和光叶水青冈 *F. lucida*）为优势种的常绿落叶阔叶混交林是梵净山的主要植被类型之一，在海拔 1000 ～ 2020 m 连续分布（费松林等，1999），其海拔跨度之广在我国水青冈林中是独有的。其中长柄水青冈分布海拔较低，光叶水青冈林集中分布于 1400 ～ 1900 m（贵州梵净山科学考察集编辑委员会，1986）。

本节以贵州梵净山水青冈林为例，介绍亚热带落叶阔叶林碳储量及其分配沿海拔梯度的变化（Cai et al.，2020）。

（1）梵净山森林生态系统碳密度测定

2017 年 5 月，在梵净山东南坡海拔 1095 ～ 1930 m 每隔 50 ～ 150 m 设置 9 个 20 m × 30 m 的水青冈林样方（27.90°N ～ 27.91°N，108.70°E ～ 108.72°E）。其中，较低海拔的 3 个样方为长柄水青冈林（1095 ～ 1221 m），1400 m 以上的 6 个样方为光叶水青冈林。9 个水青冈样方中，低海拔的两个样方为 20 世纪 70 年代火烧后形成的天然次生林，其余样方均为原始林，样方具体信息见表 9-2。

表 9-2 梵净山水青冈林样地基本信息

指标	FJ1	FJ2	FJ3	FJ4	FJ5	FJ6	FJ7	FJ8	FJ9
海拔（m）	1095	1136	1221	1401	1500	1580	1735	1843	1930
优势种	*F. longipetiolata*	*F. longipetiolata*	*F. longipetiolata*	*F. lucida*	*F. lucida*	*F. lucida*	*F. lucida*	*F. lucida*	*F. lucida*
起源	次生林	次生林	原始林	原始林	原始林	原始林	原始林	原始林	原始林
林龄（a）	44	45	131	88	155	185	129	146	163
坡度（°）坡向	41 S	43 N	41 N	40 SE	37 E	35 SE	26 SW	28 SE	32 S
年均温（℃）	12.3	12.2	11.8	10.9	10.4	10.1	9.3	8.8	8.5
年均降水(mm)	2304.5	2340.8	2409.0	2522.7	2567.5	2594.3	2622.9	2624.4	2614.7
平均胸径（cm）	8.3	14.1	14.2	12.1	15.3	15.5	15.6	14.0	16.3
最大胸径（cm）	36.1	41.5	45.5	64.0	71.7	87.5	87.1	83.7	84.7
平均树高（m）	5.6	7.5	7.5	6.9	7.0	6.7	7.7	6.9	7.4
最大树高（m）	16	14	18	18	18	18	16	17	18
总胸高断面积（m^2/hm^2）	21.1	42.3	35.3	36.5	71.2	74.1	78.5	63.0	79.4
林木密度（$stem/hm^2$）	2350	2117	1483	1817	1933	1667	2350	2033	1617

注：年均温与年均降水数据来源于费松林等（1999）的文献

（2）水青冈林生态系统碳密度及其分配的海拔格局

不同海拔样方的植被碳密度为 64.4 ～ 364.3 Mg C/hm^2，其中乔木层碳密度占据植被碳密度最主要的部分（63.5 ～ 360.7 Mg C/hm^2，98.3% ～ 99.2%），其次为灌木层（0.6 ～ 4.6 Mg C/hm^2，0.5% ～ 1.7%），草本层所占比例最小（0.02 ～ 0.35 Mg C/hm^2，0.01% ～ 0.3%）（图 9-1a，表 9-3）。从 1095 m 到 1930 m，水青冈林植被碳密度随着海拔升高显著增加（$F = 31.9$，$P < 0.001$；表 9-3），其中乔木层与灌木层碳储量皆随海拔显著增加（乔

木层 $R^2 = 0.82$，$P < 0.001$；灌木层 $R^2 = 0.64$，$P < 0.01$），而草本层碳储量无显著变化（图 9-1a，表 9-3）。在植被碳储量的分配上，地上部分占主要贡献（54.3 ～ 270.2 Mg C/hm²，73.7% ～ 84.4%）。随海拔上升，地上与地下部分碳储量都显著增加（$R^2 = 0.83$，$P < 0.001$；$R^2 = 0.79$，$P = 0.001$；图 9-1b）。

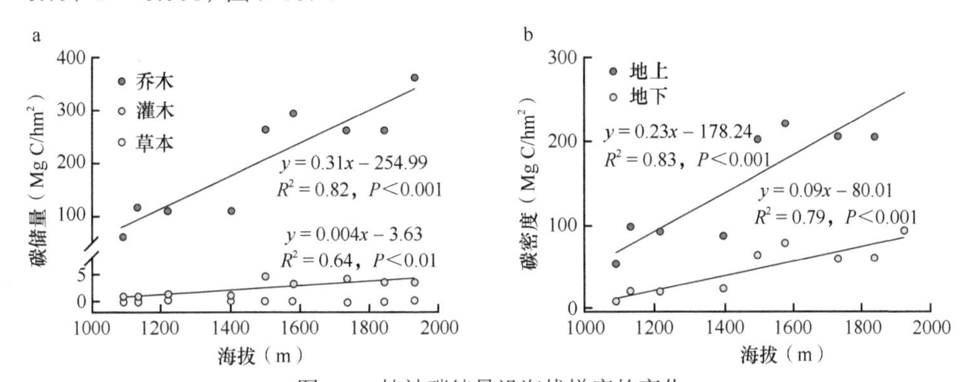

图 9-1　植被碳储量沿海拔梯度的变化

a. 不同生活型（乔木、灌木和草本）；b. 地上和地下分配

表 9-3　梵净山不同海拔水青冈林生态系统各组分碳储量

生态系统组成	海拔（m）								
	1095	1136	1221	1401	1500	1580	1735	1843	1930
植被（Mg C/hm²）	64.4	120.3	114.4	113	267.1	298.7	265.9	266.1	364.3
乔木层（Mg C/hm²）	63.5	119.3	113	111.9	262.4	295.5	261.7	262.6	360.7
灌木层（Mg C/hm²）	0.8	0.6	1.2	1.1	4.6	3.2	4.1	3.5	3.4
草本层（Mg C/hm²）	0.05	0.35	0.20	0.10	0.06	0.03	0.05	0.02	0.13
地上（Mg C/hm²）	54.3	98.7	92.6	87.9	202.1	220.3	205.3	204.6	270.2
地下（Mg C/hm²）	10	21.5	21.7	25.1	64.9	78.4	60.6	61.5	94
凋落物（Mg C/hm²）	0.9	1.2	1.2	1.5	0.8	0.7	1.3	1.1	1.3
木质残体（Mg C/hm²）	0.7	1	0.6	5	2.3	0.2	8.8	11.4	14.6
粗木质残体（Mg C/hm²）	0.42	0.97	0.25	4.65	2.09	0.11	8.20	10.94	14.00
细木质残体（Mg C/hm²）	0.25	0.08	0.35	0.35	0.17	0.08	0.56	0.48	0.58
土壤（Mg C/hm²）	124.8	229.7	123	93.4	98.3	104.8	96.2	88.3	123.7
生态系统（Mg C/hm²）	190.7	352.2	239.1	212.9	368.5	404.4	372.1	367	503.9

不同海拔样方的凋落物碳储量为 0.7 ～ 1.5 Mg C/hm²，而木质残体碳储量为 0.2 ～ 14.6 Mg C/hm²（表 9-3）。木质残体的碳储量主要由 CWD 贡献。CWD 碳储量随海拔上升显著增加（$R^2 = 0.73$，$P = 0.003$；图 9-2），FWD 碳储量随海拔升高有增加趋势，但不显著（$R^2 = 0.43$，$P = 0.056$；图 9-2）；而凋落物碳储量不随海拔增加而变化（图 9-2）。

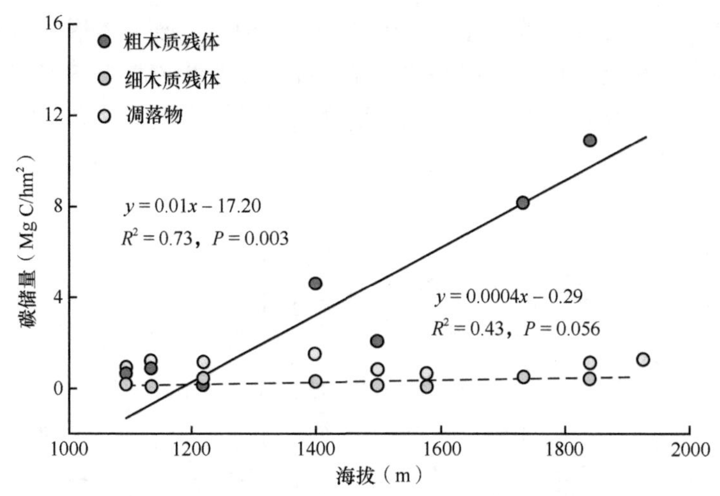

图 9-2 梵净山水青冈林木质残体与凋落物碳储量沿海拔梯度的变化

不同海拔样方土壤有机碳储量为 88.3 ～ 229.7 Mg C/hm^2（表 9-3）。随着海拔升高，土壤总碳储量及各层土壤碳储量（0 ～ 10 cm、10 ～ 20 cm、20 ～ 30 cm、30 ～ 50 cm）皆无显著变化（表 9-3）。各层土壤碳储量的相对贡献率随海拔无一致的变化规律。

9 个水青冈林生态系统碳储量总量为 190.7 ～ 503.9 Mg C/hm^2，主要由植被碳储量（33.7% ～ 73.9%）和土壤碳储量（24.1% ～ 65.4%）贡献（表 9-3）。凋落物与木质残体碳储量的贡献相对较小（0.3% ～ 3.4%），其中木质残体碳储量贡献为 0.1% ～ 3.1%，凋落物碳储量贡献为 0.2% ～ 0.7%（表 9-3）。随海拔升高，生态系统碳储量显著增加，从 1095 m 的 190.7 Mg C/hm^2 增长至 1930 m 的 503.9 Mg C/hm^2（$F = 9.7$，$P = 0.02$；表 9-3）。其分配格局也随海拔升高而发生变化。植被碳储量对生态系统碳储量的贡献从 1095 m 的 33.7% 增长至 1580 m 的 73.9%，此后基本保持平稳（71.5% ～ 72.5%）（表 9-3）。土壤碳储量的贡献随海拔升高呈减小趋势，从 1095 m 的接近 2/3（65.4%）到 1930 m 的不足 1/4（24.6%）（表 9-3）。凋落物碳储量比例无明显的海拔格局，而随海拔升高木质残体碳储量比例从 0.4% 波动增长至 2.9%（表 9-3）。

（3）水青冈林生态系统碳密度海拔格局的驱动因子

进一步探讨生态系统不同碳库组分海拔格局的形成原因，以及不同环境因子影响的相对大小。梵净山水青冈林植被碳储量的海拔变化趋势与中国森林整体乔木层生物量（Hui et al.，2012）和吕梁山植被碳储量的海拔格局相似（Zhang et al.，2009）。研究认为除海拔外，林龄、林分密度和坡度等也是导致这种格局形成的重要因子（Zhang et al.，2009）。梵净山水青冈林林龄随海拔升高而显著增加（$R^2 = 0.56$，$P = 0.02$；图 9-3a），而植被碳储量随林龄增加而显著增长（$R^2 = 0.72$，$P = 0.004$；图 9-3b）。采用一般线性模型（GLM）探究气候因子（MAT 和 MAP）和林龄对各组分碳储量影响的相对大小，各变量的解释率见表 9-4。结果显示，植被碳储量变化主要受林龄影响（解释率 69.4%，$P = 0.02$），其次为 MAT（解释率 18.7%，$P = 0.039$），而 MAP 的解释率很低且不显著（1.1%，$P = 0.153$；表 9-4）。在研究的海拔梯度范围内，降水充沛，故 MAP 对植被碳储量影响较小。而植被碳储量随林龄增加的现象在针叶林、温带与热带天然林与人工林中都普遍存在（Pregitzer and Euskirchen，2004；Zhu et al.，2017a，2017b）。

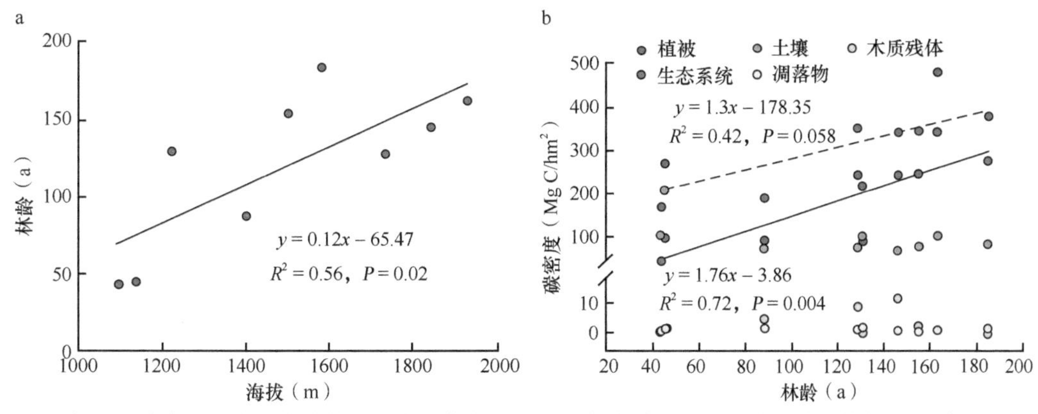

图 9-3 梵净山水青冈林林龄随海拔的变化（a）以及生态系统各组分碳储量与林龄的关系（b）

表 9-4 林龄与气候因子影响水青冈林生态系统不同碳库组分的 GLM 分析结果

因子	自由度	系数	标准误差	*P* 值	解释率（%）
植被				0.049*	99.93
林龄	1	695.5	88.6	0.020*	69.4
年均温	1	21 090.0	2 685.0	0.039*	18.7
年降水	1	112.6	14.4	0.153	1.1
残差	1				0.07
木质残体				0.037*	99.96
林龄	1	–2.9	3.4	0.020*	38.7
年均温	1	–147.0	101.8	0.017*	55.6
年降水	1	–0.7	0.5	0.075	2.8
残差	1				0.04
凋落物				0.036*	99.96
林龄	1	1.4	0.1	0.184	0.4
年均温	1	32.4	4.1	0.031*	15.2
年降水	1	0.2	0.0	0.042*	8.3
残差	1				0.04
土壤				0.547	90.33
林龄	1	878.6	452.1	0.305	35.9
年均温	1	25 980.0	13 700.0	0.836	0.7
年降水	1	139.1	73.3	0.463	12.2
残差	1				9.67

* 表示 $P < 0.05$

木质残体碳储量主要受温度和林龄的影响，二者的解释率分别为55.6%和38.7%。气候因子对凋落物碳储量有一定的解释，而林龄对其无显著影响（图9-3，表9-4）。对于土壤碳储量，林龄与气候因子的影响都不显著（图9-3，表9-4）。以往的研究表明，土壤碳储量沿海拔梯度（Vitousek et al.，1992；Garten and Hanson，2006；Zhu et al.，2010）和林龄序列（Pregitzer and Euskirchen，2004；Zhu et al.，2017b）通常都无一致的变化规律，这是因为土壤有机碳的输入、输出受多种因素的影响，且土壤有机碳异质性较大（Pregitzer and Euskirchen，2004；Garten and Hanson，2006）。

梵净山水青冈林生态系统碳储量为190.7～503.9 Mg C/hm^2，与Pregitzer和Euskirchen（2004）统计的全球不同林龄（≤200年）森林的生态系统碳储量值相当（121～537 Mg C/hm^2）。水青冈林生态系统碳储量主要由植被和土壤贡献，这与我国温带与亚热带森林的一些研究结果相符（Yang et al.，2005；Niu et al.，2009；Zhang and Wang，2010）。而随海拔升高水青冈林生态系统总碳储量显著增加，且主要归因于植被碳储量的增加。以往的研究表明，通常老龄林中植被碳储量占主要部分，而幼龄林以土壤和碎屑碳库为主（Pregitzer and Euskirchen，2004；Zhang and Wang，2010）。梵净山水青冈林林龄随海拔升高呈增加趋势，这可能是碳储量分配格局沿海拔梯度变化的主要原因。

9.2 东北地区落叶松林碳储量及其分配沿林龄梯度的变化

相比气候因子，林龄对碳积累的影响通常更大（Chapin et al.，2002；Pregitzer and Euskirchen，2004）。同一地区不同林龄梯度的同种森林是探讨林龄对生态系统碳储量及其分配格局影响的理想研究对象。森林生态系统全组分碳储量沿林龄梯度的变化格局在其他国家和地区已有较多报道，如韩国10～71年赤松（*Pinus densiflora*）林（Noh et al.，2010）、加拿大2～65年北美乔松（*P. strobus*）林（Peichl and Arain，2006）等；而在我国类似的研究尚不多见。本节以小兴安岭地区6个林龄梯度的落叶松（*Larix gmelinii*）林为例，介绍我国温带落叶松林碳储量及其分配格局沿林龄梯度的变化（Zhu et al.，2017b）。

9.2.1 小兴安岭落叶松林生态系统碳密度的测定

本研究地点位于小兴安岭南坡中部6个不同林龄的落叶松林（48°03′N～48.10′N，129.07′E～129°26′E，海拔279～370 m）（表9-5）。研究区属于温带大陆性季风气候，年平均气温–0.5℃，最冷月均温（1月）–24.2℃，最暖月均温（7月）20.3℃。年均降水量650 mm，其中夏季降水量占65%～80%（Du et al.，2013）。样地包括3个人工林（15年生、36年生和45年生）、2个次生林（54年生和65年生）和1个原始森林（138年生）（表9-5）。

人工林样地为次生阔叶红松林（Yang et al.，2010）砍伐后移栽的落叶松纯林；次生林样地以落叶松为优势种（总胸高断面积占85%以上），伴生有臭冷杉（*Abies nephrolepis*）；原始林也是落叶松占优势（总胸高断面积占70%以上），伴生有紫椴（*Tilia amurensis*）和臭冷杉。每个样地随机设置3个20 m × 20 m的样方。样地基本信息见表9-5。

续表

表 9-5　6 个落叶松林样地基本信息

指标	样地林龄（a）					
	15	36	45	54	65	138
纬度	48.03°N	48.08°N	48.10°N	48.05°N	48.06°N	48.08°N
经度	129.26°E	129.26°E	129.24°E	129.17°E	129.09°E	129.07°E
海拔（m）	370	368	288	329	279	345
坡度（°）坡向	9.6 N	13.8 SW	1.2 NW	1.1 SE	1.6 S	1.9 NW
平均胸径（cm）	7.9	19.6	21.9	14.6	15.7	15.7
最大胸径（cm）	10.5	28.3	30.9	47.2	53.7	55.7
平均树高（m）	8.0	12.7	13.4	10.7	10.3	12.6
最大树高（m）	9.3	15.4	16.1	20.6	25.0	29.6
总胸高断面积（m^2/hm^2）	14.6	31.7	44.5	48.1	48.6	63.1
林分密度（$stem/hm^2$）	2192	1075	1058	900	758	900
森林起源	人工林	人工林	人工林	次生林	次生林	原始林

采用逻辑斯谛方程［式（9-1）］描述植物残体（D）和乔木层（T）碳储量（$Mg\ C/hm^2$）的关系。

$$C_{DT} = \frac{W}{1+\alpha e^{-\lambda age}} \tag{9-1}$$

式中，C_{DT} 为植物残体各组分和乔木层的碳储量；age 为林龄；W、α 和 λ 为方程系数。由于趋势不同，分别使用简单线性模型［式（9-2）］和修正的逻辑斯谛模型［式（9-3）］拟合土壤碳储量和生态系统总碳储量与林龄的关系。

$$C_{Soil} = a + b\text{age} \tag{9-2}$$

$$C_{Eco} = \frac{W}{1+\alpha e^{-\lambda age}} + \varepsilon \tag{9-3}$$

式中，C_{Soil} 和 C_{Eco} 分别为土壤碳储量和生态系统总碳储量；a 和 b 为回归系数；ε 为样地土壤初始有机碳储量。

9.2.2　落叶松林碳储量及其分配沿林龄梯度的变化

落叶松林生态系统碳储量沿林龄梯度显著增加。15 年生落叶松林生态系统总碳储量为 92.3 $Mg\ C/hm^2$，随林龄增加（从 36 年、45 年、54 年、65 年到 138 年），生态系统总碳储量分别增加至 121.5 $Mg\ C/hm^2$、169.2 $Mg\ C/hm^2$、217.0 $Mg\ C/hm^2$、211.7 $Mg\ C/hm^2$ 和 295.1 $Mg\ C/hm^2$（$F = 18.0$，$P < 0.001$；图 9-4a）。其中，乔木层碳储量分别为 15.7 $Mg\ C/hm^2$、57.3 $Mg\ C/hm^2$、78.4 $Mg\ C/hm^2$、98.6 $Mg\ C/hm^2$、104.3 $Mg\ C/hm^2$ 和 145.3 $Mg\ C/hm^2$。在 15 年生落叶松林中，乔木层碳储量仅占生态系统总碳储量的 17%，而在其他样地中则接近一半（45% ～ 49%；图 9-4b）。与乔木层碳储量相比，随着林龄的增加，土壤有机碳储

量呈现不稳定的增长趋势，从15年生落叶松林的70.9 Mg C/hm^2（占生态系统总碳储量的77%）增长至138年样地中的140.5 Mg C/hm^2（占总碳储量的47%）（图9-4）。

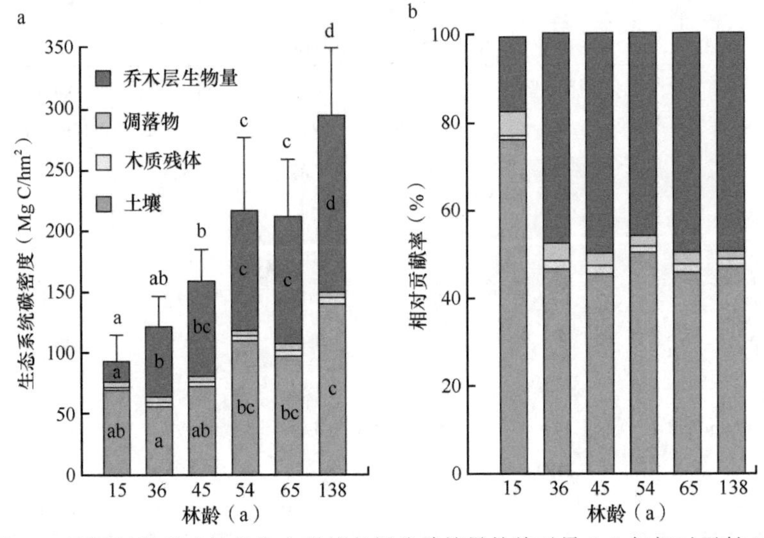

图9-4　不同林龄落叶松林生态系统各组分碳储量的绝对量（a）与相对贡献（b）

植物残体碳储量随林龄增加而显著增加，从15年生落叶松林的6.0 Mg C/hm^{2}增加到138年生的9.3 Mg C/hm^2（$F=7.3, P=0.001$；图9-5a）。增加的主要原因是木质残体的增加，尤其是粗木质残体（CWD，占木质残体碳储量的91%～97%），而凋落物碳储量（4.6～5.4 Mg C/hm^2）沿林龄梯度无显著变化（$F=0.4$，$P=0.821$；图9-5a）。具体而言，木质残体碳储量从15年生落叶松林的0.7 Mg C/hm^{2}显著增加至此后各林龄的2.3 Mg C/hm^2、2.7 Mg C/hm^2、2.4 Mg C/hm^2、3.8 Mg C/hm^{2}和4.7 Mg C/hm^2（$F=8.7$，$P<0.001$）。与乔木层（17%～49%）和土壤（46%～77%）碳储量相比，植物残体仅占生态系统总碳储量的3%～7%，其比例在15年生落叶松林中最高（6.5%），而在138年样地中最低（3.2%）。木质残体碳储量对生态系统总碳储量的贡献从15年落叶松林的0.7%上升到老龄林的

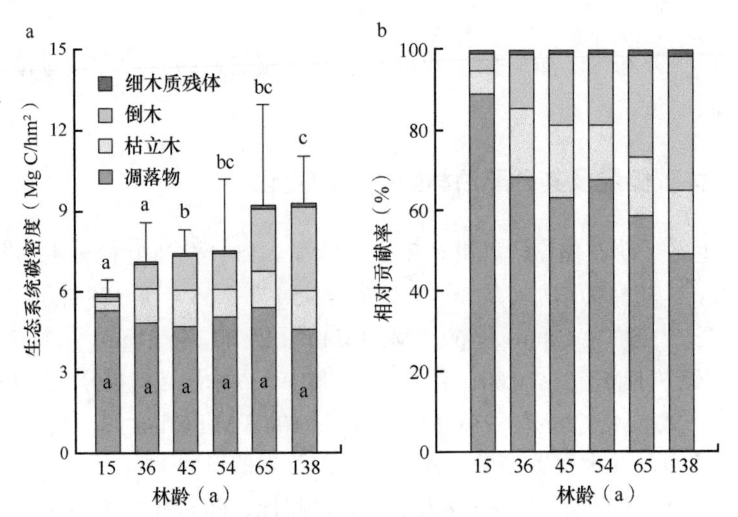

图9-5　落叶松林植物残体不同组分碳储量的绝对值（a）与相对贡献（b）

1.1% ～ 1.9%，而凋落物对生态系统总碳储量的贡献从 15 年落叶松林的 5.8% 沿林龄梯度下降至 4.0%、3.0%、2.4%、2.6% 和 1.6%（图 9-4b）。

植物残体各组分的比例也沿林龄梯度发生变化（图 9-5b）。凋落物占植物残体碳储量的比例在 15 年落叶松林中达 89%，而在 138 年样地中下降至 49%，接近木质残体的比例（51%）。倒木和枯立木对 CWD 碳储量的相对贡献也随林龄增加而变化，其中倒木的相对贡献随林龄增加而增加，从 15 年落叶松林的 42% 增加至 138 年的 68%（图 9-5b）。

进一步探讨生态系统各组分与林龄的定量关系发现，生态系统总碳储量、乔木层和植物残体碳储量与林龄之间的关系都可以用逻辑斯谛曲线进行拟合，而土壤有机碳储量与林龄呈显著的线性关系（图 9-6a）。乔木层碳储量在大约 40 年之前增长迅速，此后生产力逐渐下降（基于图 9-6a 中乔木层碳储量 - 林龄曲线的斜率）。0 ～ 100 cm 土壤有机碳储量随林龄增加而增加（R^2 = 0.72，P = 0.021；图 9-6a）。FWD 和 CWD 碳储量与林龄

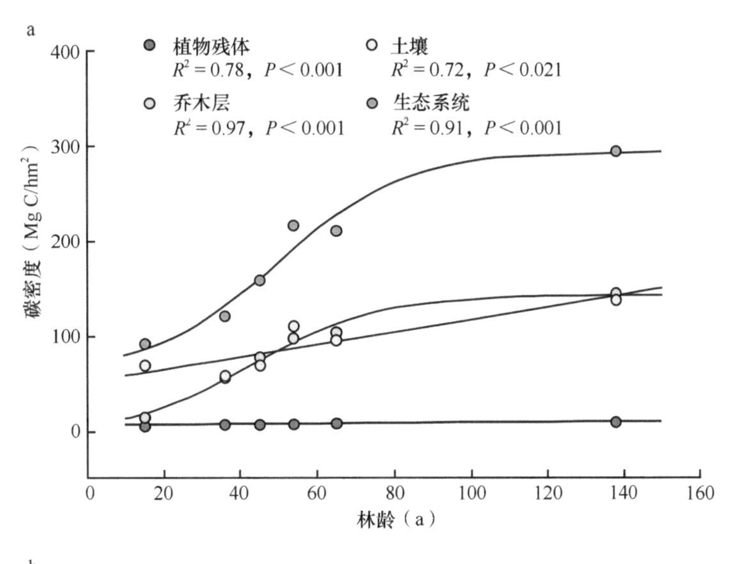

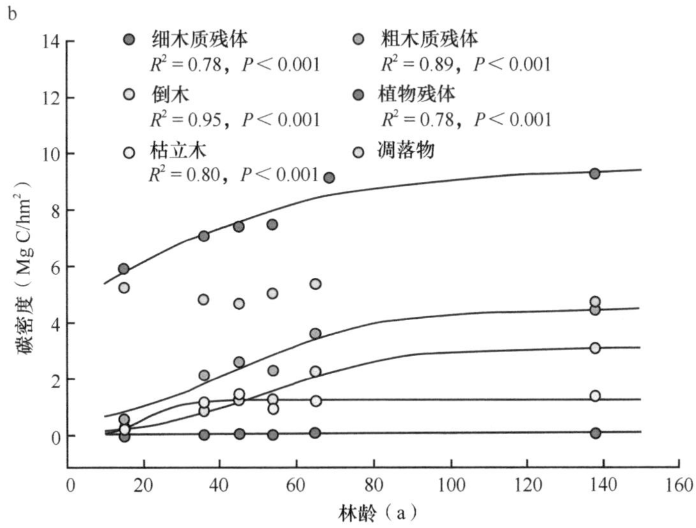

图 9-6　生态系统各组分碳储量（a）和植物残体碳储量（b）与林龄的函数关系

的关系和乔木层碳储量类似，也呈“S”型曲线增长；而凋落物碳储量与林龄无显著关系（图 9-6b）。

9.2.3 落叶松林生态系统碳储量与其他研究结果的比较

落叶松林乔木层碳储量表现为“S”型增长趋势（图 9-6a），这与其他生物量与林龄关系的研究结果一致（Taylor et al.，2007；Noh et al.，2010；Woodall et al.，2013）。木质残体（包括 FWD、倒木和枯立木）碳储量也随林龄呈逻辑斯谛增长（Hunt，1982；Wang et al.，2003；Taylor et al.，2007），而凋落物碳储量沿林龄梯度保持相对稳定。一般来说，木质残体和凋落物的碳储量由森林生产力与植物残体的分解速率共同决定。通常成熟林比幼龄林拥有更高的植物残体产量（Sturtevant et al.，1997；Mukhortova et al.，2016）。此外，由于木质残体碳储量相对持久且分解缓慢（Harmon and Hua，1991；Hudiburg et al.，2009；Mukhortova，2012），其分解速率远低于凋落物。因此，可以认为在此落叶松林龄序列中，木质残体碳储量更多地受森林生产力的影响，而凋落物碳储量可以在输入（产量）和输出（分解）之间快速达到平衡（Zhu et al.，2017b）。

落叶松林凋落物碳储量沿林龄的变化不同于 Pregitzer 和 Euskirchen（2004）报道的结果，他们发现温带针叶林中凋落物碳储量随着林龄增加而增加。Peichl 和 Arain（2006）研究了加拿大东南部早期演替序列的 2 ～ 65 年生北美乔松人工林，发现凋落物碳储量在 2 ～ 15 年内随林龄增加而增加，但林龄大于 15 年后基本保持不变。

本研究的林龄序列中，植物残体碳储量对生态系统碳储量的相对贡献值为 4.7%（3.2% ～ 6.5%），与帽儿山（3.3%）（Zhang and Wang，2010）、东灵山（2% ～ 6%）（Zhu et al.，2015）和长白山（2% ～ 9%）（Zhu et al.，2010）的温带森林，以及大兴安岭地区落叶松林（4.4%）（Hu et al.，2016）接近，但显著低于世界其他地区的温带森林（8% ～ 47%）（Harmon et al.，2001；Goodale et al.，2002；Martin et al.，2005；Pan et al.，2011）。多种因素都有可能影响植物残体的积累，如森林结构、林龄、森林生产力、分解速率和干扰方式等（Harmon et al.，1986；Sturtevant et al.，1997；Amanzadeh et al.，2013）。中国东北地区这些森林的植物残体碳储量及其相对贡献与世界其他地区相比存在很大差异，一方面来源于生态系统演替的差异，也可能与样地历史和干扰方式有关。中国大规模植树造林计划之前的过度采伐降低了森林生产力，同时也导致当前研究样地木质残体积累的时间较短。此外，其他地区的植物残体研究多倾向于选择林龄较大且未受干扰的林分，因而含有大量的枯倒木（Harmon et al.，1986），或者近期受到严重干扰而存在大量枯倒木的森林（Nalder and Wein，1999；Domke et al.，2013）。这些都可能导致对植物残体碳储量的过高估计。

9.3 东北森林凋落物产量沿环境梯度的变化

凋落物的生产和分解是森林碳循环过程中的一个重要环节。对凋落物的研究有助于理解森林碳循环的机制，在预测森林碳循环对气候变化的响应方面也有重要意义（Likens and Bormannm，1995；Liu et al.，2004）。有关森林凋落物不同组分的产量已有很多研究（林波等，2004；李雪峰等，2005），然而，凋落物不同组分沿环境梯度的变化还鲜有报道。本节以东北地区森林凋落物产量及其影响因素的研究为例（张新平等，2008），进一步阐述生态系统碳循环主要参数沿环境梯度的变化。

9.3.1　凋落物产量的测定

选取东北林区的 4 个研究地点：长白山国家级自然保护区、张广才岭的东北林业大学帽儿山实验林场老山实验站、小兴安岭的凉水国家级自然保护区和大兴安岭的根河森林生态定位站，各研究地点概况见表 9-6。在海拔梯度较大的长白山，沿海拔梯度设置 14 个样地，包含主要的森林类型。其他 3 个地点海拔梯度很小，选择当地典型的森林类型设立样地。共设置 27 个固定观测样地，样地面积为 20 m × 50 m。测定每个样地中 DBH ＞ 3 cm 的树木胸径，并测定一半以上个体的树高用以建立胸径 - 树高关系，推算其余树木的树高。研究样地包括东北地区 4 个森林类型和 8 个群落类型（表 9-7），它们跨越温带和寒温带，或从低山带到亚高山带，具有较好的代表性。

表 9-6　研究地点的地理位置、气候和植被概况

地点	纬度（N）	经度（E）	海拔（m）	年均温（℃）	年降水（mm）	主要群落	样地数（个）
长白山	42°03′ ～ 42°24′	128°04′ ～ 128°15′	650 ～ 1940	-3.7 ～ 2.9	600 ～ 1340	岳桦林、常绿针叶林、针阔混交林、落叶针叶林	14
帽儿山	45°16′ ～ 45°17′	127°34′ ～ 127°35′	300 ～ 420	1.9 ～ 2.5	724	落叶阔叶林、兴安落叶松林	7
凉水	47°11′ ～ 47°12′	128°53′ ～ 128°54′	340 ～ 430	0.7 ～ 1.1	680	红松林、杨桦林	4
根河	50°56′	121°30′ ～ 121°31′	810 ～ 840	-4.8 ～ 4.6	450 ～ 550	兴安落叶松林	2

表 9-7　各森林类型的群落特征

森林类型	群落类型	主要树种	样地数（个）	平均胸径（cm）	平均树高（m）	蓄积量（m^3）	立木密度（$stem/hm^2$）
落叶阔叶林	岳桦林						
	杨桦林	*Betula ermanii*（88%）	3	14.2	9.2	110.6	1393
	硬阔叶杂木林	*B. platyphylla*（27%） *Populus davidiana*（20%）	3	14.6	14.5	264.3	1207
		Quercus liaotungensis（25%） *Tilia amurensis*（15%）	3	15.7	12.6	226.2	863
	平均值		9	14.8	12.1	200.4	1154
落叶针叶林	兴安落叶松林						
	黄花落叶松林	*Larix gmelinii*（94%）	5	16.6	14.6	244.5	820
		L. olgensis（74%）	2	34.1	24.7	458.7	380
	平均值		7	21.6	17.5	305.7	694

续表

森林类型	群落类型	主要树种	样地数（个）	平均胸径（cm）	平均树高（m）	蓄积量（m^3）	立木密度（$stem/hm^2$）
针阔混交林	红松林						
	红松阔叶林	*Pinus koraiensis*（40%）	3	28.4	16.7	584.5	487
		P. koraiensis（29%） *T. amurensis*（20%）	3	22.5	16.5	561.6	747
	平均值		6	25.5	16.6	573.1	617
常绿针叶林	云冷杉林	*Picea jezoensis*（38%） *Abies nephrolepis*（35%）	5	19.3	14.2	518.8	1352

注：平均值为加权平均

凋落物产量于 2004 ～ 2006 年进行测定。在每个样地随机设置面积为 1 m × 1 m 的收集器 3 ～ 6 个，收集筐口距地表 50 cm（王凤友，1989）。收集凋落物的周期为 1 个月（每年 4 ～ 11 月，冬季大雪封山，统一收集一次），于每月初将收集筐中的凋落物取回，65℃恒温烘至恒重，称量得到凋落物的重量。对每块样地收集筐中的凋落物重量取平均值，即为该样地该月凋落物产量。

9.3.2 不同森林类型凋落物产量

凋落物总产量为 2004 ～ 2006 年的平均值（表 9-8）。4 种森林类型年凋落量有明显的差异（表 9-8），从低到高为落叶针叶林（2337 kg/hm^2）、常绿针叶林（2472 kg/hm^2）、落叶阔叶林（3130 kg/hm^2）和针阔混交林（4146 kg/hm^2），其中，针阔混交林年凋落量显著大于落叶针叶林和常绿针叶林（$P < 0.05$）。

表 9-8　东北地区 4 种森林类型凋落物年产量

森林类型	群落类型	凋落物产量值（kg/hm^2）			平均值（kg/hm^2）	标准差（kg/hm^2）	变异系数（%）
		2004 年	2005 年	2006 年			
落叶阔叶林	岳桦林	1332	2302	2293	1976	557	28.2
	杨桦林	3803	3377	4019	3733	327	8.8
	硬阔叶杂木林	3669	2926	3488	3361	387	11.5
	平均值	3225	2868	3267	3130	227	7.2
落叶针叶林	兴安落叶松林	3018	2363	2130	2504	460	18.4
	黄花落叶松林	2266	1560	2086	1971	367	18.6
	平均值	2803	2095	2113	2337	404	17.3
针阔混交林	红松林	***	3207	3800	3504	420	12.0
	红松阔叶林	4312	4925	4319	4519	352	7.8
	平均值	4312	4066	4060	4146	144	3.5
常绿针叶林	云冷杉林	3018	2110	2288	2472	481	19.5

*** 表示 2004 年该群落类型样地凋落物收集筐丢失严重，没有数据。平均值为加权平均

9.3.3 凋落物产量的环境梯度分析

为分析凋落物产量与海拔、纬度的关系，分别选取长白山海拔梯度上的所有样地和 4 个研究区中海拔相似的样地（海拔 307 ～ 970 m）进行分析（图 9-7）。

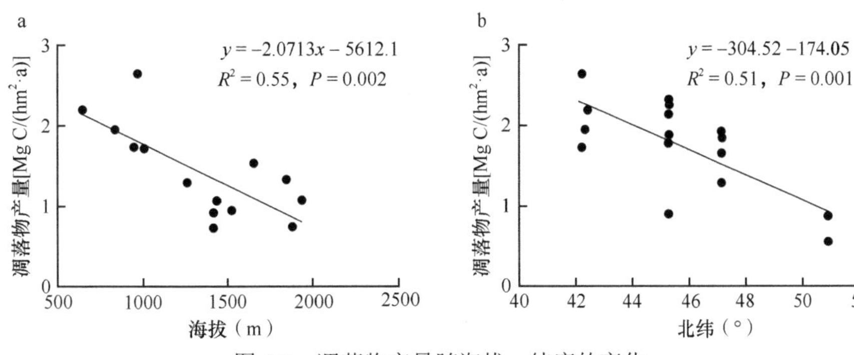

图 9-7　凋落物产量随海拔、纬度的变化

a. 长白山海拔梯度上凋落物产量的变化；b. 凋落物产量随纬度的变化，图中为各研究地点海拔小于 1000 m 的样地数据

在长白山，各样地年凋落量随海拔上升而显著下降（$R^2 = 0.55$，$P = 0.002$；图 9-7a）；而在海拔相似的样地中，年凋落量与纬度呈显著负相关（$R^2 = 0.51$，$P = 0.001$；图 9-7b）。通过多元回归分析得到东北地区森林凋落物年产量（Y，kg/hm^2）与纬度（N）（Lat.，°）和海拔（Alt.，m）的关系式：

$$Y = 17\,324 - 281.877\text{Lat.} - 1.938\text{Alt.}\ (R^2 = 0.57,\ P < 0.001,\ n = 27) \qquad (9\text{-}4)$$

纬度和海拔对森林凋落物的影响实质上是通过对热量、水分的再分配形成区域差异而产生的（林波等，2004）。对凋落物产量与气候、群落结构指标间关系的分析表明，总凋落量只与年均温正相关，与降水和群落结构指标均无显著相关性（表 9-9，图 9-8）。在

表 9-9　凋落物产量和气候、群落结构指标的相关系数

	气候因子		群落结构特征			
	年均温	年降水	平均胸径	平均树高	林木密度	蓄积量
凋落物总量	0.75***	−0.30	−0.08	−0.03	−0.17	0.26

*** 表示 $P < 0.001$

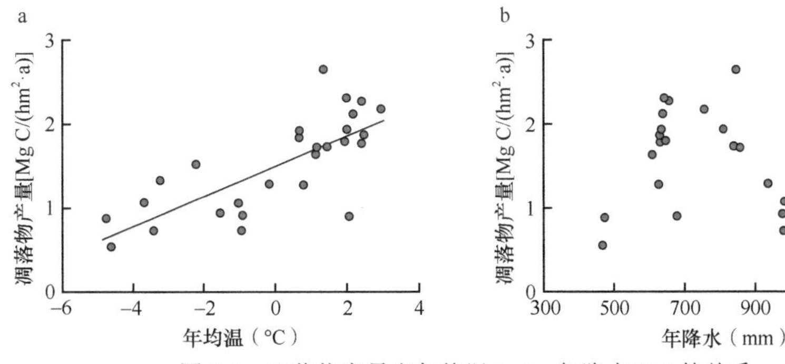

图 9-8　凋落物产量和年均温（a）、年降水（b）的关系

图中回归线在 $P < 0.05$ 水平显著

图 9-8 中，凋落物产量与降水之间呈单峰型关系，是由于研究区域降水与温度之间呈单峰型关系，同时高降水导致多云天气增加，削弱了光合作用，从而使森林生产力和凋落物产量降低（Liu et al.，2004）。

凋落物产量与气候的关系和 NPP 与气候的关系一致（Lieth，1975）。Liu 等（2004）分析了欧亚大陆 471 个样点的凋落量数据，发现欧亚大陆大部分地区（尤其是阔叶林地区）温度比降水对凋落量的影响更大，在干旱区则是降水起主导作用。中国东北地区寒冷湿润，水分相对充足，热量是森林生产力的主导限制因子，因此森林凋落物产量主要受热量而非水分的限制。

为研究不同因素对凋落物产量的影响，采用一般线性模型进行分析以消除变量之间的共线性。各变量的解释率见表 9-10。分析结果表明，凋落物总量主要受年均温的影响（解释了约 56% 的变异，$P < 0.001$），年降水、森林类型、群落类型和蓄积量均无显著的解释率（解释率低，$P > 0.05$）。这表明在大尺度上，气候是影响凋落物产量的主要因素。

表 9-10　气候、森林类型、群落结构指标对凋落物产量的影响

变量	自由度	均方	P	解释率（%）
年均温	1	18 994 353	0.000	56.17
年降水	1	12 101	0.883	0.04
森林类型	3	568 994	0.395	5.05
群落类型	4	613 267	0.374	7.25
蓄积量	1	2 028 856	0.070	6.00
残差	16	538 843		25.49

9.4　小　　结

本章以长白山、梵净山、小兴安岭和东北地区的典型森林为例，采用环境梯度分析法，探讨了森林生态系统碳储量及其分配沿海拔、林龄和气候等梯度的变化规律以及主要影响因子。

不同地区森林生态系统碳储量沿海拔梯度的变化格局可能存在差异，而海拔格局形成的主导因子也可能不同。在长白山，温度降低可能是植被碳储量随海拔升高而下降的主要原因；而在梵净山，林龄随海拔升高是植被碳储量随海拔升高的主导因子之一。此外，森林生态系统不同组分碳储量沿海拔梯度的变化也可能存在差异。

小兴安岭落叶松林的林龄梯度分析表明，生态系统不同碳库沿林龄梯度的变化可能存在差异，生态系统碳储量以及植被碳储量、木质残体碳储量皆随林龄呈“S”型曲线增长，土壤有机碳储量随林龄线性增长。这些结果凸显了在评估落叶松林生态系统的碳储量及各组分的碳储量变化时考虑演替阶段和林分特征的重要性。

东北地区凋落物产量的环境梯度分析结果表明，不同森林类型凋落物年产量存在显著差异，针阔混交林显著高于落叶针叶林和常绿针叶林。森林凋落物产量主要受温度限制，降水、森林类型和群落结构无显著影响。

参考文献

费松林，方精云，樊拥军，赵坤，刘雪皎，崔克明．1999. 贵州梵净山光叶水青冈叶片和木材的解剖学特征及其与生态因子的关系．植物学报，41: 1002-1009.

贵州梵净山科学考察集编辑委员会．1986. 贵州梵净山科学考察集．北京：中国环境科学出版社．

李文华，邓枚坤，李飞．1981, 长白山主要生态系统生物生产量的研究．森林生态系统研究，2: 34-50.

李雪峰，韩士杰，李玉文，侯炳柱，李雪莲．2005. 东北地区主要森林生态系统凋落量的比较．应用生态学报，16: 783-788.

林波，刘庆，吴彦，何海．2004. 森林凋落物研究进展．生态学杂志，23(1): 60-64.

刘胜祥，黎维平．2007. 植物学．北京：科学出版社．

王凤友．1989. 森林凋落量研究综述．生态学进展，6: 82-89.

王战，徐振邦，李昕，彭定山，谭征详．1980. 长白山北坡主要森林类型及其群落结构特点．见：王战．森林生态系统研究．北京：中国林业出版社：25-42.

张德强，叶万辉，余清发，孔国辉，张佑倡．2000. 鼎湖山演替系列中代表性森林凋落物研究．生态学报，20: 938-944.

张新平，王襄平，朱彪，宗占江，彭长辉，方精云．2008. 我国东北主要森林类型的凋落物产量及其影响因素．植物生态学报，32: 1031-1040.

周玉荣，于振良，赵士洞．2000. 我国主要森林生态系统碳贮量和碳平衡．植物生态学报，24: 518-522.

Amanzadeh B, Sagheb-Talebi K, Foumani BS, Fadaie F, Camarero JJ, Linares JC. 2013. Spatial distribution and volume of dead wood in unmanaged Caspian beech (*Fagus orientalis*) forests from northern Iran. Forests, 4: 751-765.

Aplet GH, Vitousek PM. 1994. An age-altitude matrix analysis of Hawaiian rainforest succession. Journal of Ecology, 82: 137-147.

Bray JR, Gorham E. 1964. Litter production in forests of the world. Advances in Ecological Research, 2: 101-157.

Cai Q, Ji C, Zhou X, Fang W, Zheng T, Zhu J, Shi L, Li H, Zhu J, Fang J. 2020. Changes in carbon stocks of *Fagus* forest ecosystems along an altitudinal gradient on Mt. Fanjingshan in Southwest China. Journal of Plant Ecology, 13: 139-149.

Chapin FS III, Matson PA, Mooney HA. 2002. Principles of Terrestrial Ecosystem Ecology. New York: Springer.

Choi S, Lee K, Chang Y. 2002. Large rate of uptake of atmospheric carbon dioxide by planted forest biomass in Korea. Global Biogeochemical Cycles, 16: 1089.

Clark DA, Brown S, Kichlighter WK, Chambers JQ, Thomlinson JR, Ni J, Holland EA. 2001. Net primary production in tropical forests: an evaluation and synthesis of existing field data. Ecological Applications, 11: 371-384.

Dixon RK, Brown S, Houghton RA, Trexier MC, Wisniewski J. 1994. Carbon pools and flux of global forest ecosystems. Science, 263: 185-190.

Domke GM, Woodall CW, Walters BF, Smith JE. 2013. From models to measurements: comparing downed dead wood carbon stock estimates in the US forest inventory. PLoS One, 8: e59949.

Du E, Zhou Z, Li P, Hu X, Ma Y, Wang W, Zheng C, Zhu J, He JS, Fang J. 2013. NEECF: a project of nutrient enrichment experiments in China's forests. Journal of Plant Ecology, 6: 428-435.

Fang J, Oikawa T, Kato T, Mo W, Wang Z. 2005. Biomass carbon accumulation by Japan's forests from 1947 to 1995. Global Biogeochemical Cycles, 19: GB2004.

Garten Jr CT, Hanson PJ. 2006. Measured forest soil C stocks and estimated turnover times along an elevation gradient. Geoderma, 136: 342-352.

Goodale CL, Apps MJ, Birdsey RA, Richard A, Field CB, Heath LS, Houghon RA, Jenkins JC, Kohlmaier GH, Kurz W, Liu S, Nabuurs GJ, Nilsson S, Shvidenko AZ. 2002. Forest carbon sinks in the Northern Hemisphere. Ecological Applications, 12: 891-899.

Harmon ME, Franklin JF, Swanson FJ, Sollins P, Gregory SV, Lattin JD, Anderson NH, Cline SP, Aumen NG, Sedell JR, Lienkaemper GW, Cromack Jr K, Cummins KW. 1986. Ecology of coarse woody debris in temperate ecosystems. Advances in Ecological Research, 15: 133-302.

Harmon ME, Hua C. 1991. Coarse woody debris dynamics in two old-growth ecosystems. Bioscience, 41: 604-610.

Harmon ME, Krankina ON, Yatskov M, Matthew S E. 2001. Predicting broad-scale carbon stores of woody debris from plot-level data. *In*: Lai R, Kimble J, Stewart BA. Assessment Methods for Soil Carbon. New York: CRC Press.

He Y, Qin L, Li Z, Liang X, Shao M, Tan L. 2013. Carbon density capacity of monoculture and mixed-species plantations in subtropical China. Forest Ecology and Management, 295: 193-198.

Hu X, Zhu J, Wang C, Zheng T, Wu Q, Yao H, Fang J. 2016. Impacts of fire severity and post-fire reforestation on carbon pools in boreal larch forests in Northeast China. Journal of Plant Ecology, 9: 1-9.

Hudiburg T, Law B, Turner DP, Campbell J, Donato D, Duane M. 2009. Carbon dynamics of Oregon and Northern California forests and potential land-based carbon storage. Ecological Applications, 19: 163-180.

Hui D, Wang J, Le X, Shen W, Ren H. 2012. Influences of biotic and abiotic factors on the relationship between tree productivity and biomass in China. Forest Ecology and Management, 264: 72-80.

Hunt R. 1982. Plant growth Curves: The Functional Approach to Plant Growth Analysis. Cambridge: Cambridge University Press.

IPCC. 2013. Climate Change 2013: The Physical Science Basis. Contribution to Working Group I to the Fifth Assessment Report of the Intergovernmental Panel on Climate Change. Cambridge: Cambridge University Press.

Körner C. 2007. The use of 'altitude' in ecological research. Trends in Ecology and Evolution, 22: 569-574.

Li K, Wang S, Cao M. 2004. Vegetation and soil carbon density in China. Science China Earth Sciences, 47: 49-57.

Lieth H. 1975. Modeling the primary productivity of the world. *In*: Lieth H, Whittaker RH. Primary Productivity of The Biosphere. Heidelberg: Springer.

Likens GE, Bormann FH. 1995. Biogeochemistry of A Forested Ecosystem. 2nd edition. New York: Springer-Verlag.

Liu C, Westman CJ, Berg B, Kutsch W, Wang GZ, Man R, Ilvesniemi H. 2004. Variation in litterfall-climate relationships between coniferous and broadleaf forests in Eurasia. Global Ecology and Biogeography, 13: 105-114.

Liu X, Zhang Y, Han W, Tang A, Shen J, Cui Z, Vitousek P, Erisman JW, Goulding K, Christie P, Fangmeier A, Zhang F. 2013. Enhanced nitrogen deposition over China. Nature, 494: 459-462.

Martin JL, Gower ST, Plaut J, Holmes B. 2005. Carbon pools in a boreal mixed wood logging chronosequence. Global Change Biology, 11: 1883-1894.

Mukhortova L. 2012. Carbon and nutrient release during decomposition of coarse woody debris in forest ecosystems of Central Siberia. Folia Forestalia Polonica, Series A Forestry, 54: 71-83.

Mukhortova L, Trefilova O, Krivobokov L, Klimchenko A, Vedrova E. 2016. Coarse woody debris stock in forest ecosystems on latitudinal gradient of Central Siberia. Sofia: The 16th International Multidisciplinary Scientific Geoconferences SGEM: 495-502.

Nalder IA, Wein RW. 1999. Long-term forest floor carbon dynamics after fire in upland boreal forests of western Canada. Global Biogeochemical Cycles, 13: 951-968.

Niu D, Wang S, Ouyang Z. 2009. Comparisons of carbon storages in *Cunninghamia lanceolata* and *Michelia macclurei* plantations during a 22-year period in southern China. Journal of Environment Science, 21: 801-805.

Noh NJ, Son Y, Lee SK, Seo KW, Heo SJ, Yi MJ, Park PS, Kim RH, Son YM, Lee KH. 2010. Carbon and nitrogen storage in an age-sequence of *Pinus densiflora* stands in Korea. Science China Life Sciences, 53: 822-830.

Pan Y, Birdsey RA, Fang J, Houghton R, Kauppi PE, Kurz WA, Phillips OL, Shcidenko A, Lewis SL, Canadell JG, Ciais P, Jackson RB, Pacala SW, McGruire AD, Piao S, Rautiainen A, Sitch S, Hayes D. 2011. A large and persistent carbon sink in the world's forests. Science, 333: 988-993.

Peichl M, Arain MA. 2006. Above- and belowground ecosystem biomass and carbon pools in an age-sequence of temperate pine plantation forests. Agricultural and Forest Meteorology, 140: 51-63.

Pregitzer KS, Euskirchen ES. 2004. Carbon cycling and storage in world forests: biome patterns related to forest age. Global Change Biology, 10: 2052-2077.

Smithwick EAH, Harmon ME, Remillard SM, Acker SA, Franklin JF. 2002. Potential upper bounds of carbon stores in forests of the Pacific Northwest. Ecological Applications, 12: 1303-1317.

Sturtevant BR, Bissonette JA, Long JN, Roberts DW. 1997. Coarse woody debris as a function of age, stand structure, and disturbance in boreal Newfoundland. Ecological Applications, 7: 702-712.

Taylor AR, Wang J, Chen H. 2007. Carbon density in a chronosequence of red spruce (*Picea rubens*) forests in central Nova Scotia, Canada. Canadian Journal of Forest Research, 37: 2260-2269.

Tian X, Imura H, Chang M, Shi F, Tanikawa H. 2011. Analysis of driving forces behind diversified carbon dioxide emission patterns in regions of the mainland of China. Frontiers of Environmental Science & Engineering in China, 5: 445-458.

Vitousek PM, Aplet G, Turner D, Lockwood JJ. 1992. The Mauna Loa environmental matrix: foliar and soil nutrients. Oecologia, 89: 372-382.

Wang C, Bond-Lamberty B, Gower ST. 2003. Carbon distribution of a well- and poorly-drained black spruce fire chronosequence. Global Change Biology, 9: 1066-1079.

Wang X, Fang J, Zhu B. 2008. Forest biomass and root-shoot allocation in northeast China. Forest Ecology and Management, 55: 4007-4020.

Woodall C, Walters B, Oswalt S, Domke GM, Toney C, Gray AN. 2013. Biomass and carbon attributes of downed woody materials in forests of the United States. Forest Ecology and Management, 305: 48-59.

Yang K, Zhu J, Zhang M, Yan Q, Sun QJ. 2010. Soil microbial biomass carbon and nitrogen in forest ecosystems of Northeast China: a comparison between natural secondary forest and larch plantation. Journal of Plant Ecology, 3: 175-182.

Yang Y, Guo J, Chen G, Xie J, Gao R, Li Z, Jin Z. 2005. Carbon and nitrogen pools in Chinese fir and evergreen broadleaved forests and changes associated with felling and burning in mid-subtropical China. Forest Ecology and Management, 216: 216-226.

Zhang QZ, Wang CK. 2010. Carbon density and distribution of six Chinese temperate forests. Science China Life Sciences, 53: 831-840.

Zhang X, Wang M, Liang X. 2009. Quantitative classification and carbon density of the forest vegetation in

Lüliang Mountains of China. Plant Ecology, 201: 1-9.

Zhou G, Guan L, Wei X, Zhang D, Zhang Q, Yan J, Wen D, Liu J, Liu S, Huang Z, Kong G, Mo J, Yu Q. 2007. Litterfall production along successional and altitudinal gradients of subtropical monsoon evergreen broadleaved forests in Guangdong, China. Plant Ecology, 188: 77-89.

Zhu B, Wang X, Fang J, Piao S, Shen H, Zhao S, Peng C. 2010. Altitudinal changes in carbon density of temperate forests on Mt. Changbai, Northeast China. Journal of Plant Research, 123: 439-452.

Zhu J, Hu H, Tao S, Chi X, Li P, Jiang L, Ji C, Zhu J, Tang Z, Pan Y, Birdsey RA, He X, Fang J. 2017a. Carbon stocks and changes of dead organic matter in China's forests. Nature Communications, 8: 1-10.

Zhu J, Hu X, Yao H, Liu G, Ji C, Fang J. 2015. A significant carbon sink in temperate forests in Beijing: based on 20-year field measurements in three stands. Science China Life Sciences, 58: 1135-1141.

Zhu J, Zhou X, Fang W, Xiong X, Zhu B, Ji C, Fang J. 2017b. Plant debris and its contribution to ecosystem carbon density in successional *Larix gmelinii* forests in northeastern China. Forests, 8: 191.

附　表

中国森林碳收支研究的基础数据

附表 1 各省（区、市）不同时期的森林面积、蓄积量和生物量

统计单位	面积（10^4 hm^2）	蓄积量（10^4 m^3）	CBM-C（Tg C）	MBM-C（Tg C）	MRM-C（Tg C）	CBM-belowground C（Tg C）	CBM-aboveground C（Tg C）
1977～1981 年							
全国	12 350.0	956 543.2	4 717.2	6 943.0	4 772.5	828.4	3 889.2
北京	8.4	160.3	1.2	4.1	1.0	0.2	0.9
天津	1.1	20.5	0.1	0.5	0.1	0.0	0.1
河北	146.2	2 889.0	22.0	75.6	16.5	4.8	17.2
山西	89.6	3 634.5	22.6	48.5	21.1	4.7	18.0
内蒙古	1 603.8	92 119.3	510.7	901.1	463.5	102.0	408.8
辽宁	302.5	10 932.0	70.6	165.2	68.4	14.1	56.5
吉林	753.3	71 405.0	377.5	388.5	413.3	69.0	308.6
黑龙江	1 898.0	156 021.6	801.8	1 033.0	856.9	148.2	653.6
上海	0.2	2.1	0.0	0.1	0.0	0.0	0.0
江苏	21.5	352.5	2.7	10.7	1.7	0.4	2.3
浙江	291.2	8 624.5	51.8	141.9	35.4	8.2	43.6
安徽	189.5	5 947.3	34.8	93.3	25.8	5.5	29.3
福建	447.7	32 238.5	153.2	220.9	144.7	24.8	128.5
江西	503.7	25 712.2	135.0	245.2	117.0	22.3	112.7
山东	72.1	528.4	6.9	34.2	2.5	1.1	5.8
河南	138.8	3 476.0	24.7	76.8	22.4	4.9	19.8
湖北	397.3	10 737.4	67.7	196.0	49.9	10.9	56.8
湖南	495.2	17 437.5	97.0	237.5	73.7	16.1	80.9
广东	598.4	22 133.7	134.1	296.7	112.7	22.1	112.0
广西	543.6	24 009.4	132.9	274.4	119.1	22.9	110.0
四川	803.0	113 938.7	469.6	578.5	522.3	78.5	391.2
贵州	259.6	13 761.3	71.6	127.6	66.1	12.1	59.5
云南	1 087.2	119 172.8	556.6	591.8	593.6	95.8	460.8
西藏	789.4	152 104.5	621.9	628.7	686.6	96.8	525.1
陕西	520.8	27 364.8	162.2	282.0	164.4	32.3	129.9
甘肃	218.1	17 851.8	89.4	158.9	85.9	14.8	74.7
青海	24.1	1 871.3	9.7	16.9	9.0	1.8	7.9

续表

统计单位	面积（10^4 hm^2）	蓄积量（10^4 m^3）	CBM-C（Tg C）	MBM-C（Tg C）	MRM-C（Tg C）	CBM-belowground C（Tg C）	CBM-aboveground C（Tg C）
宁夏	10.9	302.7	1.8	5.4	1.5	0.3	1.5
新疆	134.8	21 793.6	87.1	109.0	97.4	13.8	73.2
1984～1988 年							
全国	13 169.1	968 844.7	4 885.0	7 391.5	4 904.1	889.1	3 995.7
北京	16.7	412.6	2.8	8.6	2.4	0.5	2.2
天津	4.6	125.7	0.8	2.0	0.7	0.2	0.7
河北	155.6	4 718.1	30.5	80.5	26.2	6.3	24.2
山西	112.0	4 132.2	26.7	58.9	23.7	5.4	21.2
内蒙古	1 610.9	94 003.0	532.9	907.9	487.7	111.8	421.0
辽宁	347.4	13 179.0	82.2	182.9	79.0	16.1	66.2
吉林	773.0	77 200.0	413.7	397.3	451.8	80.6	333.1
黑龙江	1 933.8	143 028.3	760.5	1 086.2	775.8	148.1	612.4
上海	0.3	7.9	0.0	0.1	0.0	0.0	0.0
江苏	27.7	750.6	4.8	12.7	3.5	0.9	4.0
浙江	356.7	9 596.5	59.5	173.1	38.4	9.3	50.1
安徽	221.8	7 785.9	44.9	109.4	36.1	7.3	37.6
福建	479.4	28 700.5	146.3	227.3	136.9	26.0	120.2
江西	545.2	18 339.2	112.3	270.8	89.8	20.0	92.3
山东	92.2	1 152.4	9.2	44.2	5.9	1.7	7.5
河南	155.6	4 406.7	30.1	84.4	27.8	6.0	24.1
湖北	403.3	11 659.5	69.9	199.0	53.2	11.2	58.6
湖南	477.2	15 312.0	87.7	228.6	65.1	14.8	72.9
广东	503.8	13 890.8	90.2	248.6	69.5	15.0	75.2
广西	533.5	22 206.8	123.2	270.2	109.0	21.2	102.1
海南	68.9	6 334.7	26.9	32.6	27.1	3.8	23.1
四川	1 226.2	138 268.8	598.1	809.3	652.4	102.6	495.4
贵州	245.7	11 760.6	63.7	120.1	57.1	10.7	53.0
云南	1 071.7	119 122.4	573.7	598.4	623.4	103.3	470.4
西藏	789.4	152 104.5	621.9	628.7	686.6	96.8	525.1
陕西	543.9	28 155.9	167.9	294.5	170.0	33.8	134.1
甘肃	245.0	18 728.6	98.6	161.8	97.7	18.0	80.6
青海	33.0	3 225.2	15.6	22.7	15.6	2.9	12.8
宁夏	13.7	592.4	3.4	6.9	2.9	0.6	2.8
新疆	180.9	19 943.9	87.0	123.8	88.8	14.2	72.8

续表

统计单位	面积（10^4 hm^2）	蓄积量（10^4 m^3）	CBM-C（Tg C）	MBM-C（Tg C）	MRM-C（Tg C）	CBM-belowground C（Tg C）	CBM-aboveground C（Tg C）
1989 ~ 1993 年							
全国	13 971.6	1 076 909.0	5 402.3	7 841.3	5 458.5	985.9	4 416.9
北京	18.5	487.5	3.3	8.9	2.8	0.7	2.6
天津	5.9	173.5	1.0	2.8	0.9	0.2	0.9
河北	191.8	5 714.3	37.1	100.0	31.0	7.6	29.5
山西	138.2	4 884.3	31.3	71.8	27.5	6.3	25.0
内蒙古	1 642.7	97 436.3	556.6	920.4	511.2	118.2	438.5
辽宁	340.3	14 715.7	86.9	177.5	82.9	16.3	70.6
吉林	787.5	82 410.6	432.2	401.1	475.9	80.3	351.9
黑龙江	2 002.7	146 361.0	789.6	1 100.8	805.3	156.2	633.4
上海	0.4	11.6	0.1	0.2	0.0	0.0	0.1
江苏	29.1	887.0	5.6	13.4	4.2	1.0	4.6
浙江	371.1	10 303.3	64.1	182.4	42.6	10.4	53.7
安徽	206.5	6 810.0	40.6	98.7	32.7	7.0	33.6
福建	585.0	34 988.6	184.2	258.5	173.0	34.5	149.7
江西	631.0	19 686.2	123.6	312.9	96.5	22.2	101.5
山东	81.1	1 636.8	10.7	37.8	8.5	2.0	8.7
河南	165.0	5 251.3	35.2	82.7	32.8	7.1	28.1
湖北	417.3	13 017.9	83.1	206.2	67.2	15.2	67.9
湖南	522.7	16 488.0	99.4	249.7	74.7	17.7	81.7
广东	665.1	17 684.4	115.9	327.8	86.8	19.2	96.7
广西	599.4	23 240.9	138.9	275.4	122.0	25.8	113.2
海南	76.5	6 205.5	32.9	40.1	33.8	5.6	27.2
四川	1 289.2	141 773.8	614.2	845.5	667.1	104.7	509.5
贵州	275.6	10 226.9	59.2	135.7	49.2	10.3	49.0
云南	1 072.9	120 068.0	590.9	598.4	644.4	109.8	481.1
西藏	894.9	222 968.2	887.2	822.4	993.6	136.6	750.6
陕西	542.7	30 369.7	179.1	292.0	183.2	36.2	142.9
甘肃	219.3	17 958.6	91.7	136.0	94.7	16.9	74.9
青海	31.3	3 227.1	15.2	21.7	15.4	2.7	12.5
宁夏	10.6	634.1	3.3	5.3	3.1	0.6	2.7
新疆	157.3	21 287.9	89.2	115.2	95.3	14.6	74.6
1994 ~ 1998 年							
全国	13 241.0	1 090 839.0	5 387.7	7 416.8	5 581.2	987.1	4 400.9
北京	20.7	685.8	4.2	9.8	3.9	0.9	3.3

续表

统计单位	面积（10^4 hm^2）	蓄积量（10^4 m^3）	CBM-C（Tg C）	MBM-C（Tg C）	MRM-C（Tg C）	CBM-belowground C（Tg C）	CBM-aboveground C（Tg C）
天津	4.3	160.3	0.9	2.1	0.9	0.2	0.7
河北	198.7	5 948.2	38.9	101.8	33.2	8.0	31.0
山西	147.1	5 644.0	35.0	77.4	32.0	7.0	28.0
内蒙古	1 390.3	98 163.5	542.2	782.2	523.4	115.5	426.7
辽宁	314.3	16 136.9	90.9	164.7	91.3	17.1	73.8
吉林	699.9	78 656.8	411.6	365.2	463.2	79.4	332.2
黑龙江	1 755.6	141 069.3	754.6	978.4	789.6	150.3	604.3
上海	0.4	23.9	0.1	0.2	0.1	0.0	0.1
江苏	21.7	865.8	4.8	9.9	3.9	0.9	4.0
浙江	344.8	11 122.0	64.3	169.7	44.5	10.3	54.0
安徽	233.9	8 295.8	48.0	114.3	39.2	8.2	39.8
福建	549.9	36 491.0	171.3	270.4	165.6	29.4	141.9
江西	690.7	22 308.4	136.4	343.5	104.4	24.0	112.4
山东	62.6	1 481.0	10.3	31.0	7.4	1.8	8.4
河南	149.8	5 258.5	32.8	82.0	31.6	6.4	26.4
湖北	399.0	13 223.8	82.7	197.0	67.4	14.6	68.2
湖南	558.8	19 890.5	114.1	266.1	87.8	20.2	93.9
广东	678.8	19 726.7	125.6	339.5	96.4	20.7	104.9
广西	630.8	27 699.9	156.3	292.9	140.0	28.3	128.0
海南	81.7	6 613.0	33.9	42.7	36.1	5.8	28.2
四川	1 197.7	144 621.7	616.8	784.3	688.8	105.9	510.9
贵州	302.0	14 050.2	76.1	149.6	67.5	13.2	62.9
云南	1 181.3	128 364.9	648.9	617.6	714.9	124.5	524.4
西藏	728.7	207 611.4	803.5	690.0	936.7	123.0	680.5
陕西	492.6	30 265.7	175.6	266.6	186.0	35.2	140.4
甘肃	192.2	17 201.8	86.2	119.2	91.9	15.9	70.3
青海	30.5	3 270.4	15.1	20.4	15.8	2.7	12.4
宁夏	10.2	585.3	3.1	5.4	2.9	0.6	2.5
新疆	172.0	25 402.0	103.5	122.9	114.8	17.1	86.4
1999～2003年							
全国	14 278.9	1 209 764.0	5 862.5	7 726.4	6 211.2	1 080.0	4 782.0
北京	23.4	840.7	5.0	11.8	4.7	1.0	4.0
天津	4.6	140.4	0.9	2.2	0.8	0.2	0.7
河北	206.5	6 509.9	40.7	102.1	35.9	8.3	32.3
山西	160.5	6 199.9	38.4	84.3	35.1	7.7	30.7

续表

统计单位	面积（10^4 hm^2）	蓄积量（10^4 m^3）	CBM-C（Tg C）	MBM-C（Tg C）	MRM-C（Tg C）	CBM-belowground C（Tg C）	CBM-aboveground C（Tg C）
内蒙古	1 608.2	110 153.2	616.2	893.3	589.8	132.4	483.8
辽宁	322.6	17 476.6	97.9	170.2	99.4	18.4	79.5
吉林	711.6	81 645.5	425.5	371.7	480.1	82.0	343.5
黑龙江	1 792.2	137 502.3	749.4	967.7	783.7	149.3	600.0
上海	0.6	33.2	0.2	0.3	0.1	0.0	0.1
江苏	44.4	2 285.3	11.7	18.6	10.6	2.2	9.5
浙江	361.5	11 535.9	66.2	177.9	46.9	10.9	55.3
安徽	245.5	10 371.9	54.5	120.4	47.0	9.3	45.3
福建	563.9	44 357.4	195.5	276.0	199.1	33.8	161.7
江西	727.8	32 505.2	169.0	361.2	146.0	29.7	139.2
山东	83.0	3 201.7	18.5	38.9	16.3	3.4	15.1
河南	197.7	8 404.6	49.0	104.2	48.7	9.5	39.5
湖北	416.0	15 406.6	89.7	206.2	76.4	15.6	74.0
湖南	609.1	26 534.5	135.6	289.9	114.2	24.0	111.6
广东	660.6	28 365.6	152.6	332.0	137.1	25.3	127.3
广西	747.5	36 477.3	189.3	350.8	177.3	34.0	155.3
海南	89.2	7 195.2	36.7	46.5	39.1	6.2	30.5
四川	1 256.8	157 984.4	671.7	807.8	759.3	116.7	555.0
贵州	344.3	17 795.7	90.0	169.7	82.9	15.7	74.3
云南	1 356.6	139 929.2	698.7	689.4	776.8	130.1	568.6
西藏	844.5	226 606.4	866.2	588.8	1 077.4	141.6	724.6
陕西	508.6	30 775.8	177.1	274.6	187.6	35.3	141.8
甘肃	192.1	17 504.3	87.2	119.3	92.9	16.0	71.2
青海	34.2	3 592.6	16.6	21.9	17.5	3.0	13.5
宁夏	9.2	392.9	2.4	5.1	2.0	0.4	2.0
新疆	156.2	28 039.7	110.1	123.6	126.5	18.0	92.1
2004～2008 年							
全国	15 558.9	1 336 260.0	6 427.4	8 448.8	6 882.3	1 170.9	5 256.2
北京	35.6	1 038.6	6.4	17.4	5.8	1.3	5.1
天津	5.5	198.9	1.2	2.5	1.0	0.2	0.9
河北	288.2	8 374.1	54.3	149.9	46.0	11.0	43.3
山西	172.4	7 643.7	45.4	91.7	43.0	9.0	36.4
内蒙古	1 681.3	117 720.5	652.8	926.3	629.7	139.6	513.3
辽宁	361.3	20 226.9	113.3	189.8	114.9	21.4	91.9
吉林	726.7	84 412.3	433.4	383.9	492.0	81.9	351.5

续表

统计单位	面积（10^4 hm^2）	蓄积量（10^4 m^3）	CBM-C（Tg C）	MBM-C（Tg C）	MRM-C（Tg C）	CBM-belowground C（Tg C）	CBM-aboveground C（Tg C）
黑龙江	1 912.6	152 105.0	815.5	1 017.4	859.3	159.2	656.4
上海	3.4	101.0	0.6	1.9	0.5	0.1	0.5
江苏	74.4	3 501.8	18.4	33.1	16.2	3.4	15.0
浙江	393.6	17 223.1	88.4	195.9	77.9	15.0	73.4
安徽	270.8	13 755.4	68.7	133.2	63.6	12.0	56.7
福建	566.1	48 436.3	218.3	281.3	234.7	37.6	180.7
江西	768.1	39 529.6	203.1	382.5	190.1	35.1	168.0
山东	156.1	6 338.5	35.3	72.2	30.1	6.5	28.9
河南	283.4	12 936.1	72.3	142.5	71.2	13.9	58.4
湖北	507.8	20 942.5	115.9	259.9	103.8	20.0	95.9
湖南	726.5	34 906.7	168.8	355.5	154.6	29.6	139.2
广东	678.8	30 183.4	159.3	357.0	151.3	26.5	132.8
广西	806.7	46 875.2	225.9	411.1	226.6	38.7	187.2
海南	84.2	7 274.2	37.2	44.8	39.9	6.3	30.8
四川	1 347.3	170 904.2	719.4	841.7	822.7	124.5	594.8
贵州	398.1	24 008.0	113.5	198.0	110.8	19.4	94.1
云南	1 472.7	155 380.1	747.8	787.7	838.4	133.4	614.4
西藏	841.1	224 550.9	884.7	578.0	1 092.2	146.7	738.0
陕西	567.0	33 820.5	192.8	304.1	205.0	38.0	154.8
甘肃	213.4	19 363.8	96.1	131.1	103.2	17.5	78.5
青海	35.5	3 915.6	17.9	22.8	19.1	3.3	14.6
宁夏	11.1	492.1	2.9	6.1	2.5	0.5	2.3
新疆	169.2	30 100.5	117.8	129.5	136.2	19.3	98.4

注：统计单位不包含台湾、香港、澳门特别行政区，其中重庆市与四川省为一个整体，且海南省是 1984 ～ 2008 年数据，林分郁闭度定义为 0.2

CBM-C. 基于连续生物量转换因子法计算的碳储量；MBM-C. 基于平均生物量密度法计算的碳储量；MRM-C. 基于平均生物量转换因子法计算的碳储量；CBM-belowground C. 基于连续生物量转换因子法计算的地下生物量；CBM-aboveground C. 基于连续生物量转换因子法计算的地上生物量。方法介绍详见第 2 章

附表 2　主要森林类型面积、蓄积量和生物量碳储量

调查期	森林类型	面积（10^4 hm^2）	蓄积量（10^4 m^3）	CBM-C（Tg C）	MBM-C（Tg C）	MRM-C（Tg C）	CBM-belowground C（Tg C）	CBM-aboveground C（Tg C）
1977～1981 年	北部森林	2 174.4	351 238.2	1 462.7	1 780.5	1 551.7	231.3	1 231.5
	温带针叶林	837.2	67 800.6	284.2	396.4	315.4	50.3	233.9
	温带落叶林	2 424.8	135 419.6	870.5	1 362.1	906.9	195.5	675
	温带 / 亚热带混交林	3 697.3	163 807.3	815.7	1 779.4	682.7	126.2	689.6
	常绿阔叶林	3 216.6	238 277.3	1 284.2	1 624.7	1 316	225.3	1 058.9
1984～1988 年	北部森林	2 195.9	355 006.6	1 480.9	1 835.1	1 568.1	233.3	1 247.6
	温带针叶林	1 054.9	76 487.1	319.1	498.4	350.4	58	261.1
	温带落叶林	3 793.5	221 072	1 400.1	2 060.1	1 439.7	315.3	1 084.8
	温带 / 亚热带混交林	3 459.3	133 853.4	702.6	1 654.8	545.2	111.5	591.1
	常绿阔叶林	2 665.6	182 425.8	982	1 342.9	1 000.7	171.1	810.9
1989～1993 年	北部森林	2 349.9	406 171.3	1 682.9	2 010.9	1 793.1	263	1 419.9
	温带针叶林	1 113.8	92 527	385.8	535.3	422.4	69.2	316.6
	温带落叶林	4 128.8	245 017.9	1 539.3	2 248.7	1 592.9	347.1	1 192.2
	温带 / 亚热带混交林	4 157.7	166 960.1	901.1	1 920.5	731.9	150.3	750.8
	常绿阔叶林	2 221.3	166 232.6	893.2	1 125.7	918.2	156.3	736.9
1994～1998 年	北部森林	2 131.4	403 050.8	1 636.6	1 836.9	1 800.9	255.9	1 380.7
	温带针叶林	1 025.2	77 220.6	334.8	493.5	360.1	61.2	273.6
	温带落叶林	3 693.5	259 699.3	1 566.3	2 013.3	1 696	353	1 213.3
	温带 / 亚热带混交林	4 239.4	192 558	1 016.4	1 974.2	840.8	171	845.5
	常绿阔叶林	2 151	158 309.5	833.8	1 099	883.5	145.8	688
1999～2003 年	北部森林	1 826.2	315 140.5	1 263.3	1 505.3	1 408.6	199.8	1 063.6
	温带针叶林	1 144	99 790.5	409.7	547.6	465.7	74.6	335.1
	温带落叶林	3 824.2	272 123.2	1 625.5	2 068.3	1 758.5	366.6	1 258.9
	温带 / 亚热带混交林	4 528.4	271 150.9	1 255.8	2 094.9	1 173.2	210.7	1 045.1
	常绿阔叶林	2 955.9	251 558.6	1 308.2	1 510.3	1 405.3	228.6	1 079.5
2004～2008 年	北部森林	1 805.2	309 243.3	1 241.9	1 476.7	1 382.4	196.8	1 045.1
	温带针叶林	1 572.9	131 312.9	551.7	785.7	606.8	98.4	453.4
	温带落叶林	3 820.4	265 494.6	1 576.9	2 027	1 682.9	352.8	1 224.1
	温带 / 亚热带混交林	3 854.8	265 731	1 155.5	1 845.1	1 174.4	191.4	964.1
	常绿阔叶林	4 505.7	364 477.7	1 901	2 314.6	2 035.7	331.5	1 569.5

CBM-C. 基于连续生物量转换因子法计算的碳储量；MBM-C. 基于平均生物量密度法计算的碳储量；MRM-C. 基于平均生物量转换因子法计算的碳储量；CBM-belowground C. 基于连续生物量转换因子法计算的地下生物量；CBM-aboveground C. 基于连续生物量转换因子法计算的地上生物量。方法介绍详见第 2 章

附表3 中国不同土壤类型0～30 cm和0～100 cm土壤有机碳密度、碳储量及土壤有机碳密度方程参数

土壤类型	生物群系	*a*	*b*	*n*	R^2	面积（10^4 km^2）	土壤有机碳密度			土壤有机碳储量（Pg C）	
							0～30 cm（kg C/m^2）	0～100 cm（kg C/m^2）	比重	0～30 cm	0～100 cm
砖红壤	森林	0.1349	–0.0077	71	0.18	3.93	3.6	9.4	0.38	0.14	0.37
赤红壤		0.1936	–0.0139	95	0.50	18.10	4.7	10.5	0.45	0.85	1.90
红壤		0.1477	–0.0144	390	0.45	57.73	3.6	7.8	0.46	2.08	4.50
黄壤		0.2321	–0.0168	114	0.42	23.85	5.5	11.2	0.49	1.31	2.67
黄棕壤		0.1861	–0.0169	114	0.43	18.38	4.4	9.0	0.49	0.81	1.65
棕壤		0.1515	–0.0162	293	0.41	20.15	3.6	7.5	0.48	0.72	1.51
暗棕壤		0.2807	–0.0188	209	0.43	40.19	6.4	12.7	0.50	2.57	5.10
棕色针叶林土		0.4395	–0.0146	28	0.19	11.65	10.7	23.2	0.46	1.25	2.70
灰色森林土		0.1984	–0.0171	25	0.47	3.15	4.7	9.5	0.49	0.15	0.30
黑钙土	草原	0.1856	–0.0116	298	0.27	13.21	4.8	11.3	0.43	0.63	1.49
栗钙土		0.1605	–0.0104	178	0.31	37.49	4.1	9.9	0.41	1.54	3.71
棕钙土		0.0601	–0.0096	157	0.20	26.50	1.6	3.9	0.41	0.42	1.03
灰钙土		0.0628	–0.0076	105	0.28	5.37	1.7	4.4	0.39	0.09	0.24
冷钙土		0.1663	–0.0136	48	0.29	11.30	4.1	9.1	0.45	0.46	1.03
冷棕钙土		0.1394	–0.0126	57	0.31	0.96	3.5	7.9	0.44	0.03	0.08
寒钙土		0.0995	–0.0176	201	0.32	68.82	2.3	4.7	0.49	1.58	3.23
山地草甸土	草甸	0.4342	–0.0176	57	0.47	4.21	10.1	20.5	0.49	0.43	0.86
草毡土		0.3829	–0.0253	221	0.37	53.51	8.0	13.9	0.58	4.28	7.44
黑毡土		0.3864	–0.0268	163	0.52	19.43	8.0	13.4	0.60	1.55	2.60
草甸土		0.2101	–0.0149	290	0.38	25.07	5.1	10.9	0.47	1.28	2.73
林灌草甸土		0.1382	–0.0184	11	0.88	2.48	3.2	6.3	0.51	0.08	0.16
灰漠土	荒漠	0.0737	–0.0110	47	0.40	4.59	1.9	4.5	0.42	0.09	0.21
灰棕漠土		0.0328	–0.0027	53	0.10	30.72	0.9	2.9	0.31	0.28	0.89
棕漠土		0.0201	–0.0053	38	0.15	24.29	0.6	1.6	0.38	0.15	0.39
寒漠土		0.0334	–0.0028	39	0.22	14.18	1.0	3.0	0.30	0.14	0.43
寒冻土		0.1279	–0.0535	13	0.48	30.63	1.9	2.4	0.58	0.74	0.79

续表

土壤类型	生物群系	a	b	n	R^2	面积（10^4 km^2）	土壤有机碳密度 0～30 cm（kg C/m^2）	土壤有机碳密度 0～100 cm（kg C/m^2）	比重	土壤有机碳储量（Pg C）0～30 cm	土壤有机碳储量（Pg C）0～100 cm
水稻土	农田	0.1833	–0.0147	1787	0.37	30.56	4.4	9.6	0.46	1.34	2.93
灌淤土		0.1100	–0.0059	93	0.23	1.53	3.0	8.3	0.36	0.05	0.13
灌漠土		0.1464	–0.0102	89	0.45	0.92	3.8	9.2	0.41	0.03	0.08
白浆土		0.2096	–0.0182	75	0.58	5.27	4.9	9.7	0.51	0.26	0.51
灰褐土		0.2574	–0.0149	68	0.46	6.18	6.2	13.4	0.46	0.38	0.83
黑土		0.2235	–0.0118	129	0.40	7.35	5.7	13.1	0.44	0.42	0.96
黑垆土		0.1094	–0.0046	77	0.42	2.55	3.1	8.8	0.35	0.08	0.22
石灰（岩）土		0.2334	–0.0162	134	0.48	10.78	5.5	11.6	0.47	0.59	1.25
黄褐土		0.0936	–0.0114	79	0.62	3.81	2.4	5.6	0.43	0.09	0.21
燥红土		0.1234	–0.0178	45	0.38	0.70	2.9	5.8	0.50	0.02	0.04
褐土		0.0821	–0.0712	464	0.27	25.16	2.2	5.9	0.37	0.55	1.48
栗褐土		0.0725	–0.0053	54	0.23	4.82	2.0	5.6	0.36	0.10	0.27
黄绵土		0.0635	–0.0060	113	0.20	12.28	1.7	4.8	0.35	0.21	0.59
红黏土		0.0880	–0.0117	62	0.47	1.84	2.2	5.2	0.42	0.04	0.10
新积土		0.0719	–0.0087	151	0.14	4.97	1.9	4.8	0.40	0.09	0.24
紫色土		0.0998	–0.0115	240	0.36	18.89	2.5	5.9	0.42	0.47	1.11
潮土		0.0830	–0.0082	762	0.19	25.66	2.2	5.7	0.39	0.56	1.46
砂姜黑土		0.1045	–0.0113	80	0.43	3.76	2.7	6.3	0.43	0.10	0.24
盐土	其他	0.0840	–0.0075	219	0.11	16.14	2.3	5.9	0.39	0.37	0.95
碱土		0.0716	–0.0991	70	0.17	0.87	1.9	4.6	0.41	0.02	0.04
泥炭土		0.7706	–0.0063	17	0.12	1.48	21.1	57.2	0.37	0.31	0.85
沼泽土		0.4496	–0.0133	117	0.21	12.61	11.1	24.8	0.45	1.40	3.13
风沙土		0.0360	–0.0091	115	0.16	67.53	0.9	2.4	0.38	0.61	1.62
粗骨土		0.0906	–0.0192	107	0.22	26.10	2.1	4.0	0.53	0.55	1.04
石质土		0.2230	–0.0523	25	0.25	18.72	3.4	4.2	0.81	0.64	0.79
总体						880.37	3.7	7.8	0.48	32.93	69.08

注：SOCD与土壤深度（h）的回归关系：$SOCD_h = a \times \exp^{b \times h}$，式中，$a$和$b$为每种土壤类型的系数

附表 4　189 个森林样地的地点、类型、林龄、优势种，以及地上生物量、土壤、植物残体碳密度参数表

样地		省（区、市）	北纬（°）	东经（°）	海拔（m）	森林		年龄（a）	优势种	碳密度（Mg C/hm^2）						
编号	地点					起源	类型			地上生物量	土壤	细木质残体	倒木	枯立木	粗木质残体	凋落物
1	漠河	黑龙江	52.82	123.24	586	原始林	针叶林	91	*Larix gmelinii*	76.5	90.5	0.13	1.56	0.14	1.70	5.44
2	呼中		51.78	123.02	800	原始林	针叶林	100	*Larix gmelinii*	48.6	54.8	0.08	1.02	0.27	1.30	4.40
3	五营		48.12	129.19	380	原始林	混交林	191	*Pinus koraiensis*, *Tilia amurensis*	125.8	89.1	0.18	3.75	1.92	5.67	5.29
4			48.1	129.24	288	人工林	针叶林	45	*Larix gmelinii*	64.9	73.3	0.08	1.33	1.34	2.66	4.73
5			48.08	129.26	368	人工林	针叶林	36	*Larix gmelinii*	47.4	57.1	0.07	0.96	1.23	2.20	4.88
6			48.03	129.26	370	人工林	针叶林	15	*Larix gmelinii*	13.0	70.9	0.06	0.25	0.33	0.59	5.34
7			48.03	129.26	408	人工林	针叶林	52	*Pinus koraiensis*	69.7	62.2	0.11	1.07	1.67	2.75	4.70
8	建兴村		47.67	128.07	357	次生林	落叶阔叶林	48	*Betula platyphylla*, *Tilia amurensis*	30.5	61.4	0.11	0.70	1.21	1.91	4.48
9	凉水		47.18	128.89	410	原始林	混交林	300	*Pinus koraiensis*, *Tilia amurensis*	115.1	117.3	0.15	1.98	2.71	4.69	4.04
10	庆安县		46.85	127.46	185	人工林	落叶阔叶林	15	*Populus cathayana*	34.1	58.5	0.09	0.94	0.51	1.44	4.51
11	青山		46.5	131.18	275	原始林	混交林	59	*Larix gmelinii*, *Betula dahurica*	57.6	68.6	0.08	1.38	1.02	2.41	5.11
12			46.47	131.11	254	原始林	落叶阔叶林	85	*Betula platyphylla*, *Tilia amurensis*	64.7	97.6	0.06	1.47	1.12	2.59	3.31

续表

样地		省	北纬	东经	海拔	森林		年龄	优势种	碳密度（Mg C/hm^2）						
编号	地点	（区、市）	（°）	（°）	（m）	起源	类型	（a）		地上生物量	土壤	细木质残体	倒木	枯立木	粗木质残体	凋落物
13	四块石	黑龙江	46.49	129.5	141	人工林	混交林	26	*Larix gmelinii, Tilia mandshurica*	36.7	68.2	0.05	0.61	0.50	1.11	6.83
14			46.48	129.51	155	人工林	落叶阔叶林	22	*Populus girinensis*	55.7	87.0	0.10	0.81	0.47	1.28	2.83
15	肇州县		45.92	125.52	195	人工林	落叶阔叶林	33	*Populus cathayana*	45.8	66.0	0.08	0.68	1.61	2.29	2.73
16	宾县		45.7	127.51	230	人工林	混交林	27	*Larix gmelinii, Populus girinensis*	46.2	73.7	0.05	0.63	0.68	1.31	3.66
17			45.58	127.5	290	次生林	落叶阔叶林	31	*Tilia mandshurica, Acer mono*	32.0	104.6	0.09	0.59	1.12	1.71	1.88
18	帽儿山		45.38	127.6	351	次生林	落叶阔叶林	54	*Fraxinus mandschurica, Acer mono*	59.3	126.7	0.15	1.53	0.97	2.50	4.07
19	林口县		45.18	130.29	377	人工林	针叶林	40	*Pinus sylvestris*	62.2	64.2	0.06	0.82	0.93	1.75	4.54
20			44.78	130.05	382	次生林	混交林	41	*Tilia amurensis, Pinus sylvestris*	50.4	56.6	0.11	1.13	0.88	2.01	4.83
21	佛手山		44.78	129.24	628	次生林	混交林	63	*Abies nephrolepis, Acer mono*	60.8	54.4	0.09	2.14	1.46	3.60	3.54
22	海林		44.65	129.39	390	人工林	针叶林	40	*Pinus koraiensis*	66.3	51.2	0.05	1.08	0.63	1.71	3.75
23	榆树	吉林	44.81	126.8	196	人工林	针叶林	37	*Pinus sylvestris*	63.6	82.0	0.05	1.11	0.60	1.71	4.57
24	长岭县		44.28	123.92	195	人工林	落叶阔叶林	17	*Populus cathayana*	27.5	79.3	0.05	0.52	0.70	1.22	3.39
25	天岗镇		43.88	126.92	308	人工林	针叶林	32	*Larix olgensis*	33.8	47.1	0.07	0.79	0.69	1.48	4.16
26	新开岭		43.36	127.98	629	人工林	针叶林	41	*Larix olgensis*	39.5	91.3	0.08	0.83	0.57	1.40	4.42
27	柞木台子		43.2	128.08	548	次生林	混交林	40	*Pinus koraiensis, Quercus mongolica*	53.6	62.5	0.08	1.47	0.86	2.33	4.44

续表

样地		省（区、市）	北纬（°）	东经（°）	海拔（m）	森林		年龄（a）	优势种	碳密度（Mg C/hm^2）						
编号	地点					起源	类型			地上生物量	土壤	细木质残体	倒木	枯立木	粗木质残体	凋落物
28	朝阳山	吉林	43.05	125.76	387	次生林	落叶阔叶林	57	*Quercus mongolica*, *Betula platyphylla*	29.7	58.3	0.07	0.91	1.22	2.13	4.03
29	松江中心		42.81	127.91	605	原始林	落叶阔叶林	95	*Quercus mongolica*, *Tilia mandshurica*	123.0	77.6	0.20	2.15	2.00	4.15	4.88
30	辉南县		42.65	126.2	358	次生林	混交林	50	*Pinus sylvestris*, *Quercus mongolica*	46.0	58.0	0.18	1.19	0.72	1.92	5.76
31	抚民镇		42.47	126.48	453	人工林	落叶阔叶林	39	*Fraxinus mandschurica*	34.7	52.7	0.06	0.78	1.04	1.82	3.25
32	长白山		42.41	128.48	509	原始林	混交林	200	*Pinus koraiensis*, *Tilia mandshurica*	70.7	76.0	0.12	1.01	1.30	2.31	3.34
33			42.16	128.15	1205	原始林	针叶林	200	*Picea koyamai*, *Abies nephrolepis*	41.6	66.7	0.11	1.17	1.06	2.24	4.33
34			42.06	128.06	1694	原始林	落叶阔叶林	120	*Betula ermanii*	92.7	65.4	0.14	1.85	1.72	3.56	3.14
35	松江河镇		42.2	127.51	759	次生林	混交林	58	*Pinus koraiensis*, *Quercus mongolica*	43.3	70.1	0.18	0.57	0.37	0.93	3.30
36	抚松县		41.91	127.63	840	原始林	落叶阔叶林	128	*Alnus japonica*, *Betula platyphylla*	126.6	73.4	0.16	2.51	2.42	4.93	4.33
37	宽甸县	辽宁	43.6	124.8	197	人工林	针叶林	29	*Larix olgensis*	20.3	49.8	0.05	0.45	0.93	1.38	4.78
38	宝力镇		42.86	123.81	128	人工林	落叶阔叶林	34	*Robinia pseudoacacia*	34.7	47.3	0.13	0.40	0.64	1.04	2.91
39	法库县		42.54	123.42	123	人工林	针叶林	40	*Pinus tabuliformis*	19.4	78.6	0.09	0.26	0.72	0.99	3.80
40	清原县		42.19	125.05	357	人工林	针叶林	16	*Larix olgensis*	22.3	90.3	0.07	0.54	0.21	0.75	4.24
41	柳河镇		41.87	122.78	30	人工林	落叶阔叶林	28	*Populus cathayana*	37.1	62.8	0.10	0.39	0.88	1.27	2.85

续表

样地		省（区、市）	北纬（°）	东经（°）	海拔（m）	森林		年龄（a）	优势种	碳密度（Mg C/hm^2）						
编号	地点					起源	类型			地上生物量	土壤	细木质残体	倒木	枯立木	粗木质残体	凋落物
42	三块石	辽宁	41.67	124.35	753	次生林	落叶阔叶林	80	*Quercus mongolica*, *Betula costata*	49.2	61.5	0.11	1.58	0.90	2.47	4.95
43	桓仁县		41.27	125.41	405	人工林	针叶林	8	*Larix olgensis*	4.8	48.0	0.04	0.00	0.00	0.00	3.00
44			41.27	125.41	434	次生林	针叶林	43	*Pinus sylvestris*, *Larix olgensis*	59.3	43.3	0.10	1.48	1.10	2.59	4.74
45	岫岩县		40.24	123.27	108	人工林	落叶阔叶林	24	*Robinia pseudoacacia*	31.6	30.4	0.08	0.54	0.35	0.89	2.69
46	丹东		40.15	124.33	122	次生林	混交林	71	*Larix olgensis*, *Quercus mongolica*	68.9	95.0	0.16	1.22	1.07	2.29	2.03
47	根河	内蒙古	50.94	121.5	825	原始林	针叶林	300	*Larix gmelinii*	57.3	57.1	0.15	1.85	1.41	3.26	4.60
48	塞罕坝	河北	42.4	117.25	1502	人工林	针叶林	52	*Larix principis-rupprechtii*	53.7	107.0	0.06	0.93	0.83	1.76	5.33
49			42.39	117.24	1488	人工林	针叶林	32	*Larix principis-rupprechtii*	22.0	110.9	0.07	0.50	0.33	0.83	5.18
50			42.39	117.37	1665	人工林	针叶林	6	*Larix principis-rupprechtii*	1.5	110.4	0.00	0.00	0.00	0.00	2.17
51			42.39	117.23	1480	人工林	针叶林	17	*Larix principis-rupprechtii*	7.7	104.0	0.06	0.00	0.00	0.00	4.89
52	隆化县		41.55	118.13	782	次生林	混交林	16	*Pinus tabuliformis*, *Betula dahurica*	17.7	61.4	0.04	0.29	0.64	0.93	3.33
53	海坨山		40.58	115.77	1287	次生林	落叶阔叶林	28	*Betula platyphylla*	10.9	63.6	0.06	0.54	1.09	1.63	3.46
54			40.57	115.77	1353	次生林	落叶阔叶林	32	*Betula platyphylla*	34.9	79.5	0.07	1.06	0.96	2.02	3.19
55	雾灵山		40.54	117.45	1516	原始林	针叶林	107	*Larix principis-rupprechtii*	82.9	73.1	0.19	0.16	1.15	1.31	4.76
56	兴隆县		40.39	117.46	660	次生林	针叶林	26	*Pinus tabuliformis*	32.1	46.5	0.14	0.89	0.39	1.28	5.23
57			40.31	117.57	1035	次生林	混交林	41	*Quercus wutaishanica*, *Pinus tabuliformis*	47.0	89.8	0.13	1.30	1.03	2.33	4.99

续表

样地		省（区、市）	北纬（°）	东经（°）	海拔（m）	森林		年龄（a）	优势种	碳密度（Mg C/hm^2）						
编号	地点					起源	类型			地上生物量	土壤	细木质残体	倒木	枯立木	粗木质残体	凋落物
58	小五台山	河北	39.99	115.02	1580	原始林	混交林	68	*Betula platyphylla, Larix principis-rupprechtii*	75.4	71.6	0.14	1.63	1.74	3.37	4.14
59			39.99	115.02	1645	原始林	落叶阔叶林	82	*Betula platyphylla*	89.5	69.0	0.15	1.95	1.95	3.91	5.88
60	东灵山	北京	39.96	115.43	1150	次生林	落叶阔叶林	75	*Quercus liaotungensis*	72.5	151.2	0.11	0.54	2.80	3.34	2.51
61			39.95	115.43	1350	次生林	落叶阔叶林	75	*Betula utilis, Populus alba*	53.3	134.4	0.11	2.05	3.60	5.65	5.10
62	五寨县	山西	39	111.95	2165	人工林	针叶林	29	*Larix principis-rupprechtii*	38.3	124.9	0.09	0.81	1.59	2.40	3.78
63	石千峰		37.93	112.34	1580	人工林	针叶林	54	*Pinus tabuliformis*	40.4	76.5	0.07	0.00	0.69	0.69	3.74
64	交城县		37.88	111.45	1820	人工林	混交林	20	*Larix principis-rupprechtii*	45.4	59.1	0.09	0.68	0.71	1.39	4.18
65			37.86	111.46	1778	次生林	落叶阔叶林	48	*Quercus serrata*	83.4	95.6	0.15	1.01	1.41	2.42	2.28
66	古交		37.81	112.25	1330	人工林	落叶阔叶林	31	*Populus tomentosa*	82.5	57.0	0.12	2.02	1.36	3.38	2.34
67	陵川县		35.9	113.32	1415	次生林	落叶阔叶林	33	*Robinia pseudoacacia*	57.0	46.7	0.15	0.65	1.07	1.72	1.45
68			35.9	113.38	1458	人工林	针叶林	34	*Pinus tabuliformis*	40.0	47.5	0.12	0.44	1.01	1.44	2.77
69	垣曲县		35.35	111.03	1190	原始林	落叶阔叶林	61	*Quercus acutissima, Q. aliena*	146.7	50.3	0.17	1.45	1.69	3.13	1.81
70	夏县		35.11	111.44	944	人工林	针叶林	39	*Pinus tabuliformis*	50.8	31.9	0.12	1.38	0.96	2.35	2.68
71	阿勒泰地区	新疆	48	88.34	2010	原始林	针叶林	209	*Larix sibirica*	76.7	132.4	0.40	5.90	2.25	8.15	5.59
72			47.99	88.26	1165	次生林	混交林	37	*Abies sibirica*	44.0	93.5	0.07	1.88	1.87	3.74	5.81
73			47.97	88.19	1267	原始林	落叶阔叶林	57	*Populus tremula*	83.4	127.8	0.12	1.63	1.94	3.57	3.96
74	克勒根特		46.89	86.37	1269	次生林	落叶阔叶林	29	*Betula platyphylla*	32.6	91.8	0.08	1.07	1.14	2.20	4.76
75	塔城		44.5	81.26	1247	次生林	落叶阔叶林	38	*Betula platyphylla*	24.5	125.2	0.08	0.53	0.59	1.12	4.68
76	赛里木湖		44.49	81.26	2378	原始林	针叶林	144	*Picea schrenkiana*	29.8	48.9	0.23	3.17	1.36	4.52	6.24

续表

样地		省（区、市）	北纬（°）	东经（°）	海拔（m）	森林		年龄（a）	优势种	碳密度（Mg C/hm^2）						
编号	地点					起源	类型			地上生物量	土壤	细木质残体	倒木	枯立木	粗木质残体	凋落物
77	桦木沟	新疆	44.41	81.03	1457	次生林	混交林	46	*Picea schrenkiana, Betula platyphylla*	45.0	107.3	0.98	1.20	1.53	2.73	3.74
78	白杨沟		43.94	88.12	1461	次生林	落叶阔叶林	49	*Populus tomentosa*	78.8	78.4	0.10	1.50	3.00	4.50	3.64
79	天池		43.89	88.13	1911	原始林	针叶林	182	*Picea schrenkiana*	96.8	80.5	0.17	1.22	1.84	3.06	5.51
80	天山		43.65	84.32	2246	原始林	针叶林	148	*Picea schrenkiana*	50.9	61.7	0.08	0.99	0.68	1.67	3.65
81	昭苏县		43.49	81.12	2394	次生林	针叶林	47	*Abies sibirica*	33.5	101.8	0.07	0.23	0.00	0.23	3.50
82	伊犁		43.39	83.59	1335	次生林	落叶阔叶林	18	*Malus* spp., *Armeniaca* spp.	22.8	84.1	0.06	0.66	1.29	1.94	4.83
83	巩留县		43.34	82.27	1394	人工林	混交林	23	*Populus alba, Ulmus laevis*	63.4	135.4	0.10	1.37	2.38	3.75	3.83
84	太白山	陕西	34.08	107.7	1200	原始林	落叶阔叶林	80	*Quercus variabilis*	112.6	68.1	0.11	2.19	1.04	3.23	1.40
85			34.07	107.69	1700	原始林	落叶阔叶林	60	*Quercus aliena*	71.7	61.6	0.06	0.74	0.82	1.56	2.36
86			34.05	107.7	2150	原始林	落叶阔叶林	80	*Quercus liaotungensis*	42.9	97.4	0.09	1.38	1.58	2.97	3.31
87	峡山	山东	37.26	121.74	103	原始林	针叶林	81	*Sabina chinensis*	84.0	35.1	0.12	2.14	1.85	3.99	2.87
88	荣成		37.26	122.46	245	次生林	混交林	44	*Pinus tabuliformis, Robinia pseudoacacia*	42.1	40.0	0.11	1.39	0.92	2.31	2.88
89	昆嵛山		37.26	122.45	230	原始林	针叶林	65	*Sabina chinensis*	76.9	41.3	0.13	1.39	1.85	3.24	2.72
90	招虎山		36.85	121.23	112	人工林	针叶林	30	*Pinus tabuliformis*	40.8	37.2	0.05	0.64	0.62	1.25	2.39
91	安丘		36.37	119.37	48	人工林	落叶阔叶林	36	*Populus tomentosa*	50.6	57.6	0.08	0.96	0.99	1.94	3.85
92	鲁山		36.31	118.05	939	次生林	落叶阔叶林	43	*Robinia pseudoacacia*	39.3	84.3	0.09	0.89	0.56	1.45	4.75
93			36.3	118.06	927	人工林	针叶林	36	*Pinus tabuliformis*	47.2	51.8	0.11	0.87	1.00	1.87	3.33
94	柘山		36.3	119.04	125	人工林	落叶阔叶林	32	*Populus tomentosa, Robinia pseudoacacia*	33.6	23.7	0.07	0.55	1.29	1.84	3.32

续表

样地		省（区、市）	北纬（°）	东经（°）	海拔（m）	森林		年龄（a）	优势种	碳密度（Mg C/hm^2）						
编号	地点					起源	类型			地上生物量	土壤	细木质残体	倒木	枯立木	粗木质残体	凋落物
95	崂山	山东	36.21	120.6	375	人工林	针叶林	52	*Pinus tabuliformis*	62.6	68.8	0.11	0.34	0.00	0.34	3.43
96			36.21	120.59	353	人工林	针叶林	44	*Pinus thunbergii*	61.7	26.9	0.15	0.53	0.60	1.13	1.85
97	沂山		36.2	118.64	803	人工林	针叶林	52	*Pinus tabuliformis*	52.9	21.7	0.15	1.37	0.41	1.79	4.05
98	费县		35.56	117.97	386	次生林	混交林	56	*Pinus tabuliformis, Quercus mongolica*	22.7	26.1	0.08	0.45	0.65	1.10	2.81
99	蒙山		35.56	117.97	438	原始林	混交林	52	*Quercus mongolica*	76.6	59.2	0.13	2.03	2.01	4.05	4.93
100	牯牛降	安徽	30.03	117.36	375	原始林	常绿阔叶林	300	*Castanopsis eyrei, C. sclerophylla*	40.5	107.3	0.20	1.72	0.82	2.54	3.39
101	天童山	浙江	29.81	121.79	150	原始林	常绿阔叶林	120	*Schima superba, Castanopsis fargesii*	94.5	69.2	0.14	1.81	2.11	3.93	2.69
102	古田山		29.24	118.1	302	次生林	常绿阔叶林	69	*Castanopsis tibetana, Castanopsis sclerophylla*	78.8	40.3	0.26	2.21	2.09	4.30	0.62
103	兰溪		29.22	119.52	103	次生林	常绿阔叶林	56	*Cyclobalanopsis glauca, Castanopsis sclerophylla*	58.9	49.0	0.19	1.62	2.19	3.82	0.92
104	缙云县		28.64	119.97	687	人工林	针叶林	27	*Cunninghamia lanceolata*	73.8	62.8	0.05	1.58	1.14	2.72	1.53
105	岩樟		28.21	119	613	次生林	常绿阔叶林	82	*Schima superba, Castanopsis sclerophylla*	71.4	64.9	0.18	1.71	1.43	3.14	1.70
106	云居山	江西	29.1	115.57	739	原始林	落叶阔叶林	52	*Fagus longipetiolata, Cyclobalanopsis sessilifolia*	46.6	48.5	0.23	1.22	1.41	2.62	3.71
107			29.09	115.57	767	原始林	落叶阔叶林	91	*Fagus lucida, Stewartia sinensis*	80.7	44.1	0.20	2.17	1.68	3.85	2.26

续表

样地		省	北纬	东经	海拔	森林		年龄	优势种	碳密度（Mg C/hm^2）						
编号	地点	（区、市）	（°）	（°）	（m）	起源	类型	（a）		地上生物量	土壤	细木质残体	倒木	枯立木	粗木质残体	凋落物
108	三清山	江西	29.05	118.02	125	原始林	常绿阔叶林	126	*Castanopsis sclerophylla, Phoebe chekiangensis*	175.5	74.0	0.31	3.27	2.63	5.90	1.83
109			28.93	118.06	994	原始林	落叶阔叶林	84	*Fagus lucida, Castanopsis eyrei*	72.6	73.7	0.28	1.66	2.18	3.84	2.60
110	梅岭		28.83	115.7	281	人工林	针叶林	33	*Cunninghamia lanceolata*	66.1	39.9	0.12	1.57	1.21	2.79	1.98
111			28.75	115.74	124	次生林	常绿阔叶林	68	*Castanopsis sclerophylla*	101.7	56.2	0.26	2.57	2.23	4.81	1.76
112	斋堂山		28.75	117	82	次生林	常绿阔叶林	45	*Castanopsis eyrei, Castanopsis faberi*	83.7	48.7	0.18	2.15	1.72	3.86	2.31
113	上高县		28.24	114.67	107	次生林	混交林	63	*Schima superba, Cinnamomum porrectum*	109.5	107.2	0.22	2.32	2.70	5.02	1.41
114	龙虎山		28.11	117	85	次生林	混交林	59	*Cunninghamia lanceolata, Castanopsis faberi*	90.8	19.7	0.18	2.23	1.85	4.08	1.20
115	阳际峰		27.92	117.35	1314	原始林	落叶阔叶林	89	*Fagus lucida, Carpinus turczaninowii*	78.7	82.6	0.35	2.05	2.12	4.17	2.36
116			27.9	117.36	865	原始林	落叶阔叶林	80	*Fagus longipetiolata, Schima superba*	75.8	96.1	0.22	2.20	1.74	3.94	2.23
117	宜风镇		27.66	114.17	246	人工林	针叶林	18	*Cunninghamia lanceolata*	61.8	44.8	0.09	0.49	0.48	0.97	1.97
118	武功山		27.59	114.25	763	原始林	常绿阔叶林	229	*Machilus pauhoi, Photinia serrulata*	164.3	47.7	0.31	3.67	2.48	6.15	2.42
119	南丰县		27.02	116.41	126	次生林	针叶林	44	*Pinus elliottii*	30.2	35.9	0.21	1.47	1.06	2.53	2.21
120	广昌镇		26.58	116.34	306	次生林	混交林	57	*Pinus massoniana, Machilus leptophylla*	127.3	46.3	0.22	2.53	1.34	3.87	1.65

续表

样地		省（区、市）	北纬（°）	东经（°）	海拔（m）	森林		年龄（a）	优势种	碳密度（Mg C/hm^2）						
编号	地点					起源	类型			地上生物量	土壤	细木质残体	倒木	枯立木	粗木质残体	凋落物
121	罗霄山	江西	26.52	114.14	954	原始林	常绿阔叶林	130	*Castanopsis eyrei*, *C. fabri*	65.9	52.3	0.26	1.41	1.68	7.84	2.61
122	上犹县		25.77	114.49	191	人工林	针叶林	23	*Pinus massoniana*	69.1	37.9	0.18	0.75	0.76	1.51	2.49
123	武夷山	福建	27.74	117.64	1654	原始林	落叶阔叶林	135	*Fagus lucida*, *Rhododendron pulchrum*	109.3	60.9	0.37	2.37	2.18	4.55	2.64
124			27.73	117.63	1378	原始林	落叶阔叶林	70	*Fagus lucida*, *Lithocarpus hancei*	72.6	31.6	0.35	1.48	2.44	3.92	2.02
125			27.6	117.46	600	次生林	常绿阔叶林	45	*Castanopsis fabri*, *C. carlesii*	76.0	145.3	0.16	1.19	1.61	2.81	1.38
126	泰宁县		27.01	117.08	1611	原始林	落叶阔叶林	158	*Fagus lucida*, *Cyclobalanopsis glauca*	139.0	79.1	0.33	1.80	3.39	5.19	2.08
127			27.01	117.07	1520	原始林	落叶阔叶林	55	*Fagus lucida*, *Cyclobalanopsis multinervis*	39.5	54.5	0.19	1.11	1.57	2.68	1.94
128	戴云山		25.68	118.19	1644	次生林	落叶阔叶林	36	*Fagus lucida*, *Cyclobalanopsis multinervis*	16.7	35.6	0.10	0.52	0.58	1.10	2.27
129	梅花山		25.28	116.85	981	原始林	落叶阔叶林	83	*Fagus longipetiolata*, *Alniphyllum fortunei*	77.7	82.2	0.36	1.85	0.97	2.82	2.02
130	灵宝市	河南	34.49	110.58	790	人工林	落叶阔叶林	21	*Paulownia* spp.	60.4	62.1	0.05	1.49	0.63	2.11	0.95
131			34.48	110.57	1008	次生林	混交林	29	*Pinus tabuliformis*, *Robinia pseudoacacia*	38.4	69.8	0.07	0.66	0.62	1.28	3.03
132	嵩县		33.93	112.16	639	次生林	落叶阔叶林	34	*Quercus acutissima*	66.9	52.9	0.13	1.46	0.52	1.97	3.36

续表

样地		省（区、市）	北纬（°）	东经（°）	海拔（m）	森林		年龄（a）	优势种	碳密度（Mg C/hm²）						
编号	地点					起源	类型			地上生物量	土壤	细木质残体	倒木	枯立木	粗木质残体	凋落物
133	南召县	河南	33.44	112.39	231	人工林	针叶林	24	*Pinus bungeana*	42.0	20.4	0.06	1.59	1.02	2.62	1.42
134			33.43	112.34	203	次生林	混交林	32	*Pinus densiflora*, *Quercus acutissima*	56.8	16.8	0.08	1.75	1.36	3.11	1.16
135	鸡公山		31.86	114.09	311	次生林	落叶阔叶林	60	*Quercus acutissima*, *Q. variabilis*	56.7	62.8	0.26	1.96	1.16	3.12	4.49
136	武当山	湖北	32.56	110.73	533	人工林	针叶林	25	*Cunninghamia lanceolata*	32.3	55.9	0.10	0.59	0.84	1.42	2.27
137			32.53	110.98	259	人工林	针叶林	27	*Pinus tabuliformis*	38.9	29.2	0.07	0.52	1.02	1.54	3.91
138	随州市		31.69	113.49	73	人工林	落叶阔叶林	26	*Populus tomentosa*	36.3	48.7	0.15	0.73	0.54	1.27	1.16
139			31.67	113.35	115	人工林	针叶林	35	*Pinus tabuliformis*	41.3	36.2	0.15	0.38	0.94	1.33	3.26
140			31.67	113.35	128	次生林	混交林	52	*Pinus tabuliformis*, *Quercus acutissima*	63.1	50.4	0.15	0.63	1.03	1.66	3.19
141	神农架		31.51	110.43	1310	原始林	落叶阔叶林	90	*Quercus aliena*	27.6	N.A.	0.18	1.87	2.35	4.22	3.03
142	八大公山	湖南	29.77	110.09	1300	原始林	落叶阔叶林	90	*Fagus lucida*, *Cyclobalanopsis multinervis*	62.2	54.3	0.17	1.17	1.35	2.52	0.77
143	桃花源		28.73	111.38	75	人工林	针叶林	24	*Cunninghamia lanceolata*	60.2	44.6	0.16	1.95	2.43	4.38	1.99
144	吉首		28.25	109.79	196	次生林	常绿阔叶林	42	*Castanopsis fargesii*, *Schima superba*	91.6	37.8	0.29	2.47	1.78	4.25	2.19
145	雷锋镇		28.15	112.8	81	人工林	针叶林	29	*Cunninghamia lanceolata*	67.0	56.7	0.14	1.44	1.74	3.18	2.90
146	黄雷		27.22	108.93	653	次生林	常绿阔叶林	35	*Cinnamomum porrectum*, *Cyclobalanopsis glauca*	66.7	55.8	0.13	1.45	1.08	2.53	2.42

续表

样地		省（区、市）	北纬（°）	东经（°）	海拔（m）	森林		年龄（a）	优势种	碳密度（Mg C/hm^2）						
编号	地点					起源	类型			地上生物量	土壤	细木质残体	倒木	枯立木	粗木质残体	凋落物
147	洞口县	湖南	27.14	110.47	565	人工林	针叶林	17	*Cunninghamia lanceolata*	33.3	61.6	0.14	0.78	0.46	1.24	1.91
148	盘龙山		27.12	109.76	239	人工林	针叶林	24	*Cunninghamia lanceolata*	33.6	93.7	0.09	0.83	0.61	1.43	2.58
149	邵阳县		27.02	111.34	281	次生林	混交林	36	*Pinus elliottii, Cyclobalanopsis glauca*	48.4	34.1	0.22	1.42	1.50	2.92	1.14
150	双牌县		25.83	111.65	384	次生林	常绿阔叶林	27	*Schima superba, Castanopsis sclerophylla*	53.9	51.8	0.17	1.59	1.93	3.52	1.81
151	北塘		25.8	112.87	208	次生林	常绿阔叶林	22	*Castanopsis fargesii, Schima superba*	24.0	47.5	0.11	1.21	0.68	1.88	2.25
152	杨梅山		25.47	113.16	272	人工林	针叶林	51	*Pinus elliottii*	72.2	16.5	0.21	0.84	1.10	1.94	1.52
153	莽山		24.96	112.96	1160	原始林	落叶阔叶林	94	*Fagus longipetiolata, Exbucklandia populnea*	88.1	62.1	0.20	3.70	2.35	6.04	1.92
154	帽子峰	广东	25.32	114.15	986	原始林	落叶阔叶林	67	*Fagus longipetiolata, Castanopsis eyrei*	55.7	49.8	0.17	3.49	5.39	8.88	0.98
155	乳源县		24.94	113.02	1573	原始林	落叶阔叶林	172	*Fagus lucida, Castanopsis eyrei*	137.5	41.8	0.21	2.51	2.50	5.01	1.92
156			24.89	113.03	923	次生林	落叶阔叶林	40	*Fagus longipetiolata, Liquidambar formosana*	38.4	48.1	0.18	1.29	1.40	2.69	2.14
157	滑水山		24.45	113.68	821	次生林	落叶阔叶林	43	*Fagus longipetiolata*	33.0	47.0	0.19	0.71	1.92	2.63	2.17
158	黑石顶		23.4	111.9	190	原始林	常绿阔叶林	90	*Castanopsis fabri, Lithocarpus glaber*	67.3	70.8	0.17	2.12	1.97	4.09	2.39
159	鼎湖山		23.17	112.54	275	原始林	常绿阔叶林	400	*Castanopsis chinensis, Canarium pimela*	140.0	86.6	0.36	6.32	1.90	8.22	1.41

续表

样地		省（区、市）	北纬（°）	东经（°）	海拔（m）	森林		年龄（a）	优势种	碳密度（Mg C/hm^2）						
编号	地点					起源	类型			地上生物量	土壤	细木质残体	倒木	枯立木	粗木质残体	凋落物
160	鼎湖山	广东	23.17	112.54	265	次生林	混交林	110	*Pinus massoniana, Castanopsis chinensis*	120.9	67.4	0.31	4.83	0.89	5.72	2.19
161			23.17	112.54	250	人工林	针叶林	60	*Pinus massoniana*	60.1	47.7	0.20	0.05	0.05	0.10	2.79
162	猫儿山	广西	25.89	110.39	832	原始林	常绿阔叶林	280	*Castanopsis fabri, C. eyrei, Schima superba*	97.9	69.3	0.18	3.04	3.13	6.17	2.02
163	大青山		22.3	106.7	960	原始林	常绿阔叶林	220	Tropical vegetation	73.5	125.6	0.23	2.85	3.00	5.85	2.25
164	黑水县	四川	32.22	102.61	3846	原始林	针叶林	69	*Larix potaninii*	65.3	67.6	0.12	0.80	0.34	1.14	4.29
165	毕棚沟		31.35	102.83	2704	次生林	混交林	60	*Betula albosinensis, Picea asperata*	23.4	57.7	0.11	0.27	0.23	0.50	2.68
166			31.25	102.83	3298	次生林	针叶林	70	*Picea asperata, Abies faxoniana*	35.3	55.4	0.10	0.19	0.19	0.38	4.02
167			31.17	102.9	3582	原始林	针叶林	120	*Picea asperata, Abies faxoniana*	42.2	64.9	0.10	0.33	0.26	0.59	4.40
168			31.17	102.99	3023	次生林	混交林	60	*Betula albosinensis, Abies faxoniana*	22.8	55.9	0.09	0.20	0.16	0.37	3.45
169	天全县		30.03	102.83	729	次生林	常绿阔叶林	50	*Cyclobalanopsis glauca, Acer fabri*	56.2	80.9	0.19	1.68	2.08	3.76	2.35
170	贡嘎山		29.59	102.05	2260	原始林	落叶阔叶林	170	*Populus purdomii, Alnus nepalensis*	60.9	66.1	0.12	2.35	1.44	3.79	3.83
171			29.58	102	3000	原始林	针叶林	170	*Picea brachytyla, Abies fabri*	77.6	62.5	0.17	1.01	0.90	1.92	4.49

续表

样地		省（区、市）	北纬（°）	东经（°）	海拔（m）	森林		年龄（a）	优势种	碳密度（Mg C/hm²）						
编号	地点					起源	类型			地上生物量	土壤	细木质残体	倒木	枯立木	粗木质残体	凋落物
172	白马雪山	云南	28.29	99.16	3306	原始林	针叶林	110	*Picea likiangensis, Abies georgei*	82.4	68.4	0.15	1.34	0.99	2.34	3.88
173	拉多		27.98	98.65	1665	人工林	针叶林	26	*Pinus yunnanensis*	29.4	81.6	0.13	0.93	0.67	1.60	2.15
174	贡山县		27.84	98.68	1545	次生林	混交林	32	*Pinus yunnanensis, Coriaria nepalensis*	42.4	77.7	0.12	1.12	0.77	1.89	2.71
175	维西县		27.17	99.31	2264	人工林	针叶林	33	*Pinus yunnanensis*	42.1	68.7	0.06	0.85	0.95	1.81	1.28
176	兰坪县		27.05	99.36	2754	人工林	针叶林	46	*Pinus yunnanensis, P. armandii*	67.1	79.3	0.17	1.72	1.64	3.36	1.49
177	苍山		25.72	100.05	3073	原始林	常绿阔叶林	104	*Cyclobalanopsis glauca, Illicium verum*	196.9	71.6	0.27	3.04	2.30	5.34	1.86
178			25.72	100.05	2873	原始林	常绿阔叶林	76	*Cyclobalanopsis glauca, Castanopsis delavayi*	168.1	100.6	0.18	2.59	2.11	4.70	1.99
179			25.71	100.04	2594	次生林	常绿阔叶林	47	*Alniphyllum fortunei, Toona sinensis*	93.6	84.4	0.13	1.05	0.68	1.73	2.03
180	哀牢山		24.54	101.03	2300	原始林	常绿阔叶林	400	*Lithocarpus hancei, Schima noronhae*	189.7	48.4	0.26	3.70	4.13	7.84	2.61
181	西双版纳		22.27	100.82	929	原始林	常绿阔叶林	350	Tropical vegetation	79.4	79.7	0.35	2.89	2.49	5.38	2.51
182	宽阔水	贵州	28.23	107.17	1635	原始林	落叶阔叶林	198	*Fagus lucida*	147.0	93.2	0.32	4.01	3.55	7.57	2.76
183	凤冈县		27.98	107.51	880	人工林	针叶林	29	*Pinus elliottii*	64.1	74.5	0.14	1.20	2.22	3.42	2.67
184	梵净山		27.82	108.78	530	原始林	常绿阔叶林	105	*Phoebe sheareri, Machilus lichuanensis*	80.5	69.7	0.15	1.66	1.99	3.65	1.83

续表

样地		省	北纬	东经	海拔	森林		年龄	优势种	碳密度（Mg C/hm^2）						
编号	地点	（区、市）	（°）	（°）	（m）	起源	类型	（a）		地上生物量	土壤	细木质残体	倒木	枯立木	粗木质残体	凋落物
185	长坡岭	贵州	26.66	106.67	1309	原始林	常绿阔叶林	133	*Cinnamomum porrectum, Albizia kalkora*	128.2	107.3	0.23	2.86	2.25	5.10	1.97
186	雷公山		26.38	108.2	2072	原始林	落叶阔叶林	142	*Fagus lucida, Cyclobalanopsis multinervis*	127.9	127.1	0.31	3.78	4.18	7.96	1.74
187	惠水县		26.17	106.65	1022	次生林	针叶林	41	*Pinus massoniana, Pinus elliottii*	76.8	77.6	0.21	2.17	2.01	4.18	1.07
188	尖峰岭	海南	18.74	108.85	875	次生林	常绿阔叶林	50	热带植被	171.1	81.8	0.27	2.84	2.38	5.22	2.00
189			18.73	108.9	870	原始林	常绿阔叶林	300	热带植被	214.2	70.7	0.31	3.23	2.51	5.74	1.78

注：碳密度数据经四舍五入计算得出

N.A. 表示无数据

附表 5　用于计算林分材积 - 生物量关系的主要文献（更新至 2011 年）

序号	主要文献
1	白云庆 . 1982. 凉水红松人工林的现存量 . 东北林学院学报 , (增刊): 29-37.
2	常学向 , 车克钧 , 宋彩福 , 王金叶 , 李秉新 . 1997. 祁连圆柏群落生物量及营养元素积累量 . 西北林学院学报 , 12(1): 23-28.
3	陈炳浩 , 陈楚莹 . 1980. 沙地红皮云杉森林群落生物量和生产力的初步研究 . 林业科学 , (4): 269-277.
4	陈炳浩 , 李护群 , 刘建国 . 1984. 新疆塔里木河中游胡杨天然林生物量研究 . 新疆林业科技 , (3): 8-16.
5	陈传国 , 郭杏芬 . 1983. 阔叶红松林生物量的研究 . 延边林业科技 , (1): 2-19.
6	陈传国 , 郭杏芬 . 1986. 预测阔叶红松林生物量的数学模式 . 辽宁林业科技 , (3): 27-37.
7	陈存根 . 1984. 秦岭华山松林生产力的研究　华山松林乔木层的生物产量 . 西北林学院学报 , (1): 1-18.
8	陈大珂 , 周晓峰 , 赵惠勋 , 王义弘 , 金永岩 . 1982. 天然次生林四个类型的结构、功能及演替 . 东北林学院学报 , (2): 1-19.
9	陈华 , Harmon ME. 1992. 温带森林生态系统粗死木质物动态研究：以中美两个温带天然林生态系统为例 . 应用生态学报 , 3(2): 99-104.
10	陈华 , 徐振邦 . 1992. 长白山红松针阔混交林倒木站杆树种组成和贮量的调查 . 生态学杂志 , 11(1): 17-22.
11	陈辉 , 任承辉 , 郑丽萍 , 阮传成 , 廖正花 . 1989. 楠木人工林生物量产量模型的研究 . 福建林学院学报 , 9(4): 411-417.
12	陈林娜 , 肖杨 , 盖强 , 冀文孝 . 1991. 庞泉沟自然保护区华北落叶松群落生物量的初步研究：结构、生物量与生产力 . 山西农业大学学报 , 11: 240-247.
13	陈灵芝 , 陈清朗 , 鲍显诚 . 1986. 北京山区的侧柏林及其生物量研究 . 植物生态学与地植物学丛刊 , 10(1): 17-24.
14	陈灵芝 , 任继凯 , 鲍显诚 . 1984. 北京西山 (卧佛寺附近) 人工油松林群落学特征及生物量的研究 . 植物生态学与地植物学丛刊 , 8(3): 173-181.
15	陈章和 , 张宏大 , 王伯荪 . 1992. 黑石顶自然保护区南亚热带常绿阔叶林生物量与生产量研究：生物量增量及第一性生产量 . 生态学报 , 12(4): 377-385.
16	陈章水 , 方奇 . 1988. 新疆杨元素含量与生物量研究 . 林业科学研究 , 1(5): 535-540.
17	陈兆先 , 何友军 , 柏方敏 , 张际红 , 李志辉 . 2001. 林分密度对马尾松飞播林生物产量及生产力的影响. 中南林学院学报 , 21(1): 44-47.
18	程伯容 , 丁桂芳 , 许广山 , 张玉华 . 1987. 长白山红松阔叶林的生物养分循环 . 土壤学报 , 24(2): 160-169.
19	程积民 , 邹厚远 . 1990. 六盘山森林生物量与生态水文作用的研究 . 北京林学院学报 , 12(1): 55-63.
20	程云霄 , 李忠孝 . 1989. 兴安落叶松三个主要林型森林生物量的初步研究 . 内蒙古林业调查设计 , (4): 29-39.
21	池桂清 . 1984. 红松人工林涵养水源及保持水土作用初步研究 . 辽宁林业科技 , (5): 25-27.
22	党承林 , 吴兆录 . 1991. 云南松林的生物量研究 . 云南植物研究 , 13(1): 59-64.
23	党承林 , 吴兆录 . 1992. 季风常绿阔叶林短刺栲群落的生物量研究 . 云南大学学报 (自然科学版), 14(2): 95-107.

续表

序号	主要文献
24	党承林，吴兆录 . 1994. 元江栲群落的生物量研究 . 云南大学学报 (自然科学版), 16(3): 195-199.
25	党承林，吴兆录，王崇云，和兆荣，谷中福 . 1994. 云南中甸长苞冷杉群落的生物量和净生产量研究 . 云南大学学报 (自然科学版), 16(3): 214-219.
26	党承林，吴兆录，张泽 . 1994. 黄毛青冈群落的生物量研究 . 云南大学学报 (自然科学版), 16(3): 205-209.
27	党承林，虞泓，李尹 . 1992. 云南松林上层木生物量与生态因子的关系 . 云南大学学报 (自然科学版), 14(2): 146-151.
28	邓朝经，杨韧，覃模昌 . 1991. 柏木生物生产力与环境因子的典范相关分析 . 四川林业科技, 12(4): 29-34.
29	邓瑞文，陈天杏，冯咏梅 . 1985. 热带人工林的光能利用与生产量的研究 . 生态学报, 5(3): 231-240.
30	邓仕坚，廖利平，汪思龙，高洪，林柏 . 2000. 湖南会同红栲 - 青冈 - 刨花楠群落生物生产力的研究 . 应用生态学报, 11(5): 651-654.
31	邸道生，廖涵宗，张春能，陈作智 . 1991. 木荚红豆树人工林生态系统生产力和林木生长规律的研究 . 南京林业大学学报, 15(3): 60-65.
32	丁宝永，鞠永贵，张树森，张世英，于维君 . 1982. 人工落叶松林群落结构的研究 . 东北林学院学报, (4): 11-21.
33	丁宝永，孙继华 . 1989. 水曲柳天然林生物生产力及营养元素的积累与分布的研究 . 东北林业大学学报, 17(4): 1-9.
34	董世仁，吴玉秀 . 1980. 油松林生态系统的研究——山西太岳油松林的生产力初报 . 北京林学院学报, (11): 1-20.
35	董兆琪，池桂清，姚国清 . 1982. 幼龄柞树生物量的计算 . 辽宁林业科技, (3): 7-9.
36	杜国坚，洪利兴，姚国兴 . 1987. 浙江西北部次生常绿阔叶林主要群落类型地上部分生物量的测定 . 浙江林业科技, 7(5): 5-12.
37	方升佐，徐锡增，唐罗忠 . 1995. 水杉人工林树冠结构及生物生产力的研究 . 应用生态学报, 6(3): 225-230.
38	冯福生，孙金林 . 1993. 如东沿海柳杉林生长及生物量的初步研究 . 江苏林业科技, (1): 5-8.
39	冯敬全，关泉照 . 1998. 几种薪炭林树种生物量的比较研究 . 肇庆林业科技, 34: 25-28.
40	冯林，杨明权 . 1987. 大青山林业总场白桦林皆伐迹地的地被及其生物量的研究 . 内蒙古林学院学报, (2): 1-12.
41	冯林，杨玉珙 . 1981. 内蒙古地区油松、白桦、山杨生物量的研究 . 内蒙古林学院学报, (3): 1-17.
42	冯林，杨玉珙 . 1985. 兴安落叶松原始林三种林型生物产量研究 . 林业科学, 21(1): 86-92.
43	冯宗炜，陈楚莹，王开平，张家武，曾士余，赵吉录，邓仕坚 . 1985. 亚热带杉木纯林生态系统中营养元素的积累、分配和循环的研究 . 植物生态学与地植物学丛刊, 9(4): 245-256.
44	冯宗炜，陈楚莹，张家武 . 1982. 湖南会同地区马尾松林生物量的测定 . 林业科学, 18(2): 127-134.
45	冯宗炜，陈楚莹，张家武 . 1988. 一种高生产力和生态协调的亚热带针阔混交林——杉木火力楠混交林研究 . 植物生态学与地植物学报, 12(3): 165-180.
46	冯宗炜，陈楚莹，张家武，王开平，赵吉录 . 1982. 湖南省会同县两个森林群落的生物生产力 . 植物生态学与地植物学丛刊, 6(4): 257-267.
47	冯宗炜，陈楚莹，张家武，赵吉录，王开平，曾士余 . 1984. 不同自然地带杉木林的生物生产力 . 植物生态学与地植物学丛刊, 8(2): 93-100.
48	冯宗炜，张家武，陈楚莹，王开平，赵吉录，曾士余 . 1983. 火力楠人工林生物产量和营养元素的分布 . 东北林学院学报, 11(3): 13-19.
49	傅金和 . 1989. 杉木林中的微量元素含量积累和生物循环 . 中南林学院学报, 9(增刊): 76-84.
50	高甲荣 . 1987. 秦岭火地塘林区油松人工林营养元素生物循环的研究 . 西北林学院学报, 2(1): 23-35.
51	高文韬，丁伟，李胜，王继志，陈晓波 . 1986. 长白山林区天然过伐林中蒙古栎适生立地研究 . 吉林林业科技, (3): 21-25.

续表

序号	主要文献
52	高智慧 . 1986. 不同栽培管理水平杉木人工林生物产量的初步研究 . 浙江林业科技 , 6(2): 25-30.
53	高智慧 , 蒋国洪 , 邢爱金 , 俞铭荣 . 1992. 浙北平原水杉人工林生物量的研究 . 植物生态学与地植物学报 , 16(1): 64-71.
54	高智慧 , 李国梁 . 1987. 水杉防护林带生长量及生物产量的初步研究 , 林业科技通讯 , (3): 10-12.
55	龚垒 . 1984. 杉木幼林树冠层结构与生物量关系的初步研究 . 生态学报 , 4(3): 248-257.
56	管东生 . 1996. 华南南亚热带不同演替阶段植被类型的初级生产力和养分 . 生态学杂志 , 15(3): 11-14.
57	桂仁意 , 曹福亮 , 沈惠娟 , 谢寅峰 . 2003. 植物生长调节剂对石竹试管成花及内源激素与多胺的影响 . 南京林业大学学报 (自然科学版), 27(1): 6-10.
58	郭海燕 , 葛剑平 , 李景文 . 1995. 中国红松林生态学研究文献概述 . 东北林业大学学报 , 23(3): 57-62.
59	郭泉水 , 阎洪 , 徐德应 , 王兵 . 1998. 气候变化对我国红松林地理分布影响的研究 . 生态学报 , 18(5): 484-488.
60	何方 , 王义强 , 吕芳德 , 张才学 . 1996. 油茶林生物量与养分生物循环的研究 . 林业科学 , 32(5): 403-410.
61	何方 , 王义强 , 谭晓风 , 王承南 . 1990. 油桐林生物量和养分循环的研究 . 经济林研究 , 8(2): 6-20.
62	何榕彬 . 1997. 水杉人工林生物量模型的研究 . 林业勘察设计 , (2): 46-49.
63	胡万良 , 谭学仁 , 张放 , 王树利 , 王忠利 . 1999. 抚育间伐对红松人工林生物量的影响 . 辽宁林业科技 , (2): 13-16, 49.
64	黄宝龙 , 叶功富 , 张水松 , 徐俊森 , 陈洪 , 潘惠忠 . 1998. 木麻黄人工林营养元素的动态特征 . 南京林业大学学报 , 22(2): 1-4.
65	黄道存 . 1986. 柳杉人工林生物量的测定 . 西南林学院学报 , (1): 23-27.
66	黄建辉 , 韩兴国 , 陈灵芝 . 1999. 森林生态系统根系生物量研究进展 . 生态学报 , 19(2): 270-277.
67	黄全能 . 1998. 红椎天然生长规律与生物量的调查研究 . 福建林业科技 , 25(2): 20-23.
68	黄韬 , 钟秋平 , 彭小燕 . 2000. 鹅掌楸人工林生物量及生产力的研究 . 植物生态学报 , 24(2): 191-196.
69	黄惜河 . 1988. 西江地区杉木人工林生物量和营养元素含量及其分配 . 中南林业调查规划 , (1): 13-21.
70	惠刚盈 . 1989. 江西大岗山丘陵区杉木人工林生产力的研究 . 林业科学 , 25(6): 564-569.
71	惠刚盈 , 童书振 , 刘景芳 , 罗云伍 . 1988. 杉木造林密度实验研究Ⅰ. 密度对幼林生物量的影响 . 林业科学研究 , 1(4): 413-417.
72	季永华 , 张纪林 , 康立新 . 1997. 海岸带复合农林业水杉林带生物量估测模型的研究 . 江苏林业科技 , 24(2): 1-4.
73	贾云 . 1985. 辽宁草河口林区红松人工纯林生物产量的调查研究 . 辽宁林业科技 , (5): 18-23.
74	江洪 . 1986. 紫果云杉天然中龄林分生物量和生产力的研究 . 植物生态学与地植物学学报 , 10(2): 146-152.
75	江洪 , 林鸿荣 . 1985. 飞播云南松林分生物量和生产力的系统研究 . 四川林业科技 , 6(4): 1-10.
76	江洪 , 朱家骏 . 1986. 云杉天然林分生物量和生产力的研究 . 四川林业科技 , 7(2): 4-13.
77	焦树仁 . 1984. 章古台沙地樟子松人工林生物量与营养元素分布状态 . 辽宁林业科技 , (5): 20-24.
78	焦树仁 . 1985. 辽宁章古台樟子松人工林生物量与营养元素分布的初步研究 . 植物生态学与地植物学丛刊 , 9(4): 257-265.
79	李飞 . 1984. 红松阔叶林及其次生杨桦林生物生产力的研究 . 生态学杂志 , (2): 8-12.
80	李广玉 , 李明国 . 1987. 落叶松胡桃楸人工混交林调查初报 . 吉林林业科技 , (6): 16-19.
81	李娟娟 . 1986. 火炬松提早成林结实的研究报告 . 湖南林业科技 , (2): 18-20.
82	李琪 . 1990. 杨树丰产林生物量和营养元素含量的研究 . 山东林业科技 , (2): 1-7.

续表

序号	主要文献
83	李四春，刘湘林，刘学全，史玉虎 . 1995. 马尾松人工林生物量与森林水文效应的研究 . 中南林业调查规划，(3): 26-29.
84	李文华，邓坤枚，李飞 . 1981. 长白山主要生态系统生物量生产量的研究 . 森林生态系统研究 (试刊): 34-50.
85	李文华，罗天祥 . 1997. 中国云冷杉林生物生产力格局及其数学模型 . 生态学报，17(5): 511-518.
86	李学明 . 1984. 日本落叶松的生物量测定 . 四川林业科技，5(1): 27-29.
87	李意德，曾庆波，吴仲民，杜志鹄，周光益，陈步峰，张振才，陈焕强 . 1992. 尖峰岭热带山地雨林生物量的初步研究 . 植物生态学与地植物学学报，16(4): 293-300.
88	李英洙，金永焕，刘继生，王诚，金玉善 . 1996. 延边地区天然赤松林生物量的研究 . 东北林业大学学报，24(5): 24-29.
89	梁珍海，洪必恭 . 1992. 宝华山栎林生态系统乔木层的营养元素循环 . 南京大学学报，28(3): 479-483.
90	廖宝文，郑德璋，郑松发，陈步峰 . 1991. 木榄林生物量的灰色动态预测 . 林业科学研究，4(4): 361-367.
91	廖涵宗，张春能，陈德叶 . 1988. 人工楠木林的生物量 . 福建林学院学报，8(3): 252-257.
92	廖涵宗，张春能，邸道生，陈作智 . 1991. 米槠人工林生物量的研究 . 福建林学院学报，11(3): 313-317.
93	廖涵宗，郑燕明，张春能，陈德叶 . 1986. 樟树林生物量的测定 . 林业科技通讯，(9): 15-18.
94	林开敏，俞新妥，何智英，邱尔发，林思祖 . 1996. 不同密度杉木林分生物量结构与土壤肥力差异研究 . 林业科学，32(5): 385-391.
95	林鹏，卢昌义 . 1990. 海莲红树林的生物量和生产力 . 厦门大学学报 (自然科学版), 29(3): 209-213.
96	林鹏，尹毅，卢昌义 . 1992. 广西红海榄群落的生物量和生产力 . 厦门大学学报 (自然科学版), 31(2): 199-202.
97	林鹏，郑文教 . 1986. 中国红树植物秋茄、海莲的生长量研究 . 植物学报，28(2): 224-228.
98	林文棣 . 1987. 江苏海岸带造林地的立地条件和造林树种的选择 . 南京林业大学学报，19(3): 71-76.
99	林益明，林鹏，李振基，杨志伟，刘初钿，何建源 . 1996. 福建武夷山甜槠群落能量的研究 . 植物学报，38(12): 989-994.
100	刘春华，张春能，郑燕明 . 1993. 观光木及其混交林生态系统生物量和生产力研究 . 福建林学院学报，13(3): 267-272.
101	刘春江 . 1987. 北京西山地区人工油松栓皮栎混交林生物量和营养元素循环的研究 . 北京林业大学学报，9(1): 1-10.
102	刘广全，土晓宁 . 1999. 秦岭锐齿栎林内营养元素含量的时空分布 . 西北林学院学报，14(4): 1-8.
103	刘广全，土晓宁 . 1999. 锐齿栎林营养元素生物循环的研究 . 西北林学院学报，14(4): 9-16.
104	刘世刚，马钦彦 . 1992. 华北落叶松人工林生物量及生产力的研究 . 北京林学院学报，14(增刊): 114-123.
105	刘文耀，刘伦耀 . 1991. 滇中常绿阔叶林及云南松林水文作用的初步研究 . 植物生态学与地植物学学报，15(2): 159-167.
106	刘茜，刘煊章，张昌剑 . 1997. 天然次生白栎林生物量和营养元素含量的研究 . 林业科学，33(2): 157-166.
107	刘兴聪 . 1992. 祁连山哈溪林场青海云杉林生物量的测定 . 甘肃林业科技，(1): 7-10.
108	刘煊章，文仕知，项文化 . 1995. 马尾松人工林生物量间伐效应的研究 . 林业资源管理，(5): 43-48.
109	刘永宏，梁海荣，赵力天 . 1996. 大青山水源林不同森林类型生物量与水文作用的研究 . 内蒙古林业科技，(3-4): 70-78.
110	刘玉萃，吴明作，郭宗民，蒋有绪，刘世荣，王正用，刘保东，朱学凌 . 1998. 宝天曼自然保护区栓皮栎林生物量和净生产力研究 . 应用生态学报，9(6): 569-574.

续表

序号	主要文献
111	龙斯曼，王翌．1985. 木麻黄防护林生物产量及经济产值分析．中国林业调查规划，(2): 25-34.
112	隆学武，叶功富，徐俊森，潘惠忠，陈洪，林武星，鲍晓红．1999. 木麻黄人工林生物量的密度效应研究．福建林业科技，26(增刊): 21-23.
113	卢义山，张金池，冯福生，周克梅．1995. 苏北海堤防护林主要造林树种生物量研究．南京林业大学学报，9(3): 71-76.
114	陆新育，陈绍信，李森泉，常显明．1990. 农桐间作泡桐生物量的研究．泡桐与农用林业，(1): 12-22.
115	罗辑，杨忠，杨清伟．2000. 贡嘎山森林生物量和生产力的研究．植物生态学报，24(2): 191-196.
116	罗辑，赵义海，李林峰．1999. 贡嘎山东坡峨眉冷杉林 C 循环的初步研究．山地学报，17(3): 250-254.
117	罗天祥，李文华，赵士洞．1999. 中国油松林生产力格局与模拟．应用生态学报，10(3): 257-261
118	马明东，江洪，杨俊义．1989. 四川盆地西缘楠木人工林分生物量的研究．四川林业科技，10(3): 6-13.
119	马钦彦．1989. 中国油松生物量的研究．北京林业大学学报，11(4): 1-10.
120	马钦彦，谢征鸣．1996. 中国油松林储碳量基本估计．北京林业大学学报，18(3): 31-34.
121	缪绅裕，陈桂珠，陈正桃，吴中亨．1998. 广东湛江保护区红树林种群的生物量及其分布格局．广西植物，18(1): 19-23.
122	穆丽蔷，张捷，刘祥君，吴守年，杨贵财．1995. 红皮云杉人工林乔木层生物量研究．植物研究，15(4): 551-557.
123	穆天明．1981. 贺兰山区青海云杉森林群落生物量的初步研究．内蒙古林学院学报，(3): 18-31.
124	倪红伟．1999. 三江平原不同群落小叶章种群地上生物量动态及其时间序列分析．植物研究，19(1): 88-93.
125	聂道平，王兵，沈国舫，董世仁．1997. 油松 - 白桦混交林种间关系研究．林业科学，33(5): 394-402.
126	宁晓波，刘茜，宁晓波．1996. 不同地域马尾松幼龄林生物生产力的研究．林业资源管理，(1): 48-51.
127	欧阳惠．1994. 马尾松林气候生产潜力的探讨．生态学杂志，13(2): 50-56.
128	潘攀，李荣伟，覃志刚，全美景，曹军．2000. 杜仲人工林生物量和生产力研究．长江流域资源与环境，9(1): 71-77.
129	潘瑞道，吴红林．1988. 黑荆林分的群体结构．浙江林学院学报，5(1): 28-35.
130	潘维俦，李利村，高正衡．1980. 两个不同地域类型杉木林的生物产量和营养元素分布．湖南林业科技，(2): 1-10.
131	潘维俦，田大伦，李利村，高正衡．1981. 杉木人工林养分循环的研究．(一) 不同发育阶段杉木林的产量结构和养分动态．中南林学院学报，1(1): 1-21.
132	潘维俦，田大伦，雷志星，康文星．1983. 杉木人工林养分循环的研究．(二) 丘陵区速生杉木林的养分含量、积累速率和生物循环．中南林学院学报，3(1): 1-17.
133	彭华昌．1992. 杜仲人工林生物量的研究．经济林研究，10(2): 28-33.
134	彭鉴，丁圣彦．1992. 滇中地区滇青冈萌生灌木群落地上部分生物量的研究．云南大学学报 (自然科学版), 14(2): 191-197.
135	彭鉴，丁圣彦，王宝荣，苏文华．1992. 昆明地区常绿栎类萌生灌丛群落特征与地上部分生物量的研究．云南大学学报 (自然科学版), 14(2): 167-178.
136	彭鉴，苏文华，王宝荣，丁圣彦．1992. 滇石栎萌生灌丛生物量及净初级生产量的研究．云南大学学报 (自然科学版), 14(2): 179-190.
137	彭少麟，张祝平．1992. 鼎湖山森林植被优势种云南银柴和柏拉木的生物量及第一性生产力．应用生态学报，3(3): 202-206.
138	彭少麟，张祝平．1994. 鼎湖山地带性植被生物量、生产力和光能利用率．中国科学 B 辑：化学 生命科学 地学，24(5): 497-502.

续表

序号	主要文献
139	彭少麟，张祝平 . 1994. 鼎湖山针阔叶混交林的第一性生产力研究 . 生态学报，14(3): 300-305.
140	秦建华，姜志林 . 1996. 杉木林生物量及其分配的变化规律 . 生态学杂志，15(1): 1-7.
141	阮宏华，姜志林，高苏铭 . 1997. 苏南丘陵主要森林类型碳循环研究：含量与分布规律 . 生态学杂志，16(6): 17-21.
142	石家琛，焦振家，向开馥 . 1980. 黑龙江省西部地区樟子松人工林调查研究 . 林业科学，16(增刊): 116-123.
143	石培礼，杨修，钟章成 . 1997. 桤柏混交林种群生物量动态与密度调节 . 应用生态学报，8(4): 341-346.
144	石培礼，钟章成，李旭光 . 1996. 四川桤柏混交林生物量的研究 . 植物生态学报，20(6): 524-533.
145	宿以明，刘兴良，向成华 . 2000. 峨眉冷杉人工林分生物量和生产力研究 . 四川林业科技，21(2): 31-35.
146	孙启祥，於凤安，彭镇华 . 1998. 长江滩地杨树人工林生物量的研究 . 林业科技通讯，(3): 4-6.
147	谭学仁，王中利，张放，路治林 . 1990. 人工阔叶红松林主要混交类型群落结构及其生物量的调查研究 . 辽宁林业科技，(1): 18-23.
148	唐清明 . 1981. 华山松造林密度的初步研究 . 贵州林业科技，(2): 10-15.
149	陶金川，潘如圭，赵树新 . 1990. 赤桉、马尾松、胡枝子混交幼林的生物量 . 江西林业科技，(4): 1-5.
150	田大伦，潘维俦 . 1986. 马尾松林杆材阶段生物产量的径阶分化及密度效应初探 . 植物生态学与地植物学学报，10(4): 294-301.
151	田大伦，张昌剑，罗中甫，袁文选 . 1990. 天然檫木混交林的生物量及营养元素分布 Ⅰ. 生物生产量及生产力 . 中南林学院学报，10(2): 121-128.
152	土晓宁，刘广全 . 1999. 秦岭主要林区锐齿栎林营养积累和分布的特点 . 西北林学院学报，14(4): 9-16.
153	汪企明，石有光 . 1990. 江苏湿地松人工林生物量的初步研究 . 植物生态学与地植物学学报，14(1): 1-12.
154	王成，金永焕，刘继生，金玉善，金春德，李英洙 . 1999. 延边地区天然赤松林单木根系生物量的研究 . 北京林业大学学报，21(1): 44-49.
155	王德艺，蔡万波，李东义，冯学全，冯天杰，李永宁 . 1998. 雾灵山蒙古栎林生物生产量的研究 . 生态学杂志，17(1): 9-15.
156	王贺新 . 1989. 辽西山地樟子松、油松生物产量的研究 . 辽宁林业科技，(1): 26-29.
157	王江 . 1993. 桤柏混交幼林群落特征及生物量调查 . 四川林业科技，14(1): 66-69.
158	王金叶，车克钧，蒋志荣 . 2000. 祁连山青海云杉林碳平衡研究 . 西北林学院学报，15(1): 9-14.
159	王立明 . 1986. 山地樟子松天然林干、枝、叶生物量的测定 . 内蒙古林学院学报，(2): 63-67.
160	王良民，任宪威，刘一樵 . 1985. 我国落叶栎的地理分布 . 北京林学院学报，(2): 57-69.
161	王秀石 . 1986. 试论蒙古栎林的适生土壤条件 . 吉林林业科技，(3): 21-25.
162	王燕，赵士洞 . 1999. 天山云杉林生物量和生产力的研究 . 应用生态学报，10(4): 389-391.
163	王志新 . 1985. 山杨是迹地更新不可忽视的树种 . 吉林林业科技，(5): 16-20.
164	魏晓华，王虹，朱春全 . 1990. 蒙古栎生态系统的养分分析 . 吉林林学院学报，6(1): 31-36.
165	温达志，魏平，孔国辉，张倩媚，黄忠良 . 1997. 鼎湖山椎栎 + 黄果厚壳桂 + 荷木群落生物量及其特征 . 生态学报，17(5): 497-504.
166	温达志，杨思河，姜波 . 1993. 柞蚕林生物生产力和干物质转化 . 生态学杂志，12(1): 5-10.
167	吴冬喜 . 1983. 火炬松杉木混交林研究初报 . 林业科技通讯，(4): 35-38.
168	吴刚，冯宗炜 . 1994. 中国油松群落特征及生物量的研究 . 生态学报，14(4): 415-422.
169	吴刚，冯宗炜 . 1995. 中国主要五针松群落学特征及其生物量的研究 . 生态学报，15(3): 260-267.

续表

序号	主要文献
170	吴守蓉，杨惠强，洪蓉，朱炜，陈学群. 1999. 马尾松林生物量及其结构的研究. 福建林业科技, 26 (1) : 18-21.
171	吴兆录，党承林. 1992. 云南普洱地区思茅松林的生物量. 云南大学学报 (自然科学版), 14(2): 119-127.
172	吴兆录，党承林. 1992. 云南普洱地区思茅松林的净第一性生产力. 云南大学学报 (自然科学版), 14(2): 128-136.
173	吴兆录，党承林. 1992. 云南昌宁县思茅松林的生物量和净第一性生产力. 云南大学学报 (自然科学版), 14(2): 137-145.
174	吴兆录，党承林. 1994. 昆明附近灰背栎林生物量和净第一性生产力的初步研究. 云南大学学报 (自然科学版), 16(3): 235-239.
175	吴兆录，党承林，和兆荣，王崇云. 1994. 滇西北麦吊云杉林生物量的初步研究. 云南大学学报 (自然科学版), 16(3): 230-234.
176	吴兆录，党承林，和兆荣，王崇云. 1994. 滇西麦吊云杉林净第一性生产力的初步研究. 云南大学学报 (自然科学版), 16(3): 240-244.
177	吴兆录，党承林，和兆荣，王崇云. 1994. 滇西北黄背栎林生物量和净第一性生产力的初步研究. 云南大学学报 (自然科学版), 16(3): 245-249.
178	吴兆录，党承林，王崇云，和兆荣. 1994. 滇西北高山松林生物量的初步研究. 云南大学学报 (自然科学版), 16(3): 220-224.
179	吴仲民，李意德，曾庆波，周光益，陈步峰，杜志鹄，林明献. 1998. 尖峰岭热带山地雨林 C 素库及皆伐影响的初步研究. 应用生态学报, 9(4): 341-344.
180	吴祖映，王隆护. 1983. 杉木造林密度与生物量关系. 浙江林学院科技通讯, (3): 103-110.
181	夏礼煜，李四春. 1987. 湿地松人工林生物量的研究. 亚热带林业科技, (1): 20-25.
182	向开馥. 1983. 东北海防林地区土壤与林木生长. 东北林学院学报, 11(1): 72-81.
183	肖文光，王尚明，陈孝，卢建，吴国莲，肖路明，陈悦，康尚福，陈敬活，林家义，邹强，张晓星. 1999. 桉树与厚荚相思混交林生物量及对土壤影响研究. 桉树科技, (1): 20-30.
184	肖瑜. 1992. 巴山松天然林生物量和生产力的研究. 植物生态学与地植物学报, 16(3): 227-233.
185	肖育檀，何爱华，梁及芝. 1989. 湘鄂边境幕阜山天然黄山松林及生物量的研究. 湖南林业科技, (4): 1-4.
186	谢锦升，黄荣珍，陈银秀，杨玉盛，王维明. 2001. 严重侵蚀红壤封禁管理后群落的生物量及生产力变化. 浙江林学院学报, 18(4): 354-358.
187	徐大平，杨曾奖，何其轩. 1998. 马占相思中龄林地上部分生物量及养分循环研究. 林业科学研究, 11(6): 592-598.
188	徐高福，徐高翔，徐高建，方炳富，肖建宏. 1998. 不同年龄柏木人工林生物量研究. 林业科技开发, (3): 35-36.
189	徐孝庆，陈之端. 1987. 毛白杨人工林生物量的初步研究. 南京林业大学学报, (1): 130-136.
190	许绍远，孙鹏峰，许树洪，黄森学. 1989. 柳杉林立地质量评价. 浙江林学院学报, 6(4): 337-345.
191	徐绪双，吴耀先，齐乐贤. 1984. 红松与色赤杨等人工混交造林实验报告. 辽宁林业科技, (6): 15-19.
192	徐振邦，戴洪才. 1988. 大兴安岭主要森林类型的生物生产量. 生态学杂志, 7(增刊): 49-51.
193	薛秀康，盛炜彤. 1993. 朱亭福建柏人工林生物量研究. 林业科技通讯, (4): 16-18.
194	鄢武先，宿以明，刘兴良，梁罕超. 1991. 云杉人工林生物量和生产力的研究. 四川林业科技, 12(4): 17-22.
195	杨清培，李鸣光，李仁伟. 2001. 广东黑石顶自然保护区马尾松群落演替过程中的材积和生物量动态. 广西植物, 21(4): 295-299.
196	杨韧，邓朝经，覃模昌，代培云. 1987. 川中丘陵区柏木人工林生物量的测定. 四川林业科技, 8(1): 21-24.
197	杨修，吴刚，黄冬梅，杨长群. 1999. 兰考泡桐生物量积累规律的定量研究. 应用生态学报, 10(2): 143-146.

续表

序号	主要文献
198	杨玉盛，邱仁辉，俞新妥，陈光水. 1999. 不同栽杉代数林下植被营养元素的生物循环. 东北林业大学学报, 27(3): 26-30.
199	杨玉盛，叶德生，俞新妥，陈光水. 1999. 不同栽杉代数林分生物量的研究. 东北林业大学学报, 27(4): 9-12.
200	姚国清，池桂清，董兆琪，郭德武. 1986. 人工红松林三种林型生产力的研究. 东北林业大学学报, 14(4): 42-47.
201	姚延梼. 1989. 京西山区油松侧柏人工混交林生物量及营养元素循环的研究. 北京林业大学学报, 11(2): 38-46.
202	姚友荣，黄清麟. 1997. 人促闽粤栲林分结构及生产力的研究. 林业勘察设计, (2): 43-49.
203	叶镜中，姜志林. 1982. 苏南丘陵区杉木林地上部分生物量的研究. 南京林业大学学报（自然科学版）, (3): 109-115.
204	叶镜中，姜志林. 1984. 福建省洋口林场杉木林生物量的年变化动态. 南京林学院学报, (4): 1-9.
205	易爱云. 1998. 日本柳杉和杉木人工混交林生物量及生产力研究. 四川林勘设计, (3): 50-52.
206	尹光天，许煌灿，周再知，曾炳山，陈康泰，陈士王. 1993. 不同类型林藤混交林地上生物产量及营养元素的积累与分布研究. 林业科学研究, 6(4): 358-367.
207	余雪标，肖文光，余勇，等. 1999. 桉树 + 粗果相思混交林模式及其效益. 海南大学学报 (自然科学版), 17 (4): 331-342.
208	虞泓，彭鉴. 1993. 云南石屏县牛达林区天然云南松中幼年林林木生物量的研究. 云南大学学报 (自然科学版), 15(2): 164-171.
209	袁春明，郎南军，孟广涛，方向京，李贵祥，温绍龙. 1998. 头塘山地圣诞树人工防护林群落的结构特征与生物生产力. 云南林业科技, 83(2): 24-27.
210	袁正科. 1987. 香椿速生丰产的生态条件. 湖南林业科技, (2): 19-22.
211	苑增武，丁先山，李成烈，赵玉恒，曹志伟. 2000. 樟子松人工林生物生产力与密度的关系. 东北林业大学学报, 28(1): 21-24.
212	曾伟生，骆期邦，贺东北. 1999. 兼容性立木生物量非线性模型研究. 生态学杂志, 18(4): 19-24.
213	翟明普，谭维军，谭占民. 1990. 临朐地区油松麻栎混交林的研究. 北京林业大学学报, 12(1): 64-70.
214	张柏林. 1990. 子午岭地区辽东栎林生物生产量的研究. 西北林学院学报, 5(1): 1-7.
215	张柏林，陈存根. 1992. 长武县红星林场刺槐人工林的生物量和生产量. 陕西林业科技, (3): 13-17.
216	张峰，上官铁梁. 1992. 关帝山华北落叶松林的群落学特征和生物量. 山西大学学报 (自然科学版), 15(1): 72-77.
217	张洪涛. 1992. 长白松林生物量的初探. 吉林林业科技, (3): 5-7.
218	张家贤. 1987. 海南五针松人工林分生物量的研究. 贵州林业科技, (3): 1-6.
219	张家贤，周伟，李跃，罗威，谢承明. 1989. 黄柏人工林生物量研究. 贵州林业科技, 17(2): 39-44.
220	张剑斌，董希文，徐连峰，呼振德，司海忠，张中华. 1999. 银中杨生物量及营养元素的积累与分布规律. 东北林业大学学报, 27(3): 31-35.
221	张青，何龙. 1999. 用突变模型研究森林蓄积的稳定性. 北京林业大学学报, 21(3): 58-63.
222	张庆费，徐绒娣. 1999. 浙江天童常绿阔叶林演替过程的凋落物现存量. 生态学杂志, 18(2): 17-21.
223	张世煜，杨玉柱，董太祥，傅锡儒. 1990. 冀北山区日本落叶松生产力的研究初报. 河北林业科技, (3): 9-14.
224	张硕新，刘光哲. 1989. 华山松人工林的养分循环. 西北林学院学报, 4(1): 22-27.
225	张宪洲. 1992. 我国自然植被净第一性生产力的估算与分布. 自然资源, (1): 15-21.
226	张旭东，薛明华，许军，王涛，陈应发，赵光平，宋超. 1992. 马尾松人工林生物量结构的研究. 安徽农学院学报, 19(4): 268-273.

续表

序号	主要文献
227	张祝平，彭少麟，孙谷畴，黄玉佳．1989. 鼎湖山森林群落植物量和第一性生产力的初步研究 // 热带亚热带森林生态系统研究．北京：科学出版社：63-72.
228	赵体顺．1988. 农田林网杨树生物量的研究．中南林业调查规划，(3): 32-37.
229	郑海水，黄世能，翁启杰，何克军．1992. 瘠薄平原地速生薪炭用材树种的选择．海南林业科技，(2): 1-7.
230	郑海水，李克维，黄世能，翁启杰，黄循良，陈声宽．1994. 短轮伐期人工林树种的选择．海南林业科技，(2): 2-12.
231	郑海水，翁启杰，周再知，黄世能．1994. 大叶相思材积和生物量表的编制．林业科学研究，7(4): 408-413.
232	郑征，刘伦辉，冯志立，刘宏茂，曹敏．1999. 西双版纳原始热带季雨林净初级生产力．山地学报，17(3): 212-217.
233	周长瑞，王月海．1990. 杨树刺槐混交林太阳能利用率的估算．山东林业科技，(2): 8-10.
234	周世强，黄金燕．1991. 四川红杉人工林分生物量和生产力的研究．植物生态学与地植物学学报，15(1): 9-16.
235	周政贤，谢双喜．1994. 杜仲人工林生物量及生产力研究．林业科学研究，7(6): 646-651.
236	朱春全，刘晓东，张期，雷静品，王世绩．1997. 集约与粗放经营杨树人工林生物量的研究．东北林业大学学报，25(5): 53-56.
237	朱兴武，石青梅，李永良，周国荣，李启寿．1993. 青海省大通宝库林区乔灌木生物量的初步研究．青海农林科技，26(1): 15-20.
238	邹春静，卜军，徐文铎．1995. 长白松人工林群落生物量和生产力研究．应用生态学报，6(2): 123-127.
239	邹双全．1998. 福建柏檫树混交林生物量及分布格局研究．福建林学院学报，18(1): 40-43.

附表 6　本团队关于森林生态系统碳储量及碳循环相关研究的论文清单（按发表年代由近及远排列）

序号	论文清单
1	Chen GP, Ma SH, Tian D, Xiao W, Jiang L, Xing AJ, Zou AL, Zhou LH, Shen HH, Zheng CY, Ji CJ, He HB, Zhu B, Liu LL, Fang, JY. 2020. Patterns and determinants of soil microbial residues from tropical to boreal forests. Soil Biology and Biochemistry, 151: 108059.
2	Jing X, Chen X, Fang JY, Ji CJ, Shen HH, Zheng CY, Zhu B. 2020. Soil microbial carbon and nutrient constraints are driven more by climate and soil physicochemical properties than by nutrient addition in forest ecosystems. Soil Biology and Biochemistry, 141: 107657.
3	Cai Q, Ji CJ, Zhou XL, Bruelheide H, Fang WJ, Zheng TL, Zhu JL, Shi L, Li HB, Zhu JX, Fang JY. 2020. Changes in carbon storages of *Fagus* forest ecosystems along an elevational gradient on Mt. Fanjingshan in Southwest China. Journal of Plant Ecology, 13: 139-149.
4	Chen JG, Ji CJ, Fang JY, He HB, Zhu B. 2020. Dynamics of microbial residues control the responses of mineral-associated soil organic carbon to N addition in two temperate forests. Science of the Total Environment, 748: 141318.
5	Ma SH, Chen GP, Du EZ, Tian D, Xing AJ, Shen HH, Ji CJ, Zheng CY, Zhu JX, Zhu JL, Huang HY, He HB, Zhu B, Fang JY. 2020. Effects of nitrogen addition on microbial residues and their contribution to soil organic carbon in China's forests from tropical to boreal zone. Environmental Pollution, 268: 115941.
6	Ma SH, Eziz A, Tian D, Yan Z, Cai Q, Jiang M, Ji C, Fang J. 2020. Size- and age-dependent increases in tree stem carbon concentration: implications for forest carbon stock estimations. Journal of Plant Ecology, 13: 233-240.
7	Ma SH, Chen GP, Tian D, Du EZ, Xiao W, Jiang L, Zhou Z, Zhu JL, He HB, Zhu B, Fang JY. 2020. Effects of seven-year nitrogen and phosphorus additions on soil microbial community structures and residues in a tropical forest in Hainan Island, China. Geoderma, 361: 114034.
8	Zhou LH, Liu SS, Shen HH, Zhao MY, Xu LC, Xing AJ, Fang JY. 2020. Soil extracellular enzyme activity and stoichiometry in China's forests. Functional Ecology, 34: 1461-1471.
9	Zhu JX, Wang CK, Zhou Z, Zhou GY, Hu XY, Jiang L, Li YD, Liu GH, Ji CJ, Zhao SQ, Li P, Zhu JL, Tang ZY, Zheng CY, Birdsey RA, Pan YD, Fang JY. 2020. Increasing soil carbon stocks in eight permanent forest plots in China. Biogeosciences, 17: 715-726.
10	Li P, Shen CC, Jiang L, Feng ZZ, Fang JY. 2019. Difference in soil bacterial community composition depends on forest type rather than nitrogen and phosphorus additions in tropical montane rainforests. Biology and Fertility of Soils, 55: 313-323.
11	Liu SS, Shen HH, Chen SC, Zhao X, Biswas A, Jia XL, Shi Z, Fang JY. 2019. Estimating forest soil organic carbon content using vis-NIR spectroscopy: implications for large-scale soil carbon spectroscopic assessment. Geoderma, 348: 37-44.
12	Liu SS, Shen HH, Zhao X, Zhou LH, Li H, Xu LC, Xing AJ, Fang JY. 2019. Estimation of plot-level soil carbon stocks in China's forests using intensive soil sampling. Geoderma, 348: 107-114.
13	Luo YK, Hu HF, Zhao MY, Li H, Liu SS, Fang JY. 2019. Latitudinal pattern and the driving factors of leaf functional traits in 185 shrub species across eastern China. Journal of Plant Ecology, 12: 67-77.

续表

序号	论文清单
14	Xing AJ, Xu LC, Shen HH, Du EZ, Liu XY, Fang JY. 2019. Long term effect of nitrogen addition on understory community in a Chinese boreal forest. Science of the Total Environment, 646: 989-995.
15	Xu YL, Li C, Sun ZC, Jiang LC, Fang JY. 2019. Tree height explains stand volume of closed-canopy stands: Evidence from forest inventory data of China. Forest Ecology and Management, 438: 51-56.
16	Zhao X, Yang YH, Shen HH, Geng XQ, Fang JY. 2019. Global soil-climate-biome diagram: linking surface soil properties to climate and biota. Biogeosciences, 16: 2857-2871.
17	Fang JY, Yu GR, Liu LL, Hu SJ, Chapin FS. 2018. Climate change, human impacts, and carbon sequestration in China. PNAS, 115: 4015-4020.
18	Huang YY, Chen YX, Castro-Izaguirre N, Baruffol M, Brezzi M, Lang A, Li Y, Härdtle W, von Oheimb G, Yang XF, Liu XJ, Pei KQ, Both S, Yang B, Eichenberg D, Assmann T, Bauhus J, Behrens T, Buscot F, Chen XY, Chesters D, Ding BY, Durka W, Erfmeier A, Fang JY, Fischer M, Guo LD, Guo DL, LM Gutknecht J, He JS, He CL, Hector A, Hönig L, Hu RY, Klein AM, Kühn P, Liang Y, Li S, Michalski S, Scherer-Lorenzen M, Schmidt K, Scholten T, Schuldt A, Shi XZ, Tan MZ, Tang ZY, Trogisch S, Wang ZW, Welk E, Wirth C, Wubet T, Xiang WH, Yu MJ, Yu XD, Zhang JY, Zhang SR, Zhang NL, Zhou HZ, Zhu CD, Zhu L, Bruelheide H, Ma KP, Niklaus PA, Schmid B. 2018. Impacts of species richness on productivity in a large-scale subtropical forest experiment. Science, 362: 80-83.
19	Jiang L, Tian D, Ma SH, Zhou XL, Xu LC, Zhu JX, Jing X, Zheng CY, Shen HH, Zhou Z, Li YD, Zhu B, Fang JY. 2018. The response of tree growth to nitrogen and phosphorus additions in a tropical montane rainforest. Science of the Total Environment, 618: 1064-1070.
20	Lu F, Hu HF, Sun WJ, Zhu JJ, Liu GB, Zhou WM, Zhang QF, Shi PL, Liu XP, Wu X, Zhang L, Wei XH, Dai LM, Zhang KR, Sun YR, Xue S, Zhang WJ, Xiong DP, Deng L, Liu BJ, Zhou L, Zhang C, Zheng X, Cao JS, Huang Y, He NP, Zhou GY, Bai YF, Xie ZQ, Tang ZY, Wu BF, Fang JY, Liu GH, Yu GR. 2018. Effects of national ecological restoration projects on carbon sequestration in China from 2001 to 2010. PNAS, 115: 4039-4044.
21	Ma SH, He F, Tian D, Zou DT, Yan ZB, Yang YL, Zhou TC, Huang KY, Shen HH, Fang JY. 2018. Variations and determinants of carbon content in plants: a global synthesis. Biogeosciences, 15: 693-702.
22	Tang XL, Zhao X, Bai YF, Tang ZY, Wang WT, Zhao YC, Wan HW, Xie ZQ, Shi XZ, Wu BF, Wang GX, Yan JH, Ma KP, Du S, Li SG, Han SJ, Ma YX, Hu HF, He NP, Yang YH, Han WX, He HL, Yu GR, Fang JY, Zhou GY. 2018. Carbon pools in China's terrestrial ecosystems: New estimates based on an intensive field survey. PNAS, 115: 4021-4026.
23	Tang ZY, Xu WT, Zhou GY, Bai YF, Li JX, Tang XL, Chen DM, Liu Q, Ma WH, Xiong GM, He HL, He NP, Guo YP, Guo Q, Zhu JL, Han WX, Hu HF, Fang JY, Xie ZQ. 2018. Patterns of plant carbon, nitrogen, and phosphorus concentration in relation to productivity in China's terrestrial ecosystems. PNAS, 115: 4033-4038.
24	Tian D, Li P, Fang WJ, Xu J, Luo Y, Yan ZB, Zhu B, Wang J, Xu X, Fang JY. 2017. Growth responses of trees and understory plants to nitrogen fertilization in a subtropical forest in China. Biogeosciences, 14: 3461.
25	Zhu JX, Hu HF, Tao SL, Chi XL, Li P, Jiang L, Ji CY, Zhu JL, Tang ZY, Pan YD, Birdsey RA, He XH, Fang JY. 2017. Carbon stocks and changes of dead organic matter in China's forests. Nature Communications, 8: 151.
26	Zhu JX, Zhou XL, Fang WJ, Xiong XY, Zhu B, Ji CJ, Fang JY. 2017. Plant debris and its contribution to ecosystem carbon storage in successional *Larix gmelinii* forests in Northeastern China. Forests, 8: 191.
27	Fang JY, Kato T, Guo ZD, Yang YH, Hu HF, Shen HH, Zhao X, Kishimoto AW, Tang YH, Houghtonf RA. 2014. Evidence for environmentally enhanced forest growth. PNAS, 111: 9527-9532.
28	Fang JY, Guo ZD, Hu HF, Kato T, Muraoka H, Son YW. 2014. Forest biomass carbon sinks in East Asia, with special reference to the relative contributions of forest expansion and forest growth. Global Change Biology, 20: 2019-2030.

续表

序号	论文清单
29	Xu B, Yang YH, Li P, Shen HH, Fang JY. 2014. Global patterns of ecosystem carbon flux in forests: a biometric data-based synthesis. Global Biogeochemical Cycles, 28: 962-973.
30	Yang YH, Li P, Ding JZ, Zhao X. Ma WH, Ji CJ, Fang JY. 2014. Increased topsoil carbon stock across China's forests. Global Change Biology, 20: 2687-2696.
31	Du EZ, Zhou Z, Li P, Hu XY, Ma YC, Wang W, Zheng CY, Zhu JX, He JS, Fang JY. 2013. NEECF: a project of nutrient enrichment experiments in China's forest. Journal of Plant Ecology, 6: 428-435.
32	Guo ZD, Hu HF, Li P, Li NY, Fang JY. 2013. Spatio-temporal changes in biomass carbon sinks in China's forests during 1977-2008. Science China Life Sciences, 56: 661-671.
33	Han WX, Tang LY, Chen YH, Fang JY. 2013. Relationship between the relative limitation and resorption efficiency of nitrogen vs phosphorus in woody plants. PLoS One, 8: e83366.
34	Li P, Yang YH, Fang JY. 2013. Variations of root and heterotrophic respiration along environmental gradients in China's forests. Journal of Plant Ecology, 6: 358-367.
35	Pan Y, Birdsey B, Fang JY, Houghton R, Kauppi PE, Kurz WA, Phillips OL, Shvidenko A, Lewis SL, Canadell JG, Ciais P, Jackson RB, Pacala SW, McGurie AD, Piao SL, Rautiaine A, Sitch S, Hayes D. 2011. A large and persistent carbon sink in the world's forests. Science, 333: 988-993.
36	Shi L, Zhao SQ, Tang ZY, Fang JY. 2011. The changes in China's forests: an analysis using the Forest Identity. PLoS One, 6: e20778.
37	Wang Y, Fang JY, Kato T, Guo ZD, Zhu B, Mo WH, Tang YH. 2011. Inventory-based estimation of aboveground net primary production in Japan's forests from 1981 to 2005. Biogeosciences, 8: 2099-2106.
38	Guo ZD, Fang JY, Pan YD, Birdsey R. 2010. Inventory-based estimates of forest biomass carbon stocks in China: a comparison of three methods. Forest Ecology and Management, 259: 1225-1231.
39	Wang W, Peng SS, Wang T, Fang JY. 2010. Winter soil CO_2 efflux and its contribution to annual soil respiration in different ecosystems of a forest-steppe ecotone, north China. Soil Biology and Biochemistry, 42: 451-458.
40	Xu B, Guo ZD, Piao SL, Fang JY. 2010. Biomass carbon stocks in China's forests between 2000 and 2050: a prediction based on forest biomass-age relationships. Science China Life Sciences, 53: 776-783.
41	Zhu B, Wang XP, Fang JY, Piao SL, Shen HH, Zhao SQ, Peng CH. 2010. Altitudinal changes in carbon storage of temperate forests on Mt Changbai, Northeast China. Journal of Plant Research, 123: 439-452.
42	Piao SL, Fang JY, Ciais P, Peylin P, Huang Y, Sitch S, Wang T. 2009. The carbon balance of terrestrial ecosystems in China. Nature, 458: 1009-1013.
43	Wang XP, Fang JY, Zhu B. 2008. Forest biomass and root-shoot allocation in northeast China. Forest Ecology and Management, 255: 4007-4020.
44	Fang JY, Guo ZD, Piao SL, Chen AP. 2007. Terrestrial vegetation carbon sinks in China, 1981-2000. Science China Earth Sciences, 50: 1341-1350.
45	Fang JY, Liu GH, Zhu B, Wang X, Liu SH. 2007. Carbon budgets of three temperate forest ecosystems in Dongling Mt., Beijing, China. Science China Earth Sciences, 50: 92-101.
46	Tan K, Piao SL, Peng C, Fang JY. 2007. Satellite-based estimation of biomass carbon stocks for northeast China's forests between 1982 and 1999. Forest Ecology and Management, 240: 114-121.
47	Yang YH, Mohammat A, Feng JM, Zhou R, Fang JY. 2007. Storage, patterns and environmental controls of soil organic carbon in China. Biogeochemistry, 84: 131-141.

续表

序号	论文清单
48	Fang JY, Brown S, Tang YH, Nabuurs GJ, Wang XP. 2006. Overestimated biomass carbon pools of the northern mid- and high latitude forests. Climatic Change, 74: 355-368.
49	Kauppi PE, Ausubel JH, Fang JY, Mather A, Sedjo RA, Waggoner PE. 2006. Returning forests analyzed with the Forest Identity. PNAS, 103: 17574-17578.
50	Wang XP, Fang JY, Tang ZY, Zhu B. 2006. Climatic control of primary forest structure and DBH-height allometry in Northeast China. Forest Ecology and Management, 234: 264-274.
51	Fang JY, Piao SL, Zhou LM, He JS, Wei FY, Myneni RB, Tucker CJ, Tan K. 2005. Precipitation patterns alter growth of temperate vegetation. Geophysical Research Letters, 32: L21411.
52	Fang JY, Oikawa T, Kato T, Mo WH, Wang ZH. 2005. Biomass carbon accumulation by Japan's forests from 1947 to 1995. Global Biogeochemical Cycles, 19: GB2004.
53	Piao SL, Fang JY, Zhu B, Tan K. 2005. Forest biomass carbon stocks in China over the past 2 decades: estimation based on integrated inventory and satellite data. Journal of Geophysical Research, 110: G01006.
54	Fang JY, Piao SL, Field C, Pan YD, Guo QH, Peng CH, Tao S. 2003. Increasing net primary production in China from 1982 to 1999. Frontiers in Ecology and the Environment, 1: 293-297.
55	Fang JY, Chen AP, Zhao SQ, Ci LJ. 2002. Calculating forest biomass changes in China. Science, 296: 1359.
56	Fang JY, Chen AP. 2001. Dynamic forest biomass carbon pools in China and their significance. Acta Botanica Sinica, 43: 967-973.
57	Fang JY, Chen AP, Peng CH, Zhao SQ, Ci LJ. 2001. Changes in forest biomass carbon storage in China between 1949 and 1998. Science, 292: 2320-2322.
58	Fang JY, Piao SL, Tang ZY, Peng CH, Ji W. 2001. Interannual variability in net primary production and precipitation. Science, 293: 1723.
59	Fang JY, Wang ZM. 2001. Forest biomass estimation at regional and global levels, with special reference to China's forest biomass. Ecological Research, 16: 587-592.
60	Fang JY, Wang G, Liu GH, Xu SL. 1998. Forest biomass of China: an estimate based on the biomass-volume relationship. Ecological Applications, 8: 1084-1091.
61	Fang JY, Liu GH, Xu SL. 1996. Soil carbon pool in China and its global significance. Journal of Environment Sciences, 8: 249-254.
62	罗永开 , 方精云 , 胡会峰 . 2017. 山西芦芽山 14 种常见灌木生物量模型及生物量分配 . 植物生态学报 , 41: 115-125.
63	方精云 , 黄耀 , 朱江玲 , 孙文娟 , 胡会峰 . 2015. 森林生态系统碳收支及其影响机制 . 中国基础科学 , 17: 20-25.
64	张新平 , 王襄平 , 朱彪 , 宗占江 , 彭长辉 , 方精云 . 2008. 我国东北主要森林类型的凋落物产量及其影响因素 . 植物生态学报 , 32: 1031-1040.
65	方精云 , 郭兆迪 . 2007. 寻找失去的陆地碳汇 . 自然杂志 , 29: 1-6.
66	方精云 , 郭兆迪 , 朴世龙 , 陈安平 . 2007. 1981 ～ 2000 年中国陆地植被碳汇的估算 . 中国科学 D 辑 : 地球科学 , 37: 804-812.
67	方精云 , 刘国华 , 朱彪 , 王效科 , 刘绍辉 . 2006. 北京东灵山三种温带森林生态系统的碳循环 . 中国科学 D 辑 : 地球科学 , 36: 533-543.
68	方精云 , 陈安平 , 赵淑清 , 慈龙骏 . 2002. 中国森林生物量的估算 : 对 Fang 等 *Science* 一文 (*Science*, 2001, 292: 2320-2322) 的若干说明 . 植物生态学报 , 26: 243-249.
69	方精云 , 陈安平 . 2001. 中国森林植被碳库的动态变化及其意义 . 植物学报 , 43: 967-973.

续表

序号	论文清单
70	方精云 . 2000. 中国森林生产力及其对全球气候变化的响应 . 植物生态学报 , 24: 513-517.
71	方精云 . 2000. 北半球中高纬度的森林碳库可能远小于目前的估算 . 植物生态学报 , 24: 635-638.
72	刘国华 , 傅伯杰 , 方精云 . 2000. 中国森林碳动态及其对全球碳平衡的贡献 . 生态学报 , 20: 733-740.
73	方精云 . 1999. 森林群落呼吸量的研究方法及其应用的探讨 . 植物学报 , 41: 88-94.
74	李意德 , 吴仲民 , 曾庆波 , 周光益 , 陈步峰 , 方精云 . 1998. 尖峰岭热带山地雨林生态系统碳平衡的初步研究 . 生态学报 , 18: 371-177.
75	李意德 , 吴仲民 , 曾庆波 , 周光益 , 陈步峰 , 方精云 . 1998. 尖峰岭热带山地雨林群落生产和二氧化碳同化净增量的初步研究 . 植物生态学报 , 22: 127-134.
76	刘绍辉 , 方精云 , 清田信 . 1998. 北京山地温带森林的土壤呼吸 . 植物生态学报 , 22: 119-126.
77	方精云 , 刘国华 , 徐嵩龄 . 1996. 我国森林植被的生物量和净生产量 . 生态学报 , 16: 497-508.
78	方精云 , 刘国华 , 徐嵩龄 . 1996. 中国陆地生态系统的碳库 . 见 : 王庚辰 , 温玉璞 . 温室气体浓度和排放监测及相关过程 . 北京 : 中国环境科学出版社 .
79	方精云 , 刘国华 , 徐嵩龄 . 1996. 中国陆地生态系统的碳循环及其全球意义 . 见 : 王庚辰 , 温玉璞 . 温室气体浓度和排放监测及相关过程 . 北京 : 中国环境科学出版社 .
80	方精云 , 王效科 , 刘国华 , 康德梦 . 1995. 北京地区辽东栎呼吸量的测定 . 生态学报 , 15: 235-244.